# TERRE SAINTE

# Terre Sainte

PAR

## M. DAIRE

PARIS

GABRIEL BEAUCHESNE & C^ie, ÉDITEURS

ANCIENNE LIBRAIRIE DELHOMME ET BRIGUET

117, rue de Rennes, 117

1908

*Je ne puis publier ces souvenirs sans adresser à M. B.*
*l'expression de ma vive reconnaissance pour le travail ingrat don*
*il a bien voulu se charger en mon absence. Appelée au Maroc a*
*moment où l'on commençait l'impression de mon livre, j'ai été*
*doublement heureuse d'accepter son offre dévouée pour la correc-*
*tion des épreuves, en même temps que ses conseils très éclairés.*

*J'adresse aussi mes remerciements à M. l'Abbé* Coggia, *qu*
*m'a fourni nombre d'indications précieuses, et aux artistes qu*
*ont bien voulu me prêter leur gracieux concours, soit pour les*
*dessins, soit pour les clichés photographiques :* Cte de Piellat*
M. Lajoye, M. l'Abbé Paubon *et Lieutenant* Christin[1]*.*

(1) La lettre initiale du nom de chaque auteur figure au bas de
leurs clichés respectifs.

# PRÉFACE

Si les voyages, comme les écrits, valent surtout par ce qu'il en reste, celui de Jérusalem prend les proportions d'un grand acte dans la vie. Préparé avec un intérêt plein de promesses, en relisant sa vieille Bible, il s'effectue au milieu d'émotions doublées de fatigues qui, sans cesse renouvelées, sont sans cesse vaincues. Enfin on le revit avec une intensité de souvenirs qui prend l'âme jusque dans ses racines.

Cet Ancien Testament qui a bercé notre enfance, que, sans pose de scepticisme, on s'était habitué à reléguer dans le domaine de la légende ; cet Évangile dont la beauté ne s'épuise pas, mais qu'on relit souvent avec l'esprit très loin et le cœur enveloppé de mille soins, on les revit sous le ciel qui les donna à la terre. La grande figure du Christ, plus grande à mesure qu'apparaissent infimes les éléments humains dont il s'enveloppa en ce monde, transpire à travers cette âme des choses, deux fois sensible sous la belle lumière d'Orient.

1

*Est-ce cette atmosphère grisante qui inspire « une folie*
« *spéciale, la folie hiérosolymitaine qui, violente ou*
« *douce, étalée ou cachée, obsède le pèlerin et le touriste :*
« *folie contagieuse qui gagne les plus calmes et les plus*
« *sceptiques ? » (1).*

*Le philosophe et le poète ne s'en défendent pas plus*
*que le croyant; mais ils le traduisent différemment.*
*Myriam Harry, dans son livre choquant à plus d'un*
*titre de « la Conquête de Jérusalem », disait : « C'est*
*curieux comme dans cette ville en cendres, chacun porte*
*un volcan dans son cœur ».*

*Et plus loin :*

« *Nous venons tous pour la conquérir (Jérusalem) et*
« *c'est elle qui nous conquiert. Et quand même nous*
« *pourrions nous affranchir, nous ne le voulons plus.*
« *Qu'a-t-elle donc pour nous tenir ainsi ? Qu'a-t-elle*
« *donc pour nous ensorceler si bien ? Est-ce la clarté*
« *de ses nuits ou la chanson de ses silences ?*

« *N'est-ce pas plutôt toute cette souffrance dont elle*
« *est bâtie, toutes ces chimères qui découlent d'elle, et*
« *dont nous environs notre pauvre cervelle, nous les*
« *chevaliers de la lune ? ».*

*Ce que le penseur réfléchi ne s'explique pas, ce que le*
*poète, perdu dans la région d'un beau plus ou moins*
*sensuel, comprend mal, l'humble croyant le lit à livre*
*ouvert dans sa foi subitement agrandie et renouvelée. Il*
*sent que sa raison orgueilleuse serait un bagage en-*
*combrant au pays qui ne parle que de l'humilité de son*
*Christ ; il sent plus encore que toute pensée profane serait*

(1) Larroumet, *Vers Athènes et Jérusalem.*

*un sacrilège au travers de ces grands mystères de pureté et d'expiation : la grande ombre du Christ écrase la superbe et domine toutes les poussières terrestres.*

*Tout ce qui d'abord choquait la foi et froissait la piété prend les proportions de l'humain en face du divin : la dissidence des cultes chrétiens, scandaleuse au premier chef, n'est plus que l'ivraie attestant encore la présence du bon grain. Ceux qui se disputent jusqu'à l'effusion du sang le tombeau du « Prince de la paix » sont à côté de la loi ; mais ils reconnaissent le législateur, le chef, Dieu dans son Christ.*

*Bien plus, et quoique cela semble d'abord un paradoxe, nulle part plus qu'à Jérusalem, on n'a le sentiment profond de la fraternité universelle. Faut-il même le dire, au risque de scandaliser les Pharisiens qui ne sont pas morts ? le Musulman, quand il se prosterne dans sa Mosquée, le Juif quand il prie dans sa Synagogue, ou qu'il pleure sur les ruines de son Temple ; — qu'ils appellent Dieu Allah ou Jéhovah — s'ils sont droits dans leur vie comme dans leurs croyances, ils font partie de cette âme de l'Eglise qui nous rend tous frères dans le Christ, et l'on ne désespère plus de les retrouver un jour dans le bercail où tous seront réunis sous un même pasteur.*

*Il n'est qu'un crime pour lequel on ne se sente pas d'indulgence, c'est celui du rénégat, de l'homme qui, ayant perdu sa foi, veut tuer celle des autres, de celui qui, après avoir rayé Dieu de sa vie, veut supprimer aussi ces créations divines qui ont noms : le foyer, l'autel, la société, la patrie.*

*Libre-penseur pour soi et oppresseur pour les autres,*

*franc-maçon destructeur et haineux, ceux-là n'ont rien à faire à Jérusalem, « leur état deviendrait pire que le premier ». Ils blasphèment et c'est prévu : le Christ a été établi « pour la ruine ou la résurrection ». Il faut toujours finir par être son ami ou son ennemi ; le souvenir de Judas est proche de celui de Jésus, c'est à choisir son maître !*

*Quant à celui qui a perdu la foi, tout en restant fidèle aux principes d'honneur, de loyauté et de grandeur morale qui permettent à un homme de ne pas rougir de lui-même, je doute qu'il ne cueille là quelque fleur divine, pour son trouble ou sa consolation. Ce sol que le Christ a foulé aux pieds, ce ciel témoin de ses larmes d'amour, toute cette nature consacrée par son regard humain et sa présence divine forment un air ambiant à nul autre comparable. Le chrétien qui en subit l'influence avouera ou taira son état d'âme, mais il n'échappera pas à une émotion inconnue jusque-là, et qui émane de cette atmosphère essentiellement dominatrice de la matière. Il ne pourra pas quitter Jérusalem sans se sentir et « malgré tout, fortifié, mûri et consolé » (1).*

(1) M. DE VOGUE.

# Terre Sainte

## CHAPITRE PREMIER



*8 Mai.*

Quand sonne l'heure du départ pour Jérusalem, — que ce voyage ait été longtemps rêvé ou qu'il se décide promptement, — il se produit dans l'âme une impression étrange et qui réduit toutes les autres : les soucis inhérents aux grands départs. l'émotion même des séparations, tout se perd dans l'aimant qui a déjà pris le meilleur des facultés.

Le groupe d'amis fidèles et un peu émus qui se trouve à la gare au moment des adieux n'est pas pour vous surprendre ; en revanche, il semble étrange que ce soit un

ain comme les autres qui vous emporte... avec ses
agons couloirs, des voyageurs qu'on laisse en route,
Dijon déjà ! Et à Marseille, tout le monde descend.
h ! pour le coup ! on descend, mais on ne reste pas ! et
uand on est pèlerin de Jérusalem, on ne connaît plus
uère à Marseille que Notre-Dame de la Garde et l'*Etoile*.

*Notre-Dame de la Garde.*

Ce n'est pas en vain qu'au milieu de l'activité fiévreuse
u vieux port, Notre-Dame de la Garde domine la ville
t les flots.

Le regard du chrétien, voyageur toujours plus ou
oins éprouvé sur le chemin de la vie, la cherche et lui
nvoie ses meilleures prières ; celui du pèlerin la fixe et
e s'en détache plus avant son grand départ.

C'est là, qu'à la messe, les frères du voyage se trouveront réunis dans un commun élan de prières. On
leur distribuera leur signe distinctif, des croix rouges
qu'ils porteront sur la poitrine. On leur parlera ; mais

*L'Etoile.*

aucun langage ne pourra traduire les émotions de l'in-
oubliable quart d'heure. C'est l'adieu à la terre de
France, à ceux qu'on laisse et qu'on n'a jamais plus
aimés ! C'est la prière pour soi aussi, et avec un abandon très doux. L'espoir du retour est vivace ; mais si

Dieu en disposait autrement. eh bien ! on partirait sans secousse. Tout est en règle, avec de grands apaisements sur le passé, la sécurité joyeuse du présent et une confiance sereine dans l'avenir.

L'*Etoile* est déjà une vieille connaissance. Dès la veille, nous avons pu porter nos bagages à bord, prendre possession de nos cabines et explorer notre nouvelle demeure. Nous pouvions même y coucher ; mais comment résister à la séduction d'une dernière nuit sur terre, quand la mer vous guette pour vous prendre les autres ? Il est dix heures. Le bateau est solidement amarré : la croix de Jérusalem le domine ; le drapeau français le protège ; il est pavoisé sur toute sa largeur, et déjà une escorte de camelots, marchands de pliants ou de lunettes bleues, commissionnaires à demi déguenillés et le reste, en encombrent les abords.

A peine dégagés de ce nuage importun, nous sommes chez nous ; et, d'un pied léger, nous parcourons dans tous les sens le bateau de 109 mètres de long sur 12 de large.

Il est bien aménagé, avec des cabines de première, deuxième et troisième classes, salles de bains et de douches, cabinet photographique, etc., etc , voire même des cabines de luxe, dont deux seulement à un lit. Ces dernières, sur le pont, ont l'immensité pour horizon ; mais, dès quatre heures du matin, il faudra y subir l'assaut des matelots qui frottent le pont à tour de bras.

Les cabines de première classe se plaindront du vidage des escarbilles ; les secondes seront un peu exiguës ; les troisièmes seront quelquefois visitées par les rats. Bref, et malgré tout, pour un pèlerinage de pénitence, nous sommes en plein confortable. La tente d'environ 15 mètres, qui est à l'arrière du bateau, recouvre une vaste chapelle, avec laquelle nous ne tarderons pas à faire connaissance.

La plupart des passagers sont à bord. Le Vicaire
Général de Marseille, remplaçant son Evêque empêché,
bénit les deux grandes croix qui vont partir pour Jérusalem. La procession s'organise : le *Crux Ave* retentit
comme un chant d'austère espérance. et bientôt les pèlerins ont regagné la chapelle.

Une allocution émue du Vicaire Général les remet en
présence du programme qui les fortifie déjà contre les

*Bénédiction des Croix.*

souffrances prévues de la traversée et les difficultés du
voyage. Nous représentons la France pénitente, à l'heure
où elle est si coupable, et c'est au pays du Christ, qui est
mort pour elle, que nous allons demander grâce pour
l'enfant prodigue. Il nous envie. et c'est d'une voix
pleine de larmes qu'il nous fait ses adieux. Le chant du
*Tantum ergo* termine la cérémonie. puis c'est la bénédiction du Saint-Sacrement. Nous sommes tous age-
nouillés dans la chapelle, bientôt notre paroisse flottante
et déjà aimée. Devant le maître-autel, une lampe,

que nous verrons souvent ballotée par le mouvement
du navire, nous parlera d'une présence réelle, qu'on
ne sentira jamais plus douce. Des bancs solidement
attachés au plancher permettront l'assistance aux of-
fices, que la clochette du réglementaire se chargera
de rappeler, hélas ! sans pitié. Quand la mer un peu
houleuse vous aura pris le repos de la nuit, l'impitoyable clochette ne connaîtra que sa consigne. Après
les mousses, elle nous réveillera brusquement : « La
messe dans vingt minutes ! » Et si vous essayez le
lever pénible, la toilette pour laquelle il faut s'y reprendre en six fois, la même voix retentira trois quarts
d'heure après : « La messe des Retardataires ! » Et
les Retardataires seront encore en faillite. Ce sera le
commencement de la pénitence, sans proportion d'ailleurs avec les joies de la traversée.

La sirène a par trois fois poussé son affreux hurle-
ment ; c'est le dernier avis à ceux qui ne seraient pas
encore à bord. Il est onze heures. La passerelle est
levée ; le bateau démarre lentement ; on marche sans
s'en douter. Les mouchoirs s'agitent, quelques yeux
sont voilés de larmes ; parents et amis se font des signes
multipliés jusqu'à ce que la terre s'éloigne. Le ciel est
idéalement beau. Tout là-bas, à gauche, il forme comme
un dôme d'azur à Notre-Dame de la Garde, qui étincelle.
Notre canon la salue une dernière fois, et cet appel grave
à l'Etoile de la mer n'est que le prélude des prières qui
éclatent bientôt vibrantes au chant de l'*Ave Maris Stella*.

Le temps est à souhait, la mer aussi bleue que le ciel,
calme comme un lac... mais patience !

C'était si doux d'être comme suspendu en plein repos
entre les deux immensités, et voilà que déjà la clochette
vous appelle à la salle à manger. Pourquoi, puisque les
estomacs sont fermés ? Parce qu'il faut manger pour ne

pas avoir le mal de mer. Quel axiome ! Enfin, la foi est
encore robuste, elle n'a pas même subi une heure
d'épreuve. La salle à manger se remplit, le menu est séduisant, les mines déjà moins : et bientôt c'est le branle-
bas prompt et contagieux. Un mouvement de roulis,

*Départ de Marseille.*

produit, paraît-il, par le changement de direction de
l'*Etoile* — les malins disent : c'est le coup de barre du
pourvoyeur ! — prend les proportions d'un désastre.
Les mousses entrent en fonction et peuvent à peine
y suffire : balai, torchon, tout l'appareil réaliste a détruit en un clin d'œil la poésie respirée tout à l'heure
à pleins poumons. Il faut s'immobiliser à nouveau, et

surtout résister à tous les désirs de voir et de bouger. Nous laissons passer, sans pouvoir les regarder, les montagnes de l'Esterel : c'est là-bas que Magdeleine vécut trente ans au fond de la Sainte-Baume. Les Croisés ont suivi la même route que nous, et, plus tard, c'est sur ces mêmes côtes que débarquait Napoléon

*Les mousses en fonction* (CL. H.)

revenant de l'île d'Elbe... mais ces souvenirs s'estompent dans la douloureuse brume du mal de mer.

Vers quatre heures, on perd les côtes ; c'est la grande mer, admirable pour ceux qu'elle épargne : elle moutonne furieusement, et bientôt on ne compte plus ses victimes. Les indemnes entourent les pauvres éprouvés, qui ne leur en sont pas du tout reconnaissants. La Faculté préconise le remède de vous suspendre la tête en bas ; et c'est à peine s'il reste la force de sourire à ses facéties. Cette fois il n'y a plus de clochettes, ni d'exhortations efficaces ; les seuls refuges sont : le pont, si l'on peut s'y rendre, et la cabine, si l'on veut s'y reposer. C'est jusque-là qu'arriveront, à peine affaiblis, les chants du Mois de Marie, les adieux au jour qui fuit :

> L'ombre s'étend sur la terre,
> Vois tes enfants de retour
> A tes pieds, auguste Mère,
> Pour t'offrir la fin du jour.

Et le refrain, redit par tous avec une mélancolique ferveur :

> O Vierge tutélaire,
> O notre unique espoir,
> Entends notre prière ;
> La prière est le chant du soir.

*⁎*

*11 Mai.*

La mer s'est calmée ; le ciel est redevenu pur. Dès cinq heures et demie du matin la Corse est en vue... La nouvelle se propage, et, en un clin-d'œil, le pont se garnit de passagers qui ont oublié l'odieux mal de mer.

« L'île de la beauté suprême » dessine ses côtes sur un parcours de 500 kilomètres, avec ses falaises de porphyre, ses rochers en nid d'aigle, ses forêts à distance où l'on devine les sapins de 45 mètres de haut, les genêts, les myrtes, les arbousiers, les lentisques. les bruyères arborescentes. Du bateau le massif apparaît sauvage, dominé

par un pic neigeux, le mont Cinto (2707$^m$), et le mont
Rotendo (2625$^m$). Le détroit de Bonifacio n'est pas loin,
et la petite ville, comme une forteresse sur son rocher,
va converser avec nous. A peine aurons-nous eu le
temps d'admirer sa citadelle campée sur le roc, sa tour
ronde qui sert de poudrière, le site gracieux qui l'encadre, qu'on nous annonce un lancement de dépêches.

*En vue de la Corse* (CL. H.)

Avec une rapidité vertigineuse les timoniers font monter et descendre le long d'un mât de petits pavillons
qui sont des signes conventionnels ; et le sémaphore
répond dans le même langage. C'est ainsi qu'on a pu voir
dans les journaux : « *Etoile* en vue, tout va bien à bord,
direction sud-est. »

Tout va bien ! et deux heures plus tard c'était un
nouvel effondrement ! Aussi quel accueil au P. Bailly,
quand il vient annoncer gaîment les nouvelles, parties
pour la France.

— Qu'a-t-on dit, mon Père ?

— Tout va bien à bord.

— Tout va bien !... et on se regarde avec indignation.

— Mais certainement tout va bien. Le mal de mer ne compte pas ; et puis nous sommes un pèlerinage de pénitence, la souffrance doit en faire partie ; donc tout va bien. C'était concluant.

Le détroit se rétrécit de plus en plus ; il ne mesure plus que cinq kilomètres entre la Corse et la Sardaigne, et les rochers qui en émergent rendent le passage fort dangereux.

C'est là, près de l'îlot Levezzi, que le 15 février 1855, la frégate française, la *Sémillante*, sombra avec 750 soldats qu'elle transportait en Crimée. Du bateau on aperçoit le cimetière où reposent les corps des soldats retrouvés les jours suivants. Un *De Profundis* récité en chœur envoie aux âmes des victimes un salut fraternel. A droite, la Sardaigne se dessine avec une chaîne de montagnes dominée par le mont Germargentu (1793 m.).

En face, l'île de la Maddalena, le Toulon de l'Italie, l'île de Caprera, célèbre par le séjour de Garibaldi. Puis la Corse disparaît, et, avec elle, les derniers sourires de la terre de France.

Le vent souffle, il pleut, la mer se tourmente. Plus personne sur la dunette ; c'est tout au plus si l'on peut rester sur les ponts où le vent s'engouffre ! De pauvres petites hirondelles s'y abattent, et c'est à qui les recueillera pour les sécher et les reposer. Elles seules trouvent grâce à bord, au dire des matelots. Les autres oiseaux, tels que, cailles, pigeons, tourterelles qui y chercheraient refuge, seraient impitoyablement sacrifiés.

*12 Mai.*

La mer avait été dure une partie de la nuit. Le vent soufflait avec rage ; les vagues s'entrechoquaient en hurlant ; l'hélice grinçait ; les objets mal campés tombaient dans la cabine ; la sirène faisait entendre ses sifflements modulés comme une plainte ou un avertissement, et l'imagination la suivait un peu anxieuse.

Les novices de la mer pensaient sérieusement à une tempête, tandis que les marins souriront au réveil du *grain* qui aura si fortement éprouvé les nerfs délicats.

Grain ou tempête, la clochette aura encore tort, même pour la messe de *Requiem* qui devait être si imposante.

Du fond de leur cabine les malades entendront le chant du *Dies iræ*, et suivront l'émouvante absoute de la mer, en priant de leur mieux pour les victimes de l'implacable ennemie, naguère si admirée. A neuf heures, on signale les îles Lipari (îles Eoliennes ou Vulcaniennes des anciens), en évoquant l'ombre d'Ulysse, roi d'Ithaque, avec son outre qui contenait tous les vents contraires à la navigation ; mais c'est avec une sensation rétrospective des plus modérées qu'on déplore l'imprudent cadeau d'Eole autant que la curiosité des compagnons d'Ulysse. En attendant d'autres surprises, l'apaisement se fait ; les quatre îles Lipari sont en vue : Lipari, Vulcano, Salina, Stromboli ; et l'*Etoile* a mis le cap droit sur le Stromboli.

Un goéland rôde autour de nous, nous annonçant qu'une terre est proche.

Les détonations commencent à se faire entendre ; on n'a plus d'yeux que pour le Stromboli.

Le volcan mesure 926 mètres en hauteur. Son cratère

est à 600 mètres seulement, avec deux orifices, dont l'un est en perpétuelle activité, tandis que l'autre n'a d'éruptions que par intermittences ; mais avec quel orgueil celui-ci prend sa revanche ! C'est un merveilleux spectacle que la lutte entre ces deux artilleries imposantes. Des torrents de fumée noire s'échappent du cra-

*Le Stromboli* (CL. L.).

tère supérieur, en projetant des bouquets de flammes, qui se décomposent en fleurs de feu, jusqu'à ce que la lave vienne mourir dans la mer. On guette un peu anxieux l'instant du dernier plongeon ; quelques étincelles meurent en route ; mais, tandis qu'on se prend à le regretter, le second cratère ouvre sa bouche formidable, et la lutte s'engage : les feux se confondent, les détonations font rage.... c'est toute une explosion dont il est difficile de suivre les mouvements. Plus on approche, plus le spectacle est beau, plus aussi l'émotion est intense.

L'*Etoile* continue sa marche ; on signale, à droite de la coulée des laves, le joli village de Saint-Barthélemy, au pied de riches coteaux de vignes et d'oliviers ; c'est là qu'on récolte le vin de Malvoisie. A gauche, le joli village de Saint-Vincent fait une tache blanche dans la mer bleue, nous donnant un avant-goût de l'Orient. Il est deux fois joli avec les sourires qu'il nous envoie. Dès que l'*Etoile* est signalée, le curé de la paroisse sort de son église avec drapeau et bannières ; ses paroissiens l'entourent, agitant leurs mouchoirs. Les cloches sonnent à toutes volées ; de petites embarcations viennent à notre rencontre ; nous répondons avec le canon et la sirène du bateau : c'est un crescendo d'enthousiasme.

Le phare, dressé sur un rocher, le petit Stromboli, va signaler notre passage ; il ne dira pas nos émotions.

Quelques mois plus tard, nous apprenions que les ruines allaient s'amonceler où nous n'avions cueilli que des fleurs de poésie et de joyeux souvenirs. Le Stromboli, déjà si beau au passage, incomparablement plus beau au retour, puisque nous devions le voir la nuit et en grande manœuvre cette fois, le Stromboli préparait sans doute la nouvelle éruption destructive qui, comme les précédentes, ne compterait plus ses victimes.

Les tremblements de terre sont d'ailleurs fréquents dans la région, et les secousses volcaniques terribles. Les habitants sont toujours sur le qui-vive, et c'est pour cela que de leurs maisons à un seul étage le confort est absent. Il n'est pas rare de n'y trouver qu'un lit par famille, et ce lit, assure-t-on, peut être occupé par douze : six d'un côté, six de l'autre.

La journée, plus calme que ne l'avait fait pressentir la

nuit, a été agrémentée d'une conférence sur Messine.

A sept heures du soir, nous entrions dans le fameux détroit, tout hantés des souvenirs d'autrefois. Bien qu'on le traverse aujourd'hui sans aucun effroi, une barque est encore accrochée au rocher de Scylla, preuve certaine d'un récent naufrage, à moins, disent les sceptiques

*Entrée de Messine.*

quand même, qu'on n'ait accroché la barque exprès pour notre passage. Le naufrage est prévu quand les vents du nord se rencontrent avec ceux du sud : le tourbillon de Charybde précipite alors les embarcations contre le rocher de Scylla ; et, quand elles y sont, il y a grande chance qu'elles y restent. Aventure à peu près semblable arriva un jour à l'*Etoile*. On était à la salle à manger, quand une violente secousse fit tomber les pas-

sagers les uns sur les autres : le bateau était littéralement renversé. On put tant bien que mal gagner la chapelle, et jamais prière plus fervente ne sortit de cœurs
plus émus. Heureusement que Messine était proche, et
que la détresse se produisait en vue du port. Des canots
promptement envoyés débarquèrent les passagers au
port, tandis qu'on croyait la pauvre *Etoile* à jamais perdue. Il n'en fut rien. Au bout de quarante-huit heures,
tout était rentré dans l'ordre : les pèlerins avaient
visité Messine avec un vif intérêt, et l'*Etoile*, décrochée
sans avarie, continuait sa route, affermie encore dans
sa foi en la Providence.

Messine, joliment située en amphithéâtre, apparaît
comme une reine dominant son port. Des souvenirs de
tout ordre s'y rattachent. C'est à Messine que saint Pa-
trice fonda vers le VIᵉ siècle le plus ancien couvent bénédictin de l'île, et c'est dans cette ville qu'il fut massacré
avec tous ses religieux par une horde de barbares  Leurs
restes furent retrouvés en 1588 dans la crypte du monastère de Saint-Jean-Baptiste de Messine. Là, comme dans
toute l'île, eut lieu le massacre des Vêpres siciliennes,
puis la défaite de l'amiral hollandais Ruyter par Du-
quesne.

On ne compte plus les épreuves de Messine : la peste
de 1743, qui lui enleva 40,000 habitants, le tremblement
de terre de 1783, le bombardement de 1848. C'est malgré
tout un beau port ; sa rade est spacieuse et sûre, et plusieurs forts, avec des batteries à fleur d'eau en défendent
l'entrée. Mais on regrette, toutefois en se l'expliquant,
que les maisons de son quai offrent l'aspect d'édifices
rasés à la hauteur du premier étage ; c'est, sans nul
doute, dans la crainte des tremblements de terre.

Si de Messine nous plongeons vers la côte est, nous
apercevons la masse neigeuse de l'Etna, qui continue la

région volcanique du Vésuve et des îles Lipari. Son cône imposant, même à distance, a 3316 m. de haut, et ses flancs sont couverts d'une foule de cratères éteints et de plus de cent bouches vomissant encore le feu et la fumée. C'est en vain que nous braquons les jumelles dans l'espoir d'apercevoir un sérieux panache ; les meil-

*Le P. Séjourné à bord de l'Étoile.*

leures vues ne constatent qu'un chapeau de nuages au-dessus des neiges. Il est vrai que, de loin, l'illusion était possible, et beaucoup crurent à la fumée.

Plus de cent éruptions du volcan détruisirent des villes entières, et firent périr jusqu'à vingt mille personnes à la fois ; mais celle de 1830, où sept nouveaux cratères se formèrent, et celle de 1843 furent les plus terribles. On pense avec autant d'effroi aux victimes de ces catastrophes qu'on demeure saisi d'étonnement de la persévérance des habitants à y planter leurs tentes. C'est que le pied de l'Etna est d'une fertilité merveilleuse. A côté de superbes jardins, on y voit des plantations d'orangers, de citronniers, de cannes à sucre, de figuiers de Barbarie, de cotonniers, de bambous et de palmiers. Dans la zone intermédiaire, c'est la vigne jusqu'à 1100 m., ensuite les forêts de chênes, de pins, de châtaigniers et de bouleaux, et puis la végétation rabougrie des genévriers.

Enfin on arrive au cratère, monstrueux gouffre de trois à cinq kilomètres de tour et de 230 mètres de profondeur.

La fable plaçait dans l'Etna les forges de Vulcain et des Cyclopes, et ce n'était pas mal trouvé ; mais combien plus gracieux est le souvenir de sainte Agathe, évoqué dans la jolie ville de Catane, tout au pied de l'Etna. Plusieurs fois détruite par les tremblements de terre ou envahie par les laves, décimée par la peste ou le choléra, Catane, qui compte aujourd'hui 106.000 habitants, ne se lasse pas d'invoquer la sainte dont elle se glorifie d'être la patrie. Les Italiens veulent même que son voile arrête les cendres du volcan quand elles menacent la ville.

Enfin les musiciens saluent Catane comme la patrie de Bellini.

Nous n'en finirions pas de rappeler tant et tant de souvenirs soulevés à chaque pas. Ceux qui ont étudié leur voyage, et il y en a quelques-uns, complètent leurs notes de celles du voisin : les conférences apportent leur contingent, et la vue de l'endroit ravive tous les intérêts. Si, des côtes de la Sicile que nous avons à notre droite, nous jetons les yeux sur la gauche, nous apercevons Reggio, que nous verrons tout proche et superbement éclairé au retour.

Aujourd'hui nous y compterions de nouvelles ruines.

Rien de plus mouvementé que l'histoire de cette ville. Jadis une des plus puissantes républiques de la Grèce, elle subit tour à tour la domination de Robert Guiscard, de Gonzalve de Cordoue, de Ferdinand d'Aragon. Brûlée par Frédéric Barberousse en 1544, par Mustapha Pacha

*Reggio.*

en 1558, elle sortit de ses ruines jusqu'au tremblement de terre de 1783. qui la détruisit à nouveau. Reconstruite en entier, elle fut encore renversée par un nouveau tremblement de terre, en 1841. Détruite et relevée, c'est donc toute son histoire ! Nous l'avions vue debout, en mai 1905 ; nous la retrouverions en bas en 1906, relevée peut être en 1907.

Cette histoire nous instruit et pourrait au besoin nous servir de parabole. Qu'est-ce autre chose que la vie, sinon « une série de recommencements » suivant la parole si vraie de saint François de Sales ?

Reggio garde le souvenir de saint Paul, qui s'y arrêta pour fonder une chrétienté. Avec le culte des reliques qui caractérise les Italiens, et leur puissance d'imagination, capable de transformer leurs rêves en réalités, on montre encore dans la ville une bougie qui devait brûler tant que saint Paul parlerait.

C'est à Reggio que fut imprimée, en 1475, la première édition hébraïque de la Bible.

*  *
*

*Samedi 13 mai.*

Jamais la mer n'a été plus belle, ni le ciel plus clément.

Plus de côtes à l'horizon, l'immensité seulement, mais quel tout !

Les mines sont superbes ; on se congratule réciproquement en évoquant les souffrances passées. Chacun a ses narrations plus ou moins malicieuses pour rire de son voisin. Un prêtre américain, très distingué d'ailleurs, commence son cahier de notes par le croquis de deux pèlerins : un religieux faisant de tels efforts, dans sa taille minuscule, qu'il lui accorde comme légende : « Il ne restera que sa soutane. » Et d'un autre, dans les mêmes conditions, sauf ses proportions herculéennes, il dit : « Il va passer par-dessus bord. » On s'épanouit franchement. Il n'y a pas de moments perdus, et les mieux employés sont ceux où l'on ne dit rien, pour laisser parler sa pensée dans la plus douce des quiétudes.

Il y a la correspondance aussi, puis la visite du bateau qui s'impose. On vient de tuer un bœuf ; il faut porter nos condoléances à son compagnon, dont la douleur est bruyante, dit-on. Nous en profiterons pour jeter un coup d'œil sur la bergerie. Pauvres moutons ! ils n'ont

*Après le mal de mer* (CL. H ).

pas l'air de s'habituer à leurs pâtures, nouveau genre. Et les poules ? Quel crime ont-elles pu commettre dans leur basse-cour pour mériter cette cage infernale ? Le perroquet lui-même ne cesse d'appeler son maître : « Anto, Anto », et le terre-neuve de chercher le sien. En revanche, les passagers n'ont jamais eu plus d'entrain : exercices pieux, conférences, tout sera suivi, en attendant qu'on assiste au coucher du soleil. Quand le moment approche, les ponts se garnissent, et les yeux s'ouvrent très grands. Le globe de feu s'abaisse gra-

duellement, et bientôt il projette des lueurs d'incendie.
Comme au Stromboli, on guette avec fièvre la seconde
du plongeon, parce qu'il doit être suivi du rayon vert ;
mais bien souvent le rayon vert est invisible. Plusieurs
affirment l'avoir vu ; je n'ai pas été du nombre des privilégiés. En revanche, que d'autres surprises ! Au grand
soir, ce sont les clairs de lune, en descendant de la
chapelle, après la dernière prière du jour. « Vous souvenez-vous, écrivait un pèlerin, de ces clairs de lune
merveilleux, avec toutes ces petites paillettes d'argent
que l'on voyait danser au bout des vagues, vers les
dix heures du soir, alors que l'on s'attardait indéfiniment,
les coudes sur le rebord des bastingages, sans rien dire ?
Et cela semblait vraiment cruel de songer qu'il fallait
aller prosaïquement se mettre au lit, perdre en somme
quelques heures de ce spectacle incomparable et grandiose qu'on ne reverra peut-être jamais. »

Oui je me souviens de tout, et même de ce grand silence qui parle encore !

N'est-ce pas le cas de rappeler la parole de Maeter-
linck : « Le silence, s'il a eu un moment l'occasion d'être
actif, ne s'efface jamais ; et la vie véritable, la seule
qui laisse quelque trace, n'est faite que de silence. »
Et encore : « Dès que nous avons vraiment quelque
chose à nous dire, nous sommes obligés de nous taire. »

*
* *

*Dimanche 14.*

Le réveil est facile, parce que la nuit a été bonne.

Dès sept heures du matin, la grande île de Crète apparaît
noyée dans la brume ; elle se dessine bientôt nettement,
et nous allons la contempler de longues heures, avec un

intérêt doublé par les événements dont elle est le théâtre. Pour la huitième fois depuis un siècle, les Crétois sont en révolte contre le joug musulman qui, nulle part, ne s'est montré plus dur. A égale distance de l'Europe, de l'Asie et de l'Afrique. « cette perle des îles grecques »

*Le R. P. Bailly et le docteur Hardouin à bord.*

mesure 140 kil. de long sur 10 à 40 de large, et compte environ 300 000 habitants. Le côté sud que nous avons sous les yeux nous apparaît dénudé ; les rides de la côte font deviner des ravins profonds ; et trois massifs de montagnes partagent l'île : les Montagnes Blanches à l'ouest, le Laskiti à l'est, et, dominant les deux, dans sa superbe blancheur, le Mont Ida au centre. C'est là que fut nourri et élevé Jupiter, et la montagne prit le nom de la nymphe Ida, nourrice du dieu et mère de Minos, le sage législateur de la Crète.

Entre les rochers et la montagne, on distingue des plaines cultivées et des coteaux boisés ; impossible d'y découvrir un habitant. On n'avait pas, au temps de saint Paul, une idée très favorable de ces derniers, car, à cette époque, on disait « crétiner pour signifier : mentir ou tromper ».

Nos regards fouillent de plus en plus l'horizon, et il ne faut rien moins que la clochette sonore annonçant la messe de l'équipage pour nous en arracher.

Il est neuf heures. Le pavillon de messe (flamme blanche avec croix rouge) a été arboré au mât contre lequel la sacristie est appuyée. A part les hommes de quart, l'équipage entier, commandant en tête, assiste à cette messe, profondément recueillie. On chante le *Sanctus* de Gounod, et le canon tonne à l'Elévation.

Je ne sais pas d'émotions religieuses comparables à celles de la prière à bord. Est-ce parce qu'on est loin de la terre que la voix du ciel a des murmures plus intenses?

Quelle cathédrale comparer à cette nef portée seulement par les vagues? Quelle harmonie approcherait de cette voix des flots tour à tour berçante ou furieuse? Quel langage plus convaincant de sa petitesse et de la dépendance directe de Dieu que cet isolement de tout secours humain, quand le danger peut se dresser à chaque pas, terrible et sans appel?

Jamais la négation n'a paru plus misérable et l'infini plus accessible, si l'on ose parler ainsi : extrême puissance du Dieu si grand dans ses œuvres, extrême bonté du Dieu qui se fait si petit dans son sacrement ! La mer et l'Eucharistie ! on a la sensation de toucher les deux pôles où la raison s'effondre au profit de la foi et de l'amour. Qui donc, à cette heure, oserait nier Dieu, et être conséquent avec lui-même ; qui, l'aimant, pourrait discuter les derniers excès de son amour ?

Aussitôt la messe dite, nous redescendons sur le pont, et la Crète nous apparaît sous un nouvel aspect. Le sommet de l'Ida et les pentes de Laskiti y étalent leur neige, que le soleil rend éblouissante Çà et là des villages cachent leur blancheur sous la verdure épaisse des bois

*Ile de Crète : le mont Ida* (CL. L.)

et des forêts. Les petites îles de Gaudopoulo et de Gaudos disparaissent à droite ; la belle et profonde baie de Bons Ports s'enfonce dans les côtes, et l'on aperçoit les restes de la ville de Thalasse mentionnée dans les Actes des Apôtres. C'est à Bons Ports que saint Paul conseillait d'hiverner, quand son navire fut assailli par une violente tempête qui dura quatorze jours, et devait aboutir à un naufrage sur les côtes de Malte.

En longeant pendant sept ou huit heures ces côtes de la Crète, que de tableaux se déroulent : la nef de Saint

Paul avec ses 276 passagers, les trirèmes romaines, celles des Sarazins et des Croisés. Et là-bas, à travers les roches crayeuses et les ravins tourmentés, d'un aspect sauvage et si propice à la guerre de partisans, nous voyons 80.000 hommes en armes, pour une revendication légitime et un bien sacré entre tous, l'indépendance, la liberté. Des quantités de mouettes, fatiguées de leurs courses vagabondes. s'abattent sur les flots, et semblent garder les abords de l'*Etoile*.

Le soleil baisse ; bientôt l'île disparaît, et on organise à bord une procession en l'honneur de Notre-Dame de Lourdes. Les *Ave* retentissent au loin ; c'est un prélude à la prière du soir, quand, tout à coup, les petits mousses apparaissent bleus, roses et verts dans leurs canots de sauvetage.

Ce feu de Bengale d'un effet inattendu finit, dans le plus aimable sourire de la terre, une journée vibrante encore d'émotions divines.

*  *

*Lundi 15.*

L'Europe a disparu. Nous avons beau fouiller l'horizon aussi loin que peuvent aller le regard et la pensée, ce n'est plus que le ciel qui s'abaisse, et la mer qui murmure son grand langage.

Les premiers rivages que nous apercevrons n'auront plus qu'un nom, la Terre Sainte. Tous les autres souvenirs s'enfoncent dans le passé ; ce sont eux maintenant qui sont loin. La journée entière est toute à l'espérance du lendemain. Les apprêts se font pour le dé-

barquement. On nous avertit que nous pourrons faire
deux parts de nos bagages : ceux qui resteront à bord,
et ceux qui nous suivront à Jérusalem.

D'immenses étiquettes indiquant chacune des destina-
tions. sont distribuées aux pèlerins, à charge pour eux de

*Pont de « l'Etoile » à bâbord.*

les coller sur leurs bagages. Avec quelle émotion on lit
sur sa vulgaire petite valise : Jérusalem.

Il faut aussi penser à sa correspondance. De jeunes
vaguemestres, avec un brassard aux armes de Jérusalem, vont parcourir les rangs, pour prendre cartes et
lettres écrites à bord.

On n'a qu'à payer l'affranchissement ; eux se chargeront de coller les timbres, et de mettre à la poste fran-

çaise de Jaffa tout ce qui doit partir pour la patrie.....
déjà si loin.

Le Père Bailly demande la parole pour des avis sérieux, et, comme toujours, passe du grave au plaisant,
avec une finesse qui lui est spéciale : « C'est demain
qu'on débarque ou qu'on ne débarque pas, car il arrive

*Pont de l' « Etoile » à tribord.*

quelquefois qu'on ne débarque pas. Si la mer est mau-
vaise, le Commandant, qui est très prudent, attend le
moment propice; l'attente peut durer plusieurs jours.
C'est déjà arrivé, et il a fallu, tant bien que mal, occuper
les pèlerins. On a fondé alors la confrérie de la bonne
humeur. Tout le monde s'en est mis, la mer elle-même,
et nous avons heureusement débarqué. »

La bonne humeur! elle était à l'ordre du jour, sans

confrérie à la clef. Si une goutte mélancolique avait pu filtrer, c'était à la pensée d'un premier adieu à cette vie du bord, si particulièrement reposante. On la retrouvera, mais pour le retour, et ce sera la fin. C'était si bon de vivre ainsi, loin des agitations du monde et des soucis de l'existence ! La vie semblait avoir perdu son sens douloureux. même pour ceux qu'on aime. Dieu était tout proche, son grand ennemi très loin ; l'âme s'épanouissait librement, heureuse du moindre bien à sa portée, un humble service au plus déshérité. Mais qu'il était particulièrement doux de se retrouver en groupe sympathique, toujours les mêmes, pour penser et vibrer ensemble ! Une traversée dans ces conditions, et quand le mal de mer a fui, c'est vraiment la béatitude du repos ; mais le repos n'est qu'une parenthèse ici-bas ; et, s'il ne retrempait pour l'action, c'est-à-dire pour la lutte, il pourrait énerver l'âme au lieu de la refaire.

# CHAPITRE DEUXIÈME



*16 Mai.*

E bateau est tout émoustillé. Un goéland rôde autour de nous. Le quartier-maître et quatre matelots préparent les ancres monumentales sous la surveillance d'un officier. Les voilà soulevées, attendant suspendues, le grand signal du commandant. Les bagages sont prêts, les correspondances terminées ; des malaises qui ont tendance à s'accentuer assombrissent certains visages. Malgré tout, les yeux s'ouvrent très grands ; il n'est personne qui ne guette avec agitation le point blanc de l'horizon qui aura nom Jaffa.

Qui donc le verra le premier ?

Le canon tonne!... C'est là-bas une ligne indécise dans la brume; nous y sommes!

Le sang afflue au cœur, et c'est avec une émotion intense que tout l'équipage entonne le *Magnificat*. Il est une heure moins un quart. Il faudra encore plusieurs heures avant le débarquement; mais la Terre Sainte est en vue : la joie est sur tous les visages.

La ligne blanche s'élargit; elle dessine ses contours encore incertains, et bientôt la ville entière apparaît comme un rocher de neige, entre les deux bleus du ciel et de la mer.

Vieille sur sa colline avec ses cubes entassés, coquette et moderne dans ses constructions du nord au sud, elle semble dominée par son hôpital, où flotte très haut le drapeau français ; c'est le raffermissement complet des cœurs !

Une douce brise, toute parfumée d'orangers, souffle de la terre; les Arabes s'agitent dans le lointain ; quatre ou cinq barques s'avancent vers l'*Etoile*. Quelques plis se dessinent comiquement sur le front des passagers.

On a jeté l'ancre à huit cents mètres environ de la ville, entre les nombreux brisants qui forment enceinte en avant de la jetée. La mer est assez calme pour permettre de passer sans danger à travers ce banc de rochers. Nous arborons le pavillon turc ; la patente nous signale en bonne santé; le consul vient nous saluer à bord. Il nous dit que, depuis douze jours, le Khamsin (vent de l'est) soufflait en Palestine, et que la chaleur intolérable a cessé pour notre arrivée. Nous croyons d'abord à une gracieuseté banale ; mais nous devions bientôt avoir la triste preuve qu'il disait vrai. A peine arrivés à Jérusalem, on nous annonçait la mort d'une dame, foudroyée sur son cheval, au fond de la Samarie, par une de ces insolations dont le Khamsin est coutumier.

C'est le quart d'heure redouté.

Le P. Bailly remercie le consul et harangue son troupeau. Il recommande le calme et la confiance dans les
Arabes, qui sont très adroits, dit-il. Adroits, peut-être,
mais combien agités ! Ils crient et gesticulent, si bien
qu'on menace de les jeter à la mer s'ils ne se calment

*La santé à Jaffa.*

pas. Pourvu que l'imprudente menace ne leur donne
pas l'idée d'une réciprocité avec effets pour les pauvres
passagers !

Quoi qu'il en soit, l'escalier-échelle de l'*Etoile* se garnit. Tour à tour nous passons dans les bras des nau-
toniers qui nous jettent comme des colis dans la barque
enveloppée de vagues ; chaque nouvel arrivant pro-

voque une nouvelle lame de mer qui rase le canot. La
barque s'enfonce de plus en plus, et les bagages disparaissent avec des avaries dont on ose à peine se plaindre,
tant on est soulagé d'en sortir soi-même sain et sauf.

Après le petit quart d'heure d'un ballottement jusque-
là insoupçonné, il n'y a plus qu'à présenter son passe-
port. Un dernier effort pour monter les escaliers du
quai, en acceptant la main noire qui vous soulève du
canot, et vous y êtes.

C'est ainsi qu'après tant de pèlerins, d'artistes et de
poètes qui l'ont dit avant nous, nous avons traversé
cette grande mer « qui porta les flottes du Roi-Prophète,
« quand elles allaient chercher les cèdres du Liban et la
« pourpre de Sidon ; cette mer où Léviathan laisse des
« traces comme des abîmes (1) » ; « cette mer à qui le
« Seigneur donna des barrières et des portes (2) » ;
« cette mer épouvantée qui vit Dieu et s'enfuit (3). »

Un regard à droite et à gauche dans ce cercle merveilleux que la mer ferme de son immensité, et l'on entrevoit la Galilée, la Samarie, la Judée, c'est-à-dire le
berceau de l'humanité dans les ombres lointaines de la
vie patriarcale, et cet autre berceau, régénération d'un
monde déjà vieilli et corrompu.

Puis la plaine d'Ascalon, et tous les souvenirs de ces
héros chrétiens qui ont semé là comme une poussière
de gloire sur tout ce qui a nom français.

A Jaffa, les groupes se forment à leur guise. Chacun
suit ses attraits pour la visite de la ville.

Nous traversons d'abord les bâtiments de la douane,
où, moyennant bakchich, nos bagages ne seront pas
visités.

(1) Job.
(2) Idem.
(3) Psaumes.

J'ai parlé du bakchich ! Autant faire connaissance tout de suite avec cet éternel cri des Arabes. Les enfants l'apprennent au berceau : c'est leur manière de deman-der la charité ; les portefaix la réclament comme un dû : c'est leur pourboire.

Bakchich, Bakchich ! c'est le grand talisman pour

*Jaffa du canot de débarquement.*

tout obtenir. Il résume le dévouement turc, et épanouit la physionomie des petits et des grands.

Nous ne passerons que deux heures à Jaffa, en atten-dant le train pour Jérusalem. C'est peu pour connaître la ville, assez pour avoir une idée résumante de l'O-rient. Qu'il s'agisse de maisons, de rues, de boutiques ou d'habitants, c'est avant tout le pittoresque de la mal-propreté.

Arabes, nègres, mulâtres, employés turcs et portefaix

s'y croisent. Des marchands assis devant leur porte
fument le narghuilhé, suprême béatitude ! Plus loin des
groupes jouent aux cartes, aux dominos, aux dés. Nous
voici tout près de la maison de Simon le Corroyeur,
dont une petite mosquée marque aujourd'hui l'emplacement. C'est là que saint Pierre eut la vision symbo-
lique des animaux purs et impurs, destinée à renverser
les barrières du judaïsme, et à faire du christianisme
naissant le catholicisme ouvert à toutes les nations.

A Jaffa aussi saint Pierre ressuscita la veuve Tha-
bitha, et l'on montre assez loin de la ville le lieu du miracle. Que de souvenirs encore évoqués à Jaffa ! Depuis la légende qui veut y faire construire l'arche de
Noé, jusqu'à celle qui nous montre Andromède enchaî-
née sur les rochers de la passe et délivrée par Persée ;
depuis le souvenir d'Hiram y débarquant les matériaux
pour le temple de Salomon, jusqu'à celui de Jonas s'y
embarquant pour Tarse, au lieu de suivre l'ordre du
Seigneur l'envoyant à Ninive ; depuis les exploits de
Richard Cœur de Lion et le séjour de saint Louis, jusqu'au siège du 3 mars 1799 par la division Lannes, sous
les ordres de Bonaparte, quel imposant défilé des siècles !

Et aujourd'hui, à côté des œuvres séculaires des
Franciscains, la ville possède une petite colonie française : les Frères des Ecoles chrétiennes et les Sœurs
de Saint-Joseph ont ouvert leurs écoles, toujours plus
fréquentées, à la population du pays (25.000 habitants,
dont 12.000 musulmans, 7.000 chrétiens et 6.000 juifs).
Les Sœurs dirigent aussi l'hôpital Saint-Louis, fondation de la famille Guimet de Lyon.

Mais le train est déjà en gare. Bon gré, mal gré, il faut
le prendre, et peut-être avouer une certaine satisfaction
de se reposer sur une banquette, bien que l'âme proteste.
On se case très vite dans des wagons qui n'ont

pas assez de confortable pour accentuer les remords,
et tout de suite la vue s'arrête sur des haies de nopals
ou figuiers de Barbarie aux éclatantes fleurs jaunes.

Puis c'est la plaine de Saron, avec ses jardins plantés
d'orangers, de grenadiers et de palmiers ; un cimetière
musulman où paissent des chameaux ; quelques maigres

*Ramleh et les tombeaux* (CL. P.).

champs d'orge ; des vaches noires et petites, des chèvres
sans cornes avec des oreilles disproportionnées en longueur et en largeur, des moutons remarquables par
leur queue énorme et tout aplatie du plus singulier effet.

Enfin un premier village apparaît, Yazour sans doute !
Son aspect est des plus pauvres : des maisons sans fenêtres et avec une toiture en terrasse, toute recouverte
de gazon desséché. Des femmes et des enfants sortent de

ces antres pour voir passer le train, et autour du village
on fait la moisson. Des chameaux chargés de gerbes
vont et viennent dans leurs balancements rythmés ..
la couleur locale s'accentue. Bientôt le train s'arrête ;
c'est *Lydda*, où saint Pierre guérit le paralytique Enée,
étendu depuis huit ans sur un grabat. Lydda est l'ancienne Diospolis, où se tint en 414 un concile contre l'hé-
rétique Pélage.

Nous voici dans la plaine des Philistins. Ramleh se
dessine au loin, dominé par son minaret très visible du
train. Il fut construit par Saladin à l'époque des Croisades, en mémoire des quarante Musulmans tués à
Amonas ; c'est pour cela qu'on l'appelle la *Tour des
quarante Martyrs.*

La voie ferrée longe successivement des champs de
fèves, de tomates, d'aubergines. Ici des moissons mûres
et des champs d'orge attendent la main des travail-
leurs, tandis que plus loin des Arabes, vêtus seulement
d'une longue chemise blanche, labourent avec une
charrue primitive, traînée par une vache.

Nous voici de nouveau en pleine terre biblique : à
droite, la célèbre ville d'*Accaron*, qui reçut l'Arche d'Alliance, transportée ensuite à Bethsamès par deux
vaches qui suivirent toujours la même route en mu-
gissant, et sans se détourner ni d'un côté ni de l'autre.

A quelques kilomètres de là, sur la gauche, *Gazer*, donné
en dot à la fille du Pharaon d'Egypte qui épousa Salomon.
Sous les Machabées, Gazer devint l'enjeu de plus d'une
bataille, et enfin, pendant l'ère chrétienne, le roi latin,
Baudouin IX, y remporta une grande victoire sur les
Musulmans. De tout ce passé il reste surtout des ruines.

A *Séjed* nous ne verrons que deux petits pavillons en
bois où nichent des pigeons. Plus haut que le toit, ils
s'élancent sur deux poutrelles dressées de chaque côté

d'un poulailler ; c'est comme une parenthèse européenne
entre les souvenirs lointains de la vieille Asie. Peu après
c'est la vallée de *Sorec*, patrie de Dalila, et théâtre des
exploits de Samson.

Il faudrait relire ici la curieuse histoire de l'Hercule
juif : sa naissance miraculeuse à Sara, qu'on aperçoit

*Gare de Ramleh* (CL. P.).

pres de la station de Deir Aban. Une coupole blanche,
ombragée d'un palmier, en marque l'endroit. En face,
c'est *Timma* où se célébra son mariage ; c'est là que fut
proposée l'énigme dont l'enjeu était trente chemises et
trente manteaux. On se souvient que l'indiscrétion de sa
femme obligea Samson à tuer trente Philistins pour
payer son pari perdu.

C'est encore l'épisode des trois cents renards occa-
sionné par le refus du beau-père, le massacre de mille

Philistins avec la mâchoire d'âne (os à dents de silex).
et enfin son second mariage avec Dalila de la vallée de
Sorec et la trahison de celle-ci qui livra Samson aux
Philistins.

C'est de cette même vallée, traversée aujourd'hui par
le chemin de fer, qu'au temps des Juges et de Saül, les

*Vallée entre Bittir et Deir-Aban* (CL. P.)

Philistins montaient si fréquemment porter l'épouvante
chez les Hébreux.

Que d'impressions diverses en feuilletant ces pages
d'histoire, si loin dans les siècles !

Qui eût dit à mon imagination d'enfant, frappée de
ces choses étranges, qu'un jour je verrais ces pays de
rêve de plus en plus fuyant ; que, sur place, je repasse-
rais des récits oubliés, et qu'en les retrouvant, je leur
accorderais une attention secondaire, parce que mon
esprit serait tendu vers le but, et quel but ? Qui m'eût

dit enfin que j'irais, et si facilement, à Jérusalem. je
ne l'aurais pas cru, ou... je pouvais tout croire !

Tandis que je me perdais dans mille réflexions, le
train s'arrête brusquement, et quelques voyageurs
sont déjà descendus. On forme groupes ; qu'y a-t-il ? Il
ne s'agit que d'une actualité champêtre, un goûter sur
la voie. De petits pains tout français, empilés propre-

*En gare de Bittir* (CL. P.)

ment dans des sacs gris, sont distribués à discrétion avec
des raisins secs, des dattes et même du vin et de l'eau.
Ce réconfort paraît faire un certain plaisir, car il y a encore
trente-sept kilomètres à parcourir avant la grande arrivée.

La vallée se resserre, et devient bientôt une gorge
aride et sauvage.

La voie suit le torrent de Sorec, qu'elle contourne
dans des lacets multiples. Des deux côtés se dressent

des montagnes aux gradins échelonnés en cirques gigantesques, ou portant sur leurs flancs des éboulis de rochers, qui semblent encore une menace.

A peine quelques rares oliviers sur ces monts, des genêts rabougris, un gazon brûlé ; pas de troupeau, mais seulement un renard qui fuit, un chacal qui fait entendre son cri du désert... la mort plane sur cette nature ; il y a un avant-goût de sépulture dans cette morne désolation !

Après des efforts pénibles, la locomotive essoufflée s'arrête à *Béther* ou Bittir. C'est là, sous Adrien, que les Juifs essayèrent la lutte suprême contre les armées romaines. Pendant trois années entières, ils montrèrent une bravoure incomparable ; mais leur superbe désespoir ne servit qu'à accentuer la malédiction céleste. Le sang du Christ pesait de son poids divin sur eux et sur leurs enfants : Béther fut le dernier boulevard de la défense juive

Après Béther la gorge s'ouvre à nouveau, et l'on gravit le dernier plateau à travers la verdoyante vallée des Roses. Le joli couvent grec de *Rétamon*, dédié à saint Siméon, le chantre du *Nunc dimittis*, annonce qu'on approche.

Quelques lumières scintillent dans le lointain ; la lune commence ses effets de neige ; les maisons en terrasse se détachent ; les coupoles font saillie. Une grande impression de mélancolie tamise la joie de l'arrivée ; la reconnaissance domine tous les autres sentiments, ce n'est plus l'espérance, c'est la réalité... nous sommes à Jérusalem !

Mais, hélas ! quelle arrivée !

Le bâtiment vulgaire qu'on appelle la gare, la cohue des voyageurs entourés de portefaix, les cris des cochers, « écume de vingt races », les voitures qui grincent en

rasant les ravins, les rivalités des conducteurs qui s'accrochent au passage pour se dépasser, et se lancent des
injures dont l'écho jette l'effroi jusqu'au fond des fiacres,
tout, dans « cet étrange steeple », vous emporte loin du
rêve, grandi encore dans les émotions de la traversée.

Bientôt cependant l'âme se ressaisit ; elle sent qu'elle
est sur le théâtre du grand drame qui a transformé

*Gare de Jérusalem* (CL. P.).

l'humanité, et, quoi qu'on puisse en dire, il est facile de
s'abstraire de tout ce qui froisse la piété, pour vivre de
la vie intense des grands souvenirs.

Autant que peut le permettre cette course à fond de
train et la lumière des huit heures du soir, nous distin-
guons, presqu'en face de nous, le mont du Mauvais
Conseil et la ligne dentelée des hauts remparts qui se
profile à droite ; puis c'est la porte de Jaffa, et, brusquement, la vaste hôtellerie de Notre-Dame de

France. Des cawas en gardent l'entrée, et on respire comme un air de chez soi dès qu'on pénètre dans le vaste corridor de l'établissement.

Il n'y a plus qu'à présenter le carton qui a été donné à chaque pèlerin pour indiquer la chambre qu'il doit occuper, et c'est avec épanouissement qu'on aborde sa cellule propre, aérée, blanche et *immobile*. Un lit monastique, une table de bois, deux chaises de paille, un porte-manteau. une sorte de toilette, avec de l'eau à discrétion. quand on a la chance d'être près d'un lavabo.... voilà bien de quoi réjouir le pèlerin !

Mais avant le repos de la nuit, il y a le repas du soir, un peu bruyant puisque deux cents personnes s'y trouveront réunies. Ajoutons tout de suite que le réfectoire voûté. avec ses épaisses murailles, conserve une fraîcheur qui met en appétit. Si la nourriture est française, le service est d'un autre continent : des Arabes, quelques-uns en jupon fendu dans le bas sur les côtés, d'autres en pantalon, tous avec un paletot et le fez rouge, papillonnent dans la vaste salle, et l'on fait bientôt connaissance avec eux. La cuisine est moins « *scientifique* » que sur le bateau, mais on se régale de simplicité : viande souvent un peu dure, œufs très frais, bonne humeur sans défaillance.... le mal de mer est si loin !

Après le repas, c'est la prière du soir dans la belle chapelle du premier étage. Je crois que personne n'a dû se dérober à ce premier appel de la cloche. Le cœur était tout à l'action de grâces, à la pensée des absents, au besoin de prier, c'est-à-dire de résumer auprès de Dieu tout ce qui afflue au cœur, dans les grandes joies comme dans les grands chagrins.

Une courte station ensuite dans les vastes corridors, où tables, chaises et sofas sont disposés pour les correspondances, les causeries et le repos des pèlerins, puis, en hâte, regagnons notre cellule, car il faut se lever demain à cinq heures et demie.

Ma fenêtre est ouverte ; d'instinct je m'y porte ; j'ai soif d'horizon, et mon âme, plus encore que mes yeux, s'ouvre à cette transparence d'une première nuit à Jérusalem. Les bruits de la ville sont éteints ; il n'y a plus que les aboiements des chiens, lugubres et sinistres dans ce grand silence. Que cette heure est propice aux recueillements de la pensée, à l'évocation des souvenirs qu'on peut revivre sur place !

C'est ce même ciel étoilé que le Christ contemplait dans ses veilles douloureuses. C'est dans cette même lumière du soir, qui donne tant de relief aux mélancolies de l'âme, qu'Il vivait à l'avance ses drames intimes et son sanglant sacrifice.

Les Saints Livres nous apprennent qu'au temps de sa vie publique, Il enseignait dans le Temple pendant le jour, et passait souvent ses nuits sur la montagne. Les ruines ont pu ensevelir les traces de son passage ; la nature est restée la même.

Ce Mont des Oliviers qui se détache là-bas dans une lumière argentée, c'est Gethsémani, l'Ascension, Béthanie ; les faits revivent, l'Evangile prend corps ; et demain, les jours suivants, nous parcourrons ces lieux dans tous les sens, nous ferons notre pèlerinage ; car nous sommes maintenant en Terre Sainte.

# CHAPITRE TROISIEME



*17 Mai.*

REMIER réveil à Jérusalem après une
nuit sans grand repos. Etait-ce la joie
d'un heureux débarquement, ou seulement les aboiements
des chiens, le lit qui
craquait et le tribut
normal payé aux extra de la vie à bord ?... Il importe
peu ; dès huit heures du matin, fatigues et souffrances
sont oubliées. A huit heures et demie la procession s'organise pour aller au Saint-Sépulcre, croix et drapeau français en tête ; les bannières suivent, avec tout un cortège de

jeunes gens, puis les dames, les hommes, et enfin les prêtres. Des policiers turcs, sabre au côté et fouet à la main, écartent les obstacles sur notre passage, et, trop souvent, les lannières du fouet enroulées autour du manche se déroulent avec distribution de coups aux pauvres mendiants.

C'est un spectacle étrange que celui de ces deux cents Français parcourant librement les rues d'une ville en puissance étrangère, chantant des cantiques : « *Nous voulons Dieu ; Ave, Ave Maria* », pouvant, en un mot, manifester publiquement leur foi avec la protection même de ceux qui ne la partagent pas, et ne trouvant sur leur passage qu'une curiosité respectueuse, tandis que, dans leur patrie et à cause de cette même foi, ils seraient proscrits et condamnés, au nom de la liberté et de la fraternité !

Tout à coup, un mouvement se produit dans les rangs des pèlerins ; les yeux se fixent à un balcon, et les têtes s'inclinent : c'est le drapeau français, porté par le Docteur du bord, qui s'arrête devant le Consulat. Le consul, au milieu de sa famille, salue l'insigne national, et une sorte de commotion électrique nous remet au cœur la parole du départ : « Vous représentez la France pénitente au pays du Christ qui est mort pour elle. »

Ce n'est qu'après avoir suivi un dédale de rues étroites et malpropres, en tunnels ou à jour, que nous arrivons au mur qui enserre le Saint-Sépulcre et autour duquel rayonne le bazar. Là, types de tous les pays, en fait de vendeurs et d'acheteurs, depuis le Bédouin du désert au large manteau rayé, jusqu'au fellah en courte jupe de toile ; depuis le Turc avec son fez et son narghuilhé, jusqu'au Levantin en complet de la Belle Jardinière, l'œil va de l'un à l'autre, étrangement surpris.

Enfin on arrive sur la petite place carrée, d'une vingtaine de mètres de chaque côté ; c'est le parvis du Saint-
Sépulcre. Le vieux sanctuaire des Croisés offre tout d'a-
bord au pèlerin sa belle façade, écrasée par les lourdes
constructions qui l'enserrent : à gauche, le couvent grec
de Saint-Abraham avec ses épaisses murailles et sa tour

*Escalier du Saint-Sépulcre* (CL. L ).

carrée, dans laquelle on aperçoit de petites cloches. La
flèche de son clocher a été démolie par les Musulmans,
parce qu'elle dépassait en hauteur une mosquée voisine.
A droite, un couvent abyssin, schismatique aussi. Au
fond, et entre ces deux couvents, la façade même de la
basilique, avec deux larges baies : celle de droite, murée
par les Turcs ; celle de gauche servant d'entrée. Au-
dessus, une sorte de balcon extérieur, puis deux fenêtres

à colonnettes, surmontées d'archivoltes. A l'une de ces
fenêtres, une échelle dressée contre la muraille est en
train de pourrir depuis nombre d'années, et personne
des couvents adjacents à la basilique n'oserait l'enlever,
sous peine de voir les autres protester contre une usur-
pation de droit.

Ces divisions regrettables ne peuvent qu'impression-
ner défavorablement le vrai disciple du Christ ; mais
qu'importent après tout ces querelles, qui ne sont que
de l'homme, et même ces masques de pierre qui cachent
la relique la plus vénérable du monde ? Croyant ou
incrédule, on sent que « c'est ici, à coup sûr, le lieu le
« plus saint de la terre. Car l'événement qu'il com-
« mémore et qui le sanctifie est celui qui a le plus
« changé la face du monde et l'essence de l'âme hu-
« maine (1). »

Sans conteste et malgré les persiflages de l'impiété,
malgré les négations des esprits frondeurs, malgré les
doutes de la critique indépendante et consciencieuse, le
chrétien ne peut se défendre d'une émotion intense dès
qu'il arrive au seuil de la vieille basilique. Laissant à
leur pieuse dévotion ceux dont la foi n'a pas connu de
nuages, et qui acceptent sans contrôle les traditions vénérables des siècles, j'en arrive à ceux qui, après des
études personnelles d'arguments pour et d'objections
contre, ont eu la faveur d'être guidés par des hommes
d'une compétence spéciale, et je dis que ceux-là surtout
emporteront du sanctuaire auguste un souvenir ineffa-
çable. C'était le cas d'un certain nombre de pèlerins. Conduits par les Pères Augustins de l'Assomption, dont
Larroumet a pu dire : « Chez tous, j'ai trouvé une cor-
« dialité, une franchise, une candeur ouverte, une bonne

---

(1) Edouard Schuré, *Sanctuaires d'Orient.*

« humeur spirituelle, qui sont le contraire de la réserve
« ecclésiastique telle que nous la connaissons en Europe.
« Ils se tiennent au courant des dernières recherches
« sur l'histoire et la topographie de Jérusalem. Plu-
« sieurs d'entre eux sont en rapports personnels avec
« les savants qui se sont voués à l'étude de la Terre-

*Rue du Couvent grec.*

« Sainte. Mais ce qui me frappe le plus, c'est la liberté
« de leur esprit critique. Ces croyants n'ont rien de la
« crédulité du dévot. Ils n'acceptent pas les légendes
« sur les lieux saints en bloc et les yeux fermés. Ils n'y
« voient pas des articles de foi, mais simplement un
« point de départ pour des recherches où la piété doit
« s'appuyer sur la science. »
Conduits donc par ces guides de choix, il était raison-

nable de laisser à la foi sa plus large expansion, et de dire avec eux : nous sommes bien sur la butte sacrée qui fut témoin de la mort du Christ. Avec cette conviction, le grand drame revit, et tout le reste se réduit.

Est-ce à dire que la piété ne reçoive aucun choc ? Il serait plus vrai de dire que les froissements ne se comptent plus. Après avoir passé sur la tombe d'un pieux croisé, François d'Aubigny, c'est, tout de suite en ouvrant la porte, les sentinelles turques qui vous attendent.

Ils sont là deux ou trois gardiens, sur un divan élevé d'un mètre au-dessus du sol. Leur attitude, qui n'a rien d'hostile, est particulièrement choquante ; ils font leurs prières ou le café, dorment ou fument.

D'après un règlement de Saladin au XII$^e$ siècle, l'un d'eux possède la clef, l'autre le droit d'ouvrir.

La porte, unique pour la basilique et les quatre couvents adjacents, est fermée dans le milieu de la journée et le soir. Chaque matin, l'une des communions intéressées doit en payer l'ouverture, et, tant qu'elle n'est pas ouverte, les moines ne peuvent communiquer avec le dehors que par un guichet pratiqué dans l'un des battants. Les prêtres qui veulent dire leur messe au Saint-Sépulcre y passent la nuit ; et c'est peut-être ces heures de solitude et de ténèbres les seules vraies à passer dans ce lieu auguste. La lourde construction, fouillis de portiques, de chapelles et d'ornementations d'un goût au moins douteux, les rivalités plus ou moins bruyantes des différents cultes, la cacophonie de chants « où l'on retrouve avec peine son *Credo* », l'apparition de malheureux qui vous attendent au carrefour de quelque souterrain ou à la sortie d'une chapelle : mendiants aux plaies hideuses, paralytiques qui se traînent en rampant, miséreux de la pire espèce, tout ce qui dans cette Babel des cultes chrétiens, arrête les yeux du corps et distrait ceux de l'âme, tout cela a disparu. Les lampes seules, comme pour éclairer la suprême veillée mortuaire, parlent leur langage discret... et le grand drame revit.

Quelle satisfaction de pouvoir alors, en effaçant plus de dix-neuf siècles, reconstituer les lieux saints à peu près tels qu'ils devaient être au jour de la Passion !

« Le lieu où Jésus fut crucifié était tout près de la ville... (hors de la porte) (Héb. XIII, 12). Il y avait en cet endroit un jardin, et dans le jardin un tombeau neuf. Ce fut là qu'ils déposèrent Jésus » (Saint Jean, XIX, 20, 41).

Si l'on ne peut méconnaître les pieuses intentions de sainte Hélène en élevant la basilique, il est permis de regretter les travaux successifs qui en ont dénaturé le vrai caractère.

Comment avoir pu tailler la colline qui devait fixer l'attention du monde ? Comment avoir osé aplanir, même légèrement, cette arête, formidable dans sa petitesse, qui devait dominer Jérusalem et, par elle, la chrétienté jusqu'à la fin des siècles ?

Quoi qu'il en soit, et c'est la consolation du pèlerin, sous le marbre et le pavé, demeure l'immuable rocher « enseveli par Adrien et retrouvé par sainte Hélène ».

Du IV<sup>e</sup> au VII<sup>e</sup> siècle, le roc sacré demeura visible, entouré d'une simple balustrade d'argent et orné d'une grande croix. C'était vraiment la seule châsse qui convenait à une telle relique. Qu'on ait voulu la recouvrir d'un monument, au moins devait-on laisser le rocher à découvert, comme l'El Sakhrah de la Mosquée d'Omar. On pouvait recouvrir pour protéger, on ne devait pas cacher. Tout ornement est ici un non-sens, j'allais dire une profanation.

Quelles richesses comparer à cette nudité de la croix et au superbe isolement du Calvaire, quand il s'agit de méditer la mort de l'Homme-Dieu ? Ce sentiment s'impose au philosophe comme au croyant.

Mais, si l'on peut regretter, il n'est au pouvoir de personne de réparer. Entrons donc sans trop de rancune dans la vieille basilique, plusieurs fois détruite et reconstruite, et rappelons-nous tout de suite que le 15 juillet 1099, elle entendit le *Te Deum* de Godefroy de Bouillon et de ses héroïques compagnons ; ce souvenir français nous donnera le courage de pardonner le reste.

L'édifice actuel garde surtout la trace des Croisés ; ce sont eux qui lui donnèrent sa forme essentielle. Malheureusement les Grecs, toujours en contradiction avec les Latins, profitèrent de l'incendie de 1808, pour restaurer la basilique avec un mauvais goût criard.

Dès qu'on a franchi le seuil de l'église, on se trouve tout de suite entre les deux points principaux : le Calvaire à droite, auquel on accède par un escalier. et le Saint-Sépulcre, à vingt-cinq mètres à gauche, sous sa rotonde particulière. La première chose qui frappe les regards, c'est une dalle de marbre jaune, entourée de chandeliers gigantesques, et au-dessus de laquelle des lampes brûlent sans interruption, c'est la Pierre de l'Onction, sur laquelle Nicodème « aurait oint le corps du Christ avant de l'ensevelir ».

Si la pierre est d'une authenticité plus que douteuse, c'est à cette même place qu'on a vénéré, dès avant les Croisades, le souvenir de l'embaumement du Sauveur.

Un peu plus loin, sous les galeries qui forment le couvent arménien, une petite cage en fer marque l'endroit où les Saintes Femmes se seraient tenues pendant le crucifiement de Jésus.

Mais laissant ces souvenirs secondaires qui parlent

surtout de la piété des fidèles, et ne s'appuient sur aucune preuve véridique, nous arrivons de suite à l'édicule
qui renferme le saint Tombeau. Celui-ci a été détaché
de la colline rocheuse dans le flanc de laquelle il a été
creusé, et, si colline et jardin ont disparu, l'intérieur du
monument a gardé sa disposition : *atrium* pratiqué dans
le rocher et laissé grand ouvert ; *entrée minuscule* de la
chambre sépulcrale, fermée par une énorme meule
qui roulait dans une rainure et enfin la *couche funèbre*,
formée d'un simple banc taillé à plat dans le roc, ou
peut-être creusé en forme de sarcophage. Nous voici
donc devant le Saint-Sépulcre, sous la grande rotonde
neuve construite seulement en 1868.

Tout d'abord il nous apparaît comme une immense
chapelle mortuaire (8ᵐ de long, 6 de haut et 5 de large).

Les abords en sont écrasés par les six énormes chandeliers des trois rites, (latin, grec et arménien), chacun
de ces rites a ses cierges et possède son éteignoir.

L'extérieur de l'édicule est revêtu de marbre jaune et
blanc et orné de pilastres de marbre rouge.

Une balustrade à colonnettes avec une sorte de dôme
complète l'ornementation. Les ouvertures noires, pratiquées dans les parois de la chapelle de l'Ange, servent,
le Samedi Saint, à communiquer de l'intérieur le feu
sacré qui attire chaque année des milliers de pèlerins.
C'est une supercherie des Grecs, aujourd'hui avouée,
mais qui doit son origine à un miracle ancien et très
authentique, raconté par le moine franc Bernard Le
Sage, vivant au temps de Charlemagne. Les chroniqueurs des Croisades l'attestent aussi pour leur temps.

Entrons maintenant sous l'édicule sacré. Après une
attente proportionnée au nombre des pèlerins, on pénètre dans le vestibule ou chapelle de l'Ange, encadrée
de deux colonnettes torses. C'est là que l'Ange, assis

*Édicule dans la basilique du Saint-Sépulcre.*

sur la pierre roulée à droite, parla aux saintes Femmes le matin même de la Résurrection.

Une stèle ou petite colonne de marbre blanc, haute d'un mètre environ, porte, enchâssé, au milieu de ce vestibule, un fragment de la pierre qui fermait le tombeau. Derrière, se trouve un autel adossé au Tombeau du Sauveur et quinze lampes allumées.

Enfin, tout au fond, une ouverture basse, étroite et cintrée, donne accès à la chambre sépulcrale qui n'a guère que deux mètres de long. C'est à peine si trois personnes peuvent y tenir à la fois : quarante-trois lampes y brûlent perpétuellement, et un prêtre grec, qui s'y tient en permanence, vous asperge d'eau de rose. Mais ce n'est pas en foule, et avec ce cérémonial, qu'il faut prier au Saint-Sépulcre. Bien que l'allocution du Franciscain qui nous y a reçus ait été vibrante, la cérémonie pieuse, les pèlerins émus, l'âme se sentait captive de tout cet extérieur. Ce n'est que plus tard, sans témoin, et loin de toute préoccupation de céder son tour, que nous vivrons là des instants qu'il est aussi difficile de traduire qu'impossible d'oublier.

Durant cette première matinée, et après un tribut de ferventes prières, nous avons suivi les guides pour l'étude de la vieille basilique.

En sortant du Saint-Sépulcre, une petite chapelle, accolée au chevet même de l'édicule, attire notre attention : c'est la chapelle des Coptes, dont les moines, en sarraus de cotonnade bleue, vous reportent aux solitudes de la Thébaïde.

Tout près de cet endroit on pénètre, à travers les piliers de la coupole, dans une chapelle des Syriens Jacobites où l'on montre un *tombeau*, dit de Joseph d'Arimathie, contemporain et plus ancien même que celui de Notre-Seigneur. C'est un argument péremptoire contre

ceux qui nient l'authenticité du Saint-Sépulcre, sous prétexte qu'il ne pouvait y avoir de tombe en cet endroit,
enfermé, selon eux, dans la ville. Il est prouvé d'ailleurs
que le Calvaire et le Saint-Sépulcre étaient, au temps
du Christ, hors des murs.

Nous sommes près du couvent latin des Franciscains ;
et nous savons que, dans leur sacristie, ils gardent des
souvenirs français qui ne peuvent manquer d'être visités : l'épée, la croix et les éperons du premier roi de
Jérusalem. Si un doute peut venir sur l'authenticité des
reliques, il est impossible de ne pas les saluer avec émotion, en raison même des idées qu'elles éveillent.

Ce sont elles qui aujourd'hui encore servent à conférer
l'ordre du Saint-Sépulcre ; et d'elles Larroumet a écrit :
« Chateaubriand a reçu l'accolade de cette épée et chaussé
ces éperons. » Cette cérémonie, dit-il, ne pouvait être tout
à fait vaine. « Il suffirait que ces reliques aient été prises
au sérieux par le grand écrivain pour leur mériter le
respect des lettrés (1). »

Revenant au Saint-Sépulcre nous avons tout de suite
en face de nous le chœur des Grecs. Dans la pensée de
l'architecte franc, il devait être le centre de tout le monument et relier entre eux les divers sanctuaires, qu'il
laissait visibles dans l'intervalle de ses hauts piliers à
colonnettes.

Autrefois la propriété des chanoines latins, il a été
malencontreusement fermé par les Grecs, qui l'ont cou-
vert de leurs décors malhabiles : l'architecture disparaît
sous des plâtrages peinturlurés. En revanche on prête
attention à sa riche iconostase, à son abside aux degrés
circulaires qui forment les sièges des assistants au trône
patriarcal, et à son pittoresque réseau de chaînes qui

(1) LARROUMET, *Vers Athènes et Jérusalem.*

tombe de la coupole, chargé de lampes, de lustres et d'œufs d'autruche d'un effet assez original.

Il serait presque enfantin d'y signaler la fameuse pierre qui marquait, au dire des Grecs, le centre du monde, si on ne se rappelait que cette tradition a son excuse dans son ancienneté même.

Avant la découverte de l'Amérique, savait-on que la terre était ronde ? Il est facile de dire aujourd'hui : c'est innocent d'indiquer le centre d'une sphère, qui, en résumé, est partout ; mais encore fallait-il savoir que cette sphère existât ?

Laissant le chœur des Grecs, nous faisons seulement quelques pas, et nous sommes tout près du Calvaire. Hé quoi ! c'est par l'un de ces deux mauvais escaliers de dix-huit marches que nous allons atteindre le sommet du Golgotha, dont la vision a tant de fois hanté nos cœurs chrétiens ! C'est ce sol vénérable qu'on a osé recouvrir de pavés, et surcharger d'autels et de statues !

Les marches glissantes qui en rendent l'accès difficile, et le demi-jour qui l'enveloppe n'atténuent que faiblement toutes les révoltes de l'âme, si contredite dans ses impressions, et il faut vraiment faire effort pour retrouver ce sommet sacré, témoin d'un sacrifice à nul autre pareil.

Cette petite éminence n'était guère qu'un soulèvement de terrain, comme il y en a tant dans les environs de la ville, et son nom de Calvaire lui venait de sa forme qui la faisait ressembler à un crâne.

Le sanctuaire qui en marque l'endroit est vieux de dix siècles. Il est divisé par d'énormes piliers en deux nefs égales ; celle de droite qui appartient aux Latins, et où l'on vénère le Dépouillement des vêtements (X.<sup>e</sup> station du chemin de la Croix), la Mise en Croix (XI<sup>e</sup> station), et le lieu du Stabat (XIII<sup>e</sup> station).

L'autre nef appartient aux Grecs. Un autel s'y élève,

à l'endroit où fut dressée la Croix, et où Jésus expira
(XII<sup>e</sup> station). Un trou, pratiqué dans l'ouverture du
rocher et orné d'un disque en métal d'argent, atteste les
droits des catholiques à y venir prier. Tout près, et à
droite de l'autel, on montre la fente miraculeuse qui
se prolonge deux mètres plus bas au-dessous du Calvaire.

C'est ici qu'il faut fermer les yeux du corps, et laisser
à l'âme toutes ses envolées.

On peut discuter la pierre, le trou ou la fente miraculeuse ; mais « la vénération des fidèles ne s'égare pas ;
« ils sont certains de s'agenouiller sur la scène du grand
« drame, un peu plus près, un peu plus loin du dénoue-
« ment. Ils ne se trompent que de quelques pas. Les
« pierres qu'ils baisent en tremblant ont été consacrées
« par toutes les prières qui ont palpité vers elles (1). »

Nous redescendons avec peine le mauvais escalier du
Calvaire ; et nous allons de suite visiter la crypte, qui
aboutit à la chapelle de la Croix ou de Sainte-Hélène.
Trente larges degrés nous conduisent à une espèce de
cachot creusé dans le roc, au moins pour la partie
principale. C'est là que nous verrons, derrière un autel
dédié à Melchisédech, le prolongement de la fissure
merveilleuse qui se produisit à la mort de Notre Seigneur. L'abbé Fouard, en la décrivant dans sa Vie de
Jésus, nous dit : « Elle a près de trois pouces de largeur
sur vingt pieds de profondeur, et présente un aspect
assez extraordinaire, car l'effet commun des tremblements de terre est de séparer les couches du rocher
selon leurs veines  Ici, au contraire, le rocher est par-
tagé transversalement et la rupture croise les veines
d'une façon vraiment surnaturelle. » (Voir les témoi-

(1) LARROUMET, *Vers Athènes et Jérusalem.*

gnages d'Addison, de Miller, de Fleming, de Scharvet) (1).

C'est dans cette crypte, où une tradition assez fantaisiste plaçait le tombeau d'Adam, qu'avaient lieu, dès le VIᵉ siècle, les funérailles des gens de distinction. Les quatre premiers rois latins de Jérusalem : Godefroy de Bouillon (1100), Baudouin I (1108), Baudouin II (1131) et Foulques (1142) voulurent y être ensevelis. Les autres princes Croisés avaient leur tombeau près de la pierre de l'Onction, le long du chœur des Grecs ; on y voyait encore en 1803 leurs monuments en marbre. Les deux tombes, celle de Godefroy à droite, et celle de Baudouin I sont encore marquées à l'entrée de la crypte par deux longs bancs en pierre. A côté des souvenirs chrétiens, on salue donc à chaque pas des noms français. On revit l'époque du vieil adage : « *Gesta Dei per Francos* » et, en pensant au noble sang versé si près de celui du Christ, on se reprend à espérer le relèvement du peuple généreux qui avait su combattre et mourir pour son Dieu.

Plus on avance dans la crypte, et plus on a la sensation de la nuit profonde du tombeau ; mais bientôt de petites fenêtres en meurtrières laissent voir six lourdes colonnes, couronnées de chapiteaux trop larges, tandis qu'une gracieuse coupole envoie sa douce lumière au petit sanctuaire à trois nefs, qui a nom chapelle de la Croix ou de sainte Hélène. L'obscurité dans laquelle elle apparaît d'abord ne permet que d'en voir peu à peu les détails ; mais quand l'œil s'est fait aux ténèbres, on aperçoit dans le fond du souterrain, à l'extrémité de la nef de droite, un trou noir qui conduit à une autre crypte, à la grotte même de l'Invention de la sainte Croix. C'est à cet endroit, dans une profonde excavation qui s'ou-

(1) L'abbé FOUARD, *Vie de Jésus.*

vrait sous une roche élevée, que le soir du Vendredi
Saint on précipita les gibets des crucifiés : on sait que
les corps des condamnés devaient être détachés du gibet avant le coucher du soleil, la vue des instruments de
supplice ne devant pas profaner le jour du Sabbat. C'est
donc dans cette espèce de citerne que les trois croix
furent retrouvées trois siècles plus tard. Le miracle qui

*Panorama de Jérusalem ; Église Saint-Sauveur.*

désigna celle de Notre-Seigneur eut un retentissement
dont l'écho vibre dans les écrits des Pères du IV$^e$ siècle.

C'est là, dit-on, que la pieuse Hélène passait des journées en prières et en méditations sur le mystère de la
Croix. La grotte appartient aux Latins, sauf un petit
coin réservé aux Arméniens. On y voit un autel et une
statue de sainte Hélène, donné par l'infortuné Maximi-
lien, empereur du Mexique, souvenir qui apparaît là
bien à sa place.

Nous avons fini notre première visite au Saint-Sépulcre, et quelque chose de nouveau s'ajoute à ce que nous savions déjà des grands enseignements du Calvaire.

Il faut souffrir, la loi est inéluctable et restera de tous les temps, parce que son objet renaît chaque jour et sous toutes les formes. Sans cesse apprise, elle est sans cesse à rapprendre ; mais il semble que nulle part, plus qu'à Jérusalem, on ne l'épelle dans tous ses idiomes. Pauvres rebuts d'humanité qui errent dans les sombres couloirs de la basilique, dans le recul d'une crypte, au détour d'une rue ! Un saisissement douloureux vous étreint quand ces ombres miséreuses vous tendent, à travers leurs guenilles, les mains décharnées qui doivent recevoir le bakchich, imploré d'un regard déjà mort et d'une langue déshabituée de la parole.

« Il y aura toujours des pauvres parmi vous. » Jamais parole du Christ, vraie pour tous les temps et sous tous les climats, ne devient plus qu'à Jésuralem vérité concrète. La souffrance s'y étale sans pudeur ; elle a conquis droit de cité. En revanche, la jouissance y perd son piédestal, et l'Européen ne se fait pardonner l'opulence dont il apparaît au moins enveloppé qu'en laissant un peu de son or sous ces murs voués à la désolation du tombeau et à toutes les malédictions divines. Les habitants du pays y comptent si bien, qu'il y a une prolongation de crédit jusqu'au pèlerinage de pénitence. Aussitôt le départ des pèlerins, les créanciers relèvent la tête, et malheur aux pauvres débiteurs insolvables.

# CHAPITRE QUATRIÈME



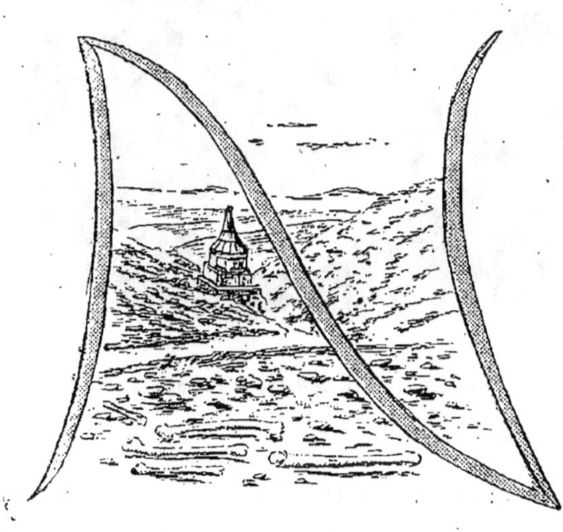

OTRE première visite à Jérusalem devait être tout naturellement pour le Saint-Sépulcre, le grand foyer de la vie chrétienne dans la mort et la résurrection de son chef. Mais, s'il fallait que le Christ souffrît avant d'entrer dans sa gloire, nous revivrons mieux son grand drame en suivant la trace de ses pas douloureux.

Divisés en petits groupes, nous nous acheminons vers la vallée du Cédron, laissant sur la droite la belle porte de Damas, par laquelle Godefroy de Bouillon entra à Jérusalem, et nous sommes tout de suite sur

le terrain de Gethsémani, « le pressoir d'huile ». Le
Mont des Oliviers se dessine, non plus dans les
formes indécises d'une lumière argentée, mais criant,
sous les feux d'un soleil intense, sa suprême désolation.

Un peu à gauche du pont qui traverse la vallée, et
que Jésus dut franchir une dernière fois quand il fut

*Le Mont des Oliviers et les établissements russes* (CL. P.).

conduit à Jérusalem par le traître Judas et ses gardes,
se dessine un porche ogival, c'est le tombeau de la Vierge.

L'ancienne tradition, certifiée au V^e siècle par Juvé-
nal, évêque de Jérusalem, qui la proclamait alors « antique et très véridique », contrebalance fortement l'opinion nouvelle qui voudrait placer la mort et la sépulture
de la Sainte Vierge à Ephèse. Quoi qu'il en soit, le sanctuaire actuel remonte aux Croisades.

Ce furent les religieux Bénédictins, établis là par

Godefroy de Bouillon, qui le construisirent ; et plusieurs personnages de la cour, entre autres Werner de Grai, cousin de Godefroy de Bouillon, Arnulphe d'Audenarde et Mélissende, femme de Foulques d'Anjou, morte en 1161, furent tour à tour inhumés dans la basilique restaurée.

Lorsque Jérusalem retomba au pouvoir des Musul-

*Tombeau de la Vierge.* (CL. L.)

mans (1187), le monastère fut rasé ; mais les Musulmans, par vénération pour la Mère de Jésus, respectèrent l'église élevée sur son tombeau.

La coupole du monument a depuis longtemps disparu, et c'est la crypte seule qui est restée debout.

On y descend par un escalier de quarante-huit marches ; et le tombeau est à douze mètres au-dessous du sol, ce qui explique que le sanctuaire soit dans la plus profonde obscurité.

L'humidité glaciale de la crypte est contrebalancée seulement par les lampes qui y brûlent ; et c'est en rampant qu'on pénètre, par une porte basse, dans l'intérieur de la chapelle qui renferme le sarcophage de la sainte Vierge.

Ce tombeau représente ce que devait être celui du Sauveur. On l'a isolé de la masse du rocher, et on a sup-

*Grotte de l'Agonie.* (CL. P.)

primé la chambre qui le précédait. Il a la forme d'un *édicule cubique* où le roc est resté en partie apparent, et il appartient aujourd'hui aux Grecs et aux Arméniens.

A quelques pas du tombeau de la Vierge, c'est la grotte de l'Agonie, un des rares sanctuaires qui nous ait été conservé dans son état primitif. Elle appartient aux catholiques, et sa voûte sombre convient aux grands mystères qu'on y médite. On y vénérait autrefois le lieu de la trahison de Judas, et un peu plus loin, dans l'enclos de Gethsémani, la suprême veillée d'angoisses.

Mais qu'importent après tout ces localisations mathématiques? Les souvenirs qu'on revit ici ne se mesurent pas à la chaîne de l'arpenteur : Gethsémani tout entier a été témoin de la douleur d'un Dieu, et sa poussière même en reste sacrée.

*Jardin de Gethsémani.* (CL. L.)

Les récits des évangélistes s'accordent tous à désigner l'enclos des Oliviers comme le théâtre du grand drame intime. Aussi ne peut-on se défendre d'une émotion particulière quand on aperçoit les têtes vénérables des huit oliviers qui s'élèvent au-dessus de ce jardin de Gethsémani.

Malheureusement une piété, à laquelle il est difficile de s'associer, les a entourés de petits massifs aux couleurs

éclatantes qui donnent au cœur un sursaut de fausse
note, à moins que, comme Mathilde Serao, on ne s'exalte
de ce parfum de jeunesse auprès de cette vétusté.
Pour moi, je trouve qu'un cadre austère devait à cette
grande scène de ne pas distraire une seconde l'âme de
son objet.

*Tombeau d'Absalon ; Pont du Cédron ; Eglise russe.* (CL. P.)

Des siècles ont passé sur ces témoins d'une douleur
unique. S'ils ne sont pas contemporains du Sauveur
« ils sont au moins les rejetons de ceux au pied des-
« quels le Christ s'est prosterné ; ils sont nés de la
« terre qui a bu la sueur d'angoisse et entendu les
« dernières paroles : « Mon âme est triste jusqu'à la
« mort (1). »

(1) LARROUMET, *Vers Athènes et Jérusalem.*

C'est à l'ombre de leurs feuilles jaunies qu'on revit l'heure de ce dernier combat où l'humanité défaillante ne dédaigna pas le secours de l'Ange consolateur ; l'heure où le sang de l'âme coula avant celui du corps et parut le sacrifice au-dessus des forces : « Mon Père. que ce calice s'éloigne de moi ! » l'heure enfin où le Christ adorablement humain voulut, comme plus tard dans ses trois chutes , rester le modèle et la consolation des faibles, des écrasés de la vie qui se relèveront en baisant ses traces divines : « Mon Père, que votre volonté se fasse et non la mienne. »

Après Gethsémani, le chemin continue à travers la vallée du Cédron.

Le torrent à sec n'offre aux regards attristés qu'un amas de pierres, formant comme une ligne de démarcation entre le cimetière musulman et le cimetière juif.... nous sommes en pleine vallée de Josaphat !

Sur la pente du Moriah, et comme en contrefort de la Mosquée d'Omar, c'est le cimetière musulman.

Un tronçon de colonne se détache du mur d'enceinte, et doit servir de point d'appui au fil de fer qui sera tendu, au dernier jour, de ce tronçon au mont des Oliviers. Sur ce fil de fer, les bons, soutenus par les anges, franchiront l'espace ; les méchants, au contraire, tomberont au fond de l'abîme : tel est le résumé du jugement dernier mahométan.

De l'autre côté, c'est-à-dire à gauche du Cédron, c'est le cimetière juif. N'y cherchons pas la mort cachant ses sombres mystères dans la profondeur des rochers ; les tombes à fleur de terre s'y pressent les unes contre les autres, et s'entr'ouvrent même parfois pour laisser voir les plus tristes échantillons du squelette humain, tibias, omoplates et le reste.

Pas un arbre, pas une fleur, rien qui trahisse la vie

dans ce champ de sombre désolation. Là, plus qu'ailleurs, la mort apparaît deux fois la punition du péché : de celui dont nous sommes tous coupables, mais surtout du crime national qui a nom déicide et restera sans pardon sur la terre !

En suivant le cours du torrent vers le sud, on dé-

*Vallée de Josaphat : Tombeau d'Absalon* (CL. P.)

couvre, au milieu de cet amas de tombes, quatre monuments énigmatiques qu'on dirait être de l'ancien Israël : le tombeau d'Absalon, le tombeau de Josaphat, le tombeau de saint Jacques et le tombeau de Zacharie.

Aucun de ces tombeaux ne renferme les dépouilles des personnages dont ils portent les noms. Les études sérieuses qui ont été faites sur ces monuments ne permettent pas de les faire remonter au delà des derniers

Machabées ; ils sont peut-être seulement les contemporains d'Hérode, et rappellent en tout cas les magnifiques sépulcres élevés par les juifs « aux prophètes qu'ils massacraient », suivant le reproche que Notre-Seigneur faisait à ses contemporains.

Le certain, c'est qu'ils ont vu passer le Christ, et, à ce titre seul, ils mériteraient déjà notre attention.

Nous continuons notre marche dans la sombre vallée qui se déroule ainsi sur un parcours de quatre kilomètres de long sur deux cents mètres de large. Le village de Siloé apparaît à l'extrémité du ravin où le Cédron se dérobe sur la gauche. Quelques pèlerins s'y rendent à âne formant une tache pittoresque au flanc de ces roches crayeuses. Un bloc monolithe jaunâtre se détache du côté occidental : ancien temple, disent certains archéologues, tombe, disent les autres ; mais cette dernière opinion paraît plus vraisemblable. Ce monolithe, qui appartient à la Russie, a été étudié. De chaque côté d'un cartouche, coupé par l'agrandissement de la porte, on a trouvé les dernières lettres d'une inscription hébraïque, appartenant au même alphabet hébraïque que celle de l'inscription d'Ezéchias, trouvée dans le canal du même nom. Ce serait le plus ancien de tous les monuments retrouvés autour de Jérusalem.

Quel intérêt de pouvoir souligner, à chaque pas, l'un ou l'autre de ces souvenirs bibliques qu'il est si facile, à distance, de nier en bloc et en ne s'appuyant que sur des preuves caduques !

Nous laissons Siloé, que nous retrouverons dans quelques jours. Des hommes en guenilles et des femmes avec des enfants sur les bras sortent de leur tabourns, misérables cahutes qui logent toute la maison, depuis le chef jusqu'aux animaux, et nous poursuivent de leurs éternels bakchichs. Une maigre culture répond à leur

plus maigre activité. Une quantité d'artichauts rabougris
ont peine à se maintenir sur leur frêles tiges. On nous
dit qu'en décembre les choux-fleurs font meilleure
contenance ; mais nous sommes en mai. et le soleil a
déjà brûlé le sol. Bien que l'heure avance, il fait encore
chaud en gravissant cette colline de l'Ophel, dans l'an-

*Porte de l'Entrée des Croisés à Jérusalem.* (CL. L).

cienne ville, et sur toute cette voie de la Captivité, qui,
partant de Gethsémani, aboutit au palais de Caïphe.
Laissant sur la gauche la vallée de Tyropeon (l'ancienne Géhenne) nous rentrerons à Jérusalem par la
porte de David ou de Sion, et nous tomberons dans le
quartier Arménien, beaucoup plus propre que celui des
Juifs. La journée aura été bien remplie, et nous ne con-
naîtrons le repos du soir que pour classer les fatigues
du jour et préparer celles du lendemain.

# CHAPITRE CINQUIÈME



*18 Mai.*

'EST aujourd'hui la messe solennelle au Saint-Sépulcre. Chacun s'y rend à son heure, heureux de devancer celle de l'office public.

Le parcours nous est déjà familier. Quelles rues, quelle population ! Mousa, le policeman turc bien connu des pèlerins, escorte notre petit groupe, et il va jouer du rotin. Est-ce tant mieux ou tant pis ? les deux peut-être. Sans lui, comment se garer de cette lèpre des mendiants ? avec lui, il faut être témoin de dures exécutions !

Un vieillard en guenilles reçoit sur son pauvre dos cuivré trois vigoureux coups qui le remettent dans les rangs, d'où il ressortira promptement d'ailleurs au cri de bakchich, bakchich. Un enfant de trois ou quatre ans, beau à ravir, agile comme un chat, se perd en prosternations, vous embrasse les pieds, implorant de ses beaux yeux autant que de sa petite main le bakchich que cette fois on ne peut lui refuser... mais quelle imprudence ! Mousa se charge du correctif ; les coups cinglent la chair délicate sans provoquer, de la part du coupable, plus de révolte que de contrition.

Il faut donc ignorer ce peuple de mendiants, si l'on ne veut pas être enveloppé de ses essaims bourdonnants, et surtout laisser la police à coups de fouet se débrouiller avec lui. La messe au Saint-Sépulcre fut, comme on devait l'attendre, une grande manifestation de foi ; le chant du *Credo* trahit une émotion particulière au *Crucifixus etiam pro nobis* : je crois que le Christ a souffert sous Ponce-Pilate, est mort, a été enseveli, est ressuscité le troisième jour. Ces vérités, bases de notre foi, recevaient, au pays du Christ et sur le théâtre même des grands mystères, une consécration qu'un mot seul pouvait traduire, parce que seul il les résume tous : *Credo !* « Mon Dieu ! je vous remercie de ce que vous avez caché ces choses aux superbes, et que vous les avez révélées aux petits. »

*Credo* donc par-dessus tous les raisonnements, par-dessus tous les raffinements de la pensée, par-dessus toutes les subtilités de l'âme ; *Credo !* pour les petits et les grands, pour les pauvres et les riches, pour les savants et les ignorants, parce qu'il ne peut y avoir deux religions, deux chefs, deux poids, deux mesures pour les âmes. Or, je crois au Maître qui a dit : « Je suis la voie, la vérité et la vie », parce qu'après avoir prouvé la divinité de sa mission, il a scellé sa doctrine de son sang.

Je crois au Christ Rédempteur, parce que ceux qui ont voulu le supprimer ont entassé ruines sur ruines, et que, si ses ennemis ont pu semer des jouissances

*Au bas de l'esplanade du Temple.*

dans la vie, pas un n'a su encore essuyer une larme, ni faire de l'espérance un commencement de bonheur !

Le programme de l'après-midi comporte la visite de la Mosquée d'Omar. Il est deux heures ; les groupes se forment, un peu effrayés d'affronter le soleil dont on ignore les rigueurs à Notre-Dame de France. Nous pas-

sons par la rue des Francs, tout près du Séraï (ancien
Sérail), de la maison dite de sainte Véronique, et de
l'ancien Séraï, aujourd'hui prison d'Etat. Une succession de méchantes rues aux pavés glissants, aux voûtes
sombres et aux boutiques malpropres nous conduiront,
à travers le quartier arménien, au Haram-ech-Chérif,
le sanctuaire auguste des Musulmans.

Comme si le muezzin nous avait attendus pour lan-
cer, du haut de son minaret, les notes grêles et monotones qui, cinq fois par jour, appellent à la prière les
disciples du Coran, nous sommes témoins de la ferveur
musulmane s'exerçant sans contrôle et sans souci du
regard étranger. Les uns font leurs ablutions, se frottent
la tête et les pieds, puis les pieds et la tête, de toute la
largeur de leurs mains noires ; les autres se prosternent
en cadence, toujours tournés vers la Mecque !

Nous ne les distrairons pas, bien que notre présence
en ce lieu doive encore raviver leur haine du nom chrétien. Plus heureux que Chateaubriand qui s'essayait
péniblement à deviner, à travers ses murailles épaisses,
la splendide Mosquée d'Omar, nous pourrons la visiter
à notre aise. Puissance du bakchich, qui force même les
consciences !

Mousa nous accompagne, et une escorte de cawas
nous préservera de toute insulte.

Le soleil est de feu et fait resplendir, comme dans un
fond d'or, les pierres qu'il sature de sa lumière et les
herbes, qui en meurent. Nous sommes sur l'Esplanade
du Temple, l'ancien Mont Moriah de la Bible, c'est-
à-dire, sur ce coin de terre, qui, pendant onze siècles,
depuis Salomon jusqu'à la destruction de Jérusalem
par Titus, concentra toute la vie religieuse du peuple
de Dieu.

Quelle terre plus féconde en souvenirs, depuis le sacrifice d'Abraham, que la tradition place en ce lieu, jusqu'à ce magnifique Temple de Salomon, qui vit tous les rois de Juda, tous les prophètes et, par-dessus tous les rois et les prophètes, le Christ lui-même enfant, adolescent et homme parfait ; quelle évocation magique de

*Entre la mosquée d'Omar et la mosquée El-Aksa.*

grandeur et de vie... jusqu'au jour du crime sans pardon qui devait en amener la ruine !

« De tout ce que vous voyez, il ne restera pas pierre sur pierre. » Le Maître a parlé ; on a pu le méconnaître, mais on n'empêchera pas ses paroles de s'accomplir jusqu'au dernier iota.

En l'an 70, Titus fait le siège de Jérusalem, et la ville entière n'est bientôt plus qu'un amas de ruines ;

l'ennemi vainqueur n'est que l'instrument inconscient des vengeances divines. Le Temple, dernier refuge du peuple déicide, deviendra le lieu de son supplice le plus raffiné. Ceux qui n'y périront pas égorgés par la soldatesque en fureur seront consumés par les flammes aux crépitements sinistres. Des tourbillons de fumée projetant des étincelles formidables étendront l'incendie sur la ville entière.

Les juifs qui auront pu échapper au massacre ou à l'incendie seront traînés malgré eux vers l'odieux esclavage dont, sous une forme ou l'autre, ils ne sortiront plus. Ils seront jusqu'à la fin des temps les maudits, les bannis de la terre, de la vraie terre qui, comme le ciel, appartient au Christ. Et quand, partant pour le dur exil, ils jetteront du haut de la montagne des Oliviers, chaude encore de la présence de Jésus, un dernier regard sur leur ville en cendres, ils se rappelleront les larmes qui n'ont pas su les attendrir : « Malheur à toi, Jérusalem ! Combien de fois ai-je voulu rassembler tes enfants comme la poule rassemble ses poussins sous ses ailes, et tu ne l'as pas voulu. »

Une vision de tout cela apparaît comme en rêve dès qu'on a franchi les degrés qui conduisent à l'Esplanade du Temple : le réveil est plus douloureux encore en voyant le croissant dominer le splendide édifice qui résume aujourd'hui le culte officiel de Jérusalem.

Sur une sorte de trapèze irrégulier d'environ 500 mètres de long sur 300 de large, la Mosquée d'Omar se détache, à la partie centrale, surélevée d'environ deux mètres.

Elle est là comme un bijou d'élégance au milieu des ruines, comme le triomphe vivant de l'erreur en face des pleurs de ceux qui n'ont pas voulu de la vérité !

Au *nord* de l'Esplanade, c'est la Tour Antonia, autrefois haute de 25 mètres, flanquée de quatre tours, et qui ressemblait à un palais, dont il ne reste que des ruines.

Par la caserne turque (1re station du Chemin de la Croix), ce côté est contigu à l'angle de la partie *ouest* qui confine au quartier musulman et se prolonge sur le quartier juif.

*Mosquée d'Omar (portique sud-ouest).*

C'est de ce côté ouest que se trouve la *Muraille des pleurs*, l'*Arche de Wilson* et *celle de Robinson*.

Le côté *sud* de l'Esplanade domine la vallée de Géhenne (ou de l'enfer), celle du Cédron, la piscine et le village de Siloé.

Enfin la partie *est* est fermée (comme celle du sud) par le mur d'enceinte de Jérusalem même, avec la *Porte Dorée*, et domine la vallée de Josaphat, les tombeaux d'Absalon, de Josaphat, de saint Jacques et de Zacharie... puis Gethsémani !

Telles sont les bornes de l'Esplanade ou du Haram, l'enceinte sacrée, qui occupe en superficie presque un quart de Jérusalem, dominant tous ses souvenirs, planant sur ses ruines, et réduisant aux proportions les plus infimes sa vie présente.

C'est en vain que la Mosquée d'Omar au centre, et la Mosquée El Aksa un peu plus loin, essayent d'écraser de leur luxe les vestiges sacrés du passé, c'est toute l'histoire qui se dresse plus forte que l'art !

La longue avenue de cyprès qui relie l'une à l'autre ces deux mosquées, les oliviers rabougris, entourés d'un gazon desséché que fleurissent à peine de maigres coquelicots, quelques édicules sans caractère, des collèges de derviches, les pauvres habitations des gardiens, des tombeaux de santons (saints musulmans), tout cela ne sert qu'à accentuer la pauvreté de la vie présente en face de ce grand passé détruit.

Malgré tout, l'œil s'arrête avec une sorte de fascination devant la mosquée qui étincelle sous nos yeux... c'est à peine si l'on peut en soutenir l'éclat. Les murs recouverts, jusqu'à la coupole, de faïence bleue du plus joli décor donnent à l'élégante construction un féerique aspect ; le soleil qui les enveloppe les fait resplendir dans un ton d'or. L'harmonie de ses proportions permet d'embrasser d'un coup d'œil ce chef-d'œuvre de l'architecture arabe. C'est un octogone régulier inscrit dans un cercle de vingt-sept mètres de rayon, divisé par deux rangées concentriques de colonnes et de piliers, et couronné par une coupole de vingt et un mètres de diamètre, recouverte de bronze et surmontée d'un énorme croissant doré.

On pénètre dans la Mosquée par quatre portes, cor-

respondant aux quatre points cardinaux. A peine en
a-t-on franchi le seuil qu'un demi-jour mystérieux vous
enveloppe de sa lumière discrètement tamisée, charme
incomparable après les ardeurs brûlantes du soleil.

*Mosquée d'Omar.*

Le regard attendri s'arrête d'instinct sur les verrières
qui lui envoient ce doux rafraîchissement. Il n'est pas
une de nos basiliques qui n'envierait cette destribution
de tons, faite avec un tel sentiment de l'harmonie qu'on
en reste muet d'admiration.

Ces vitraux ne ressemblent en rien à ceux d'Europe ;

ils sont formés par la simple juxtaposition de fragments
découpés dans des vitres unicolores, montés en plâtre,
et protégés à l'extérieur par un grillage en faïence qui
tamise la lumière dans des gradations exquises. Et
quand cette lumière s'appelle le soleil d'Orient, on devine ce que cet or en fusion doit produire sur ces couleurs savamment combinées. C'est toute la gamme du
bleu, depuis l'azur foncé jusqu'au petit point qui se
perd dans le nuage blanc : voilà pour la lumière.

Quant aux richesses, comment décrire les cubes de
cristal des mosaïques, les ors des plafonds, le grandiose
des colonnes monolithes de porphyre, de brèche, de
granit, de vert antique ? Je doute que la plume la plus
autorisée en donne une idée exacte ; il faut voir ce
chef-d'œuvre d'élégance, de légèreté, d'harmonie, de
richesses ! L'œil en est saturé ; il en oublie le reste.
Mais le cicerone turc veille, et il ne nous fera pas grâce
d'un détail.

Au milieu du sanctuaire, et formant un contraste parfait avec les décors environnants, se détache la roche
(15 mètres de long sur 10 de large) qui a donné son nom
à l'édifice *El Quouhbet es Sakrah*, (la coupole de la
Roche). Les musulmans, qui l'ont en grande vénération,
l'ont entourée d'une balustrade, pour la préserver de
l'indiscrétion des pèlerins. « Le jour de sa mort, disent-
ils, Mahomet monté sur sa superbe jument blanche Al
Borack, présent de l'Archange Gabriel, était arrivé à
Jérusalem ; c'est de cette roche qu'il s'est élancé vers
le ciel, sur sa jument. Le rocher voulut suivre le prophète, mais l'archange Gabriel le retint ; et depuis ce
temps le rocher resta suspendu ! »

Au-dessus du roc, l'étendard vert de Mahomet apparaît enroulé autour de sa lance, et la bannière d'Omar
est déployée.

Le guide convaincu, au moins pour la circonstance, continue ses légendes que nous n'écoutons plus que d'une oreille distraite, car nous possédons sur cet endroit des données historiques autrement intéressantes.

N'oublions pas que nous sommes sur l'emplacement

*En revenant de la mosquée d'Omar.*

exact du Temple de Salomon. La roche sacrée (la Sakrah) nous servira de point de repère

C'est là que se dressait l'autel des holocaustes, situé devant la porte du sanctuaire, dans le parvis des prêtres.

Ce parvis était donc à la place actuelle de la Mosquée. Le sanctuaire (Vestibule, Saint des Saints) s'élevait tout près, à l'ouest, et les deux autres parvis s'étageaient à un niveau différent et enclavaient le premier.

La place élevée qui entourait l'autel des holocaustes (la roche sacrée des Musulmans) formait le *parvis des prêtre*.

En descendant les degrés de la porte orientale, on arrivait au *parvis d'Israël*, d'où les Juifs assistaient au sacrifice. Et enfin, autour du portique extérieur, s'étendait un grand espace vide, fermé par un simple mur, où les prosélytes et les païens avaient libre accès : c'était le *parvis des gentils*.

Les Juifs devaient traverser cette cour sans s'y arrêter, sous peine d'avoir à recommencer leurs minutieuses purifications. C'est de là que Jésus chassera les vendeurs du Temple.

On comprend que, par-dessus l'évocation sanglante des victimes, insuffisante au rachat de l'humanité, la douce figure du Christ apparaisse ici dans toute sa lumineuse auréole. On le revoit *enfant* sur les bras de sa mère ; *adolescent*, est déjà merveilleux dans sa doctrine, au point d'étonner les maîtres d'Israël ; *homme fait*, et superbe dans sa colère quand il venge la grandeur de son temple : « Ma maison est une maison de prières, et vous en faites une caverne de voleurs. » C'est là que, pendant ses séjours à Jérusalem, il passait les journées, tantôt sous le portique de Salomon, tantôt dans le parvis d'Israël, enseignant le peuple ou discutant avec les pharisiens.

Sa parole était simple comme sa vie ; les scènes variées qu'Il avait sous les yeux lui fournissant naturellement le sujet de ses instructions. C'est la pauvre veuve qui vient jeter son « quadrant » dans un des troncs sacrés ; une femme accusée d'adultère, et qu'il renvoie absoute, la parabole du pharisien et du publicain ! Et quand vint la grande Semaine, l'assiduité du Maître fut encore plus remarquée. Il y prêchait le

jour, nous dit le Saint Evangile. et, le soir venu, il descendait par la Porte orientale, traversait la vallée du
Cédron pour gagner les Oliviers et la demeure hospitalière de Béthanie... à quelque pas de nous, car cet
horizon nous l'avons sous nos yeux au sortir de la
Mosquée.

*Porte Dorée prise de l'Esplanade du Temple.*

Qu'importe dès lors que, quarante ans après le siège
de Jérusalem par Titus, Jules Sévère ait transformé en
Capitole l'Esplanade sacrée ? La statue d'un empereur
romain et d'un Jupiter capitolin feraient ici maigre figure
auprès du grand Jéhovah qui y fut adoré pendant des
siècles, et de son Christ qui y a enseigné la vraie doctrine.

Qu'importe si le musulman seul a le droit *officiel*
de s'y promener et d'y prier, puisque le pèlerin, plus

heureux que lui, parce qu'il possède la vérité, connaîtra, au prix de quelques sacrifices, l'immense joie
d'y revivre un instant un passé à nul autre comparable ?

Plus hantés de ces visions fuyantes, qu'intéressés des
beaux discours de notre guide, nous continuons la visite
des monuments et l'interrogation des poussières. Notre
marche est un peu alourdie par les babouches qui enveloppent nos pieds. Nous avions le choix avant d'entrer
dans la Mosquée d'Omar, ou d'enlever nos chaussures,
ou de mettre pardessus nos bottines de spacieuses
pantoufles, qui menaçaient de nous faire tomber à
chaque pas. La plupart optèrent pour ce dernier parti,
moyennant bakchich.

Sortis par la porte est de la Mosquée, nous avons
tout en face de nous un élégant édifice polygonal, sou-
tenu par plusieurs rangées de colonnes concentriques,
et appelé par les Musulmans *Quouhhet el Silsileh* (coupole
de la chaîne), à cause d'une chaîne *invisible* qui descen-
drait du ciel et aurait là son extrémité. Les Musulmans
disent encore que c'est le *tribunal de David* où sont pesés
les mérites et les péchés des âmes. Les Croisés en ont
fait avec plus de justesse la chapelle de Saint-Jacques,
premier évêque de Jérusalem, et que les princes des
prêtres firent précipiter du haut du Temple vers ce lieu
même, en l'an 62.

Nous laisserons au S. O. de la Mosquée d'Omar le
*Quouhhet el Miradj*, petit édicule octogonal consacré,
disent les Musulmans, à l'ascension nocturne de Mahomet ; (il offre exactement le même style que la mosquée de l'Ascension), et nous allons tout droit à la Mosquée El Aksa.

Après avoir descendu un escalier d'une vingtaine de
marches et défilé sous un portique à quatre arches, nous

suivons une large allée, bordée de quelques hauts cyprès, au centre de laquelle un grand bassin circulaire reçoit l'eau des *Vasques de Salomon*.

*Mosquée El-Aksa.*

C'est entre ces deux mosquées, et par conséquent tout près d'ici que Salomon avait ses palais.

La mosquée El Aksa (la mosquée éloignée), ainsi appelée parce qu'à l'époque de sa construction elle était la plus éloignée de la Mecque, est un vaste édifice de 90 mètres de long sur 60 de large. Elle a sept nefs, un transept, mais pas d'abside.

Précédée d'un portique du XIIIe siècle, assez peu élégant, elle est plus curieuse pour l'archéologue que pour le profane visiteur. On y remarque pourtant sa chaire ornée d'arabesques et incrustée de nacre et d'ivoire, que Saladin y fit apporter d'Alep, et, non loin de cette chaire, les *colonnes dites de l'épreuve*, entre lesquelles il fallait pouvoir passer pour être trouvé digne du paradis.

On juge de l'affluence des concurrents au bonheur éternel. Rien ne pouvait en limiter le nombre et l'ardeur, quand un accident survenu à un pèlerin obèse fit interdire, en 1883, la redoutable épreuve ; mais qui sait, si étant donné les progrès de la chirurgie, elle ne sera pas bientôt remise en honneur ? Le Paradis ne peut-il pas s'acheter au prix d'une petite opération ?

A droite de la chaire se trouve *l'angle de la Circoncision*, petit oratoire entouré d'un grillage de fer, œuvre des Croisés, et dans lequel les Musulmans montrent *l'empreinte d'un pied de Jésus*. Le transept de la mosquée se prolonge, dans sa partie est, en une petite galerie, nommée *oratoire d'Omar*. Au côté ouest, on voit une grande pièce aux voûtes ogivales supportées par de lourds piliers : c'est *la salle d'armes des Templiers*.

Les Croisés, qui avaient transformé cette mosquée en résidence royale, lui donnèrent le nom de palais de Salomon. Baudoin I, roi de Jérusalem, céda une partie des dépendances à Hugues de Payens et à ses huit compagnons qui y fondèrent, en 1118, l'Ordre célèbre des Templiers, et adoptèrent comme blason la coupole du *Temple du Seigneur*.

Que de pages d'histoire, et combien il faut en tourner !

En sortant de la mosquée El Aksa, une exploration souterraine nous sollicite, avec la double séduction de ses sombres mystères et d'un abri bienfaisant contre les ardeurs du soleil. Nous descendons dans les deux galeries réunies à leur extrémité en une seule salle, où une énorme colonne monolithe sert d'appui aux quatre voûtes sphériques... œuvre d'Hérode probablement, et qui donnait sur la colline d'Ophel par deux baies appelées *Porte double*. Sous les Romains, cette porte servait d'avenue au temple de Jupiter. De là, gagnant par l'Esplanade l'angle

*Porte Dorée (intérieur).*                    (CL. L.)

sud-est de la muraille d'enceinte, nous redescendons par un large escalier dans des forêts de piliers encore debout, à côté de ruines gisant sur le sol.

L'imagination orientale les peuple de génies malfaisants et les attribue à Salomon. Malheureusement la science a pénétré dans ces labyrinthes, et il ne nous est pas permis de faire remonter au-delà d'Hérode et peut-être de Justinien ces substructions colossales connues encore aujourd'hui sous le nom d'*Ecuries de Salomon*. Leur ancienneté serait-elle moins vénérable, qu'il faudrait encore admirer l'énergie des ouvriers qui ont travaillé la montagne, pour déplacer et amener à Jérusalem ces énormes blocs, dont un seul, nous dit Procope, devait être placé sur un chariot traîné par quarante bœufs. Ils ont certainement continué l'œuvre du grand Roi, qui a dû donner l'idée, et peut-être commencer ces réservoirs et ces palais souterrains. Ce sont les Croisés qui, sans conteste, transformèrent les souterrains en écuries, et pratiquèrent la *porte simple* pour donner asile à leurs chevaux. On voit encore aux angles des piliers l'endroit où ils les attachaient et des mangeoires taillées dans le roc. Dans ces écuries se trouve aussi la *porte triple* qui formait. sous l'empereur romain Adrien, la deuxième entrée du Capitole.

Nous remontons sur l'Esplanade, longeant le mur d'enceinte qui donne sur la vallée de Josaphat, et nous voici, presque en face de Gethsémani, à la *Porte Dorée*, bâtie par Justinien à l'endroit où Notre-Seigneur fit son entrée triomphale à Jérusalem, le jour des Rameaux. Cet édifice, disposé comme la porte double, forme deux petites nefs, soutenues par trois colonnes en marbre gris ; l'une des nefs aboutit à la porte du Repentir, l'autre à celle de la Miséricorde ; le jour y descend par deux coupoles.

L'intérieur de la Porte Dorée présente une double arcade en plein cintre, dont les ornements accusent l'époque byzantine. Les Croisés tenaient cette porte murée, et ne l'ouvraient que pour la procession du jour des Rameaux. Les Turcs ne l'ouvrent jamais, parce qu'une prophétie veut que le jour où elle sera ouverte les Français entrent à Jérusalem.

Hélas ! il est à craindre que ce prestige des Français soit de moins en moins redoutable !

Près de la Porte Dorée, une insignifiante construction est vénérée par les Musulmans comme le *tribunal de Salomon*, tandis que ce tribunal était au palais du grand Roi, entre la Mosquée d'Omar et la Mosquée El-Aksa.

Un cénotaphe, orné d'un tapis vert, en occupe l'intérieur, et quantité de petits chiffons pendent à sa grille de fer. Ce sont des *ex-voto* pour les procès, des dons de pieuses musulmanes qui, craignant le vol des étoffes précieuses qu'elles apportent là, les lacèrent auparavant pour détourner la cupidité de leurs semblables.

La visite de l'Esplanade est finie ; il est sept heures du soir quand nous rentrons à Notre-Dame de France.

# CHAPITRE SIXIÈME



*Vendredi 19 mai.*

'EST un grand jour que le vendredi à Jérusalem.

Partis dès six heures et demie du matin pour la basilique de l'*Ecce Homo* au couvent des Dames de Sion, nous descendons la route qui longe l'enceinte extérieure de la vieille Jérusalem.

En quelques minutes, nous sommes à la porte de Damas, tout orientalisée par le marché de bestiaux qui s'y tient et la citerne qui l'avoisine. Les femmes avec leurs amphores gracieusement inclinées sur l'épaule, les porteurs d'eau avec leurs outres en peau de bouc viennent y puiser l'eau qui doit se garder éternellement fraîche à travers leurs courses ensoleillées.

Puis c'est une petite place, encadrée de cafés malpropres, des Arabes qui jouent ou fument, pendant que leurs chevaux se reposent et que leurs chameaux restent accroupis. Nous sommes en plein quartier musulman, et bientôt au couvent des Dames de Sion. C'est là que nous entendrons la messe du pèlerinage.

La chapelle a des voûtes élevées en plein cintre, et une coupole en pierres de taille percée de douze fenêtres ; mais ce qui attire tout de suite les regards, c'est l'arc romain qu'on a eu le bon goût de laisser dans sa nudité première, et qui domine le maître autel de toute la majesté de ses souvenirs. C'est une des deux baies qui restent de la porte monumentale connue sous le nom d'Arc de l'*Ecce Homo*.

*Arc de l'Ecce-Homo.*

Nous venions de passer dans la rue, sous la baie la plus élevée qui supporte une galerie couverte et rejoint celle beaucoup plus basse de la chapelle du couvent. Les deux dalles de pierre encastrées dans le mur, au-dessus de l'archivolte de l'arcade extérieure, ont été de tout temps en haute vénération. On y voyait d'abord les pierres sur lesquelles Jésus se serait reposé en portant sa croix, plus tard celles sur lesquelles se tenaient Jésus et Pilate au cours du jugement, et enfin celles qui portèrent le Sauveur, pendant que Pilate disait au peuple : Voilà l'homme ; d'où son nom actuel d'Arc de l'*Ecce Homo*.

Nous sommes dans la chapelle des Dames de Sion. Une large inscription surmonte l'autel : *Pater, dimitte illis, non enim sciunt quid faciunt* (Mon Père, pardonnez-leur, car ils ne savent ce qu'ils font), et, tout à l'heure, nous l'entendrons redire par les voix pures et suppliantes des jeunes élèves de Sion. Chaque jour, après la Consécration, et par trois fois, ce cri de Jésus, répété par l'innocence, parlera en faveur des coupables. Tout ce qu'on voit, tout ce qu'on entend, tout ce qu'on sait s'harmonise avec les sentiments les plus vrais de l'âme. Que l'œil ou plutôt le cœur interroge le roc ou relise la parole du Christ, c'est toujours le même et éloquent langage : des douleurs profondes comme l'abîme, et la consolation qui s'en dégage ; c'est vraiment la résurrection qui a vaincu le sépulcre ; et l'inscription qu'on lit sous le rétable de l'autel traduit la pensée qui domine tout l'être : *Corona tribulationis effloruit in coronam gloriæ* (La couronne de tribulation s'est épanouie en couronne de gloire).

Il y a quelque chose de touchant dans cette pensée du Père Ratisbonne, le juif converti, fondant à Jérusalem même sa grande œuvre de prière et d'expiation.

C'est tout près, au prétoire de Pilate, que sa nation a demandé la mort du Christ : « Crucifiez-le ; crucifiez-le ! « Que son sang retombe sur nous et sur nos enfants. »

Ce sera tout près, à quelques pas de ce même prétoire, que ses Filles, avec le Christ, demanderont grâce pour les coupables aveugles : « *Pater dimitte illis.* »

C'est à l'endroit même où Pilate avait dit aux Juifs endurcis : « Voici votre Roi », et où les Juifs ont fait de Jésus un roi de théâtre, que des Vierges, sa cour d'honneur, l'adoreront, et le serviront dans les labeurs de l'apostolat.

C'est à quelques pas enfin de la voie douloureuse où le Sauveur rencontrant les filles de Sion leur dit : « Ne pleurez pas sur moi, mais pleurez sur vous et sur vos enfants », que les Epouses du Christ se voueront, dans les larmes fécondes du sacrifice, à l'éducation gratuite des enfants de la Palestine. Elles auront là cent cinquante enfants de toute religion et de tout rite : pensionnat, orphelinat, école musulmane. Le Christ est donc mort aussi pour les brebis perdues d'Israël, et l'Evangile sera prêché et grandira sur cette terre arrosée de son sang.

Après la messe, nous descendons dans le sous-sol, où l'on a découvert le dallage d'une rue et d'une place

*Panorama de Jérusalem pris de chez les Dames de Sion* (CL. L ).

de l'époque romaine. Tout porte à croire que ce soit la voie douloureuse, celle par laquelle Jésus sortit du prétoire, chargé de sa croix.

Quelle joie le jour où l'espoir s'appuierait sur des preuves sérieuses !

Au-dessous de cette voie, de profonds souterrains se dirigent vers le Temple ; et à l'autre extrémité des galeries, on a découvert la bouche d'un autre souterrain, allant dans la direction de la mosquée d'Omar.

Cette exploration a pour nous un double intérêt, interrogeant de si près le théâtre des grands mystères que nous allons revivre !

Après un petit déjeuner, gracieusement offert dans le large cloître des Dames de Sion, et une rapide ascension de la terrasse d'où l'on domine Jérusalem et les environs, nous voici tous réunis pour le solennel exercice du Chemin de la Croix. On attend le signal du départ. Des marchands nous assaillent de leurs offres incessantes. Quelques fervents pèlerins, ne pouvant résister au désir de porter leur croix sur la voie douloureuse, achètent d'immenses crucifix en bois d'olivier, et nous voici tous en marche au chant du *Crux Ave*. En descendant vers l'est, et sur la plate-forme d'un rocher dont on aperçoit les saillies, une porte s'ouvre : c'est la caserne d'infanterie qui occupe en partie la place de la tour Antonia, rasée par Titus en 70. Les hauts murs qui enserrent la cour sont noirs et mal entretenus ; les soldats nous regardent d'un air indifférent. Pas plus de sourire que de mépris dans leur attitude, mais plutôt un respect relatif.

L'accès de la caserne n'était pas toujours possible au temps où elle servait de résidence au gouvernement civil ; il l'est de nos jours, et nous pouvons sans aucune difficulté y séjourner à notre guise. Le père Franciscain commente la première station, et nous prions à genoux à l'endroit qui, depuis le XIII^e siècle, passe pour être le Prétoire même de Pilate. Les auteurs des premiers siècles s'accorderaient plutôt à le placer au Tyropœon, du côté du mur des Pleurs. Quoi qu'il en soit, il faudrait être peu saisi par les faits pour s'attacher à une question de pas.

En suivant, dans la direction du Calvaire, le vrai chemin de Croix, nous n'avons pas plus la prétention de retrouver les rues du temps de Jésus que de localiser mathématiquement les différentes stations.

Ruinée, détruite et reconstruite tant de fois sur ses ruines, Jérusalem n'est qu'un grand tombeau qui recouvre des reliques enfouies à plus de vingt mètres de profondeur. Consolons-nous en pensant que ces re-

*Caserne turque. Première Station du Chemin de la Croix.*

liques enfouies sont en même temps dérobées aux profanations dont elles seraient quotidiennement l'objet.

Et ici, comme partout la leçon s'impose, toujours la même! C'était l'humilité dans la naissance, dans la vie et dans la mort; c'est plus encore l'humilité dans le souvenir.

Pas d'autres traces humaines que celles évoquées par la foi. Il est vrai que la foi à Jérusalem a une puissance d'évocation particulière.

C'était un vendredi, le quinzième jour de nisan, entre neuf heures et midi.

Même jour et même heure ! Nous sommes au Prétoire de Pilate ; la scène vibre !

Pilate est convaincu de l'innocence de Jésus qui a confondu ses accusateurs, et doublé par là même la haine des sanhédrites. Menacé de la torture, mis de pair avec Barabbas qu'on lui préfère, le Christ subira les horreurs de la flagellation, la dérision du couronnement d'épines, l'odieuse présentation : « Voici l'homme ! » à laquelle répondront les cris de « Crucifiez-le, crucifiez-le. »

« Si tu le délivres, tu n'es pas l'ami de César. »

— Crucifierai-je votre Roi ?

— Nous n'avons pas d'autre roi que César.

Le sort en est jeté. Le cri du servilisme a vaincu la justice, l'humanité, l'honnêteté, tout ce qui restait encore debout dans cette conscience d'homme. Pilate se lave les mains, et Jésus est livré aux Juifs pour être crucifié.

Sur la tablette portant mention du crime, le juge pusillanime ne mettra que ces mots : Jésus de Nazareth, roi des Juifs.

Et, malgré ses ennemis, c'est bien ainsi que Jésus restera dans l'histoire : l'Homme de Nazareth, modèle du travailleur, et le roi des Juifs, roi jusqu'à la fin.... roi, et malgré lui, du peuple qui l'a crucifié et en gardera le stigmate, roi surtout des élus qui le reconnaîtront à travers son humanité sanglante.

Au sortir même de la caserne, et à la partie est de son extrémité extérieure, nous vénérons l'endroit où Jésus prit sa croix. Ce serait au bas même des vingt-huit marches connues à Rome sous le nom de *Scala Sancta*, ces marches ayant occupé jadis l'encadrement muré devant lequel nous célébrons ici la deuxième Station. A cet endroit même, un Turc, pliant sous le faix, venait d'apporter, solidement ficelée sur ses reins, la croix de huit mètres de long que nous avions avec nous sur l'*Etoile*. Le proverbe ne ment donc pas : fort comme un Turc.

*II<sup>e</sup> Station.*

Cette croix va être portée ainsi depuis la première jusqu'à la huitième Station. Le lourd montant de chêne est dévolu aux prêtres ; ils sont dix-huit à en partager le poids ; la partie transversale est réservée aux laïques, douze hommes ou jeunes gens.

Et le pieux cortège, à l'instar de la sainte Victime, portera la croix jusqu'au Calvaire. Quant aux femmes, on ne leur permettra d'essayer leurs forces que dans

l'intérieur du Saint-Sépulcre. Elles pourront faire trois
fois le tour de l'édicule sacré, n'ayant pour la plupart
que l'illusion de porter une croix dont tout le poids re-

*IIIᵉ Station.*

posera sur de plus hautes épaules... sorte d apologue
peut-être !

Nous sommes tous en marche, et, des yeux de l'âme,
nous revoyons l'escorte : une compagnie de soldats romains aux ordres d'un centurion ; un licteur, porteur de
la sentence, à moins que le condamné ne la porte lui-

même, suspendue au cou, et la foule, parmi laquelle sanhédrites, prêtres, anciens, scribes, tous ceux dont la haine vomit encore l'insulte et le sarcasme, en attendant qu'elle triomphe, par la mort sur le gibet.

Nous arrivons bientôt, par une chaleur accablante, à

*IVᵉ Station.*

un carrefour, devant l'hospice autrichien. Là, une colonne brisée, en bordure de la chaussée, marque l'endroit de la troisième Station.

L'agonie du jardin des Oliviers, les mauvais traitements de la nuit chez les grands prêtres, et surtout la flagellation et le couronnement d'épines au prétoire de Pilate ont mis Jésus à bout de forces. Son corps ploie sous le faix !

Les Croisés vénéraient, au sud de la rue de l'*Ecce Homo*, un repos de Notre-Seigneur portant la croix.

Une église en marquait le lieu, et les deux dalles de marbre, enclavées dès la fin du XIIIe siècle dans l'arc de l'*Ecce Homo*, passaient pour être celles sur lesquelles le Christ reprit haleine. Le repos devint une chute au XIVe siècle.

*Ve Station.*

A quarante mètres plus loin, au débouché d'une ruelle, nous vénérons l'endroit où Jésus rencontre sa Mère. Une tradition fort ancienne montre la Mère du Sauveur se trouvant sur le passage du cortège. en proie à une douleur immense, et sur le point même d'y succomber : de là, la pensée de bâtir en ce lieu une église du Spasme ou de la Pasmoison.

Convertie en mosquée en 1384, cette église ne présentait plus que des ruines dès le XVe siècle. Ce sont ces ruines, enfouies sous des maisons musulmanes, que les Arméniens catholiques ont rachetées pour en refaire l'église du Spasme.

A quelques pas de la IVe Station, une petite chapelle aménagée par les Pères Franciscains, marque le souvenir évangélique.

*VI[e] et VIIe Station.*

Le cortège s'avance péniblement ; l'attitude de la Victime trahit une fatigue inquiétante ; on craint qu'elle ne puisse parvenir au lieu de l'exécution. Un homme de Cyrène rentre des champs ; le centurion le réquisitionne pour une corvée ; c'est son droit, et bientôt l'homme de peine, de gré ou de force, aide Jésus à porter sa croix.

L'Evangile se tait sur les dispositions du Cyrénéen ; mais saint Marc, en le désignant comme père d'Alexandre et de Rufus, deux chrétiens connus des premiers fidèles, nous le montre déjà béni dans sa postérité.

A une centaine de mètres environ, une crypte qui s'ouvre à gauche de la rue, et qui porte sur une grille

*VIII<sup>e</sup> Station.*

l'indication VI<sup>e</sup> st., marque l'emplacement de la maison de Véronique.

Il n'est pas douteux que cette station n'occupe l'emplacement d'un sanctuaire antérieur aux Croisades, comme l'attestent divers débris d'inscriptions grecques découverts dans les fouilles. Quelques-uns voulaient y voir les ruines d'une église dédiée aux saints Cosme et

Damien, les deux charitables médecins dont Jérusalem se glorifie d'être la patrie.

Quoi qu'il en soit, les Grecs Melchites ont transformé cette crypte en église de la Sainte-Face, et l'ont ornée des Stations du Chemin de la Croix et d'un tableau envoyé par Léon XIII et représentant la Sainte-Face.

*IX<sup>e</sup> Station.*

C'est dans le bazar, en un carrefour très fréquenté, qu'une chapelle, bâtie en 1894. marque, près de la Porte Judiciaire, la place de la VII<sup>e</sup> Station.

Le chemin gravit une pente assez raide : les difficultés de la marche, la chaleur, la poussière, la croix à porter, l'extrême faiblesse de la Victime, tout explique ici la seconde chute.

On ne pouvait aller du prétoire au Calvaire sans franchir la seconde enceinte en cet endroit que marque la Porte Judiciaire. C'était à cette porte qu'on affichait les sentences des condamnés, et ceux-ci devaient la traverser avant de se rendre au lieu du supplice. Une tradition veut que la sentence de Jésus y ait été affichée, et que le Sauveur en ait franchi le seuil, chargé de son lourd fardeau.

Quarante pas environ à l'ouest de la Porte Judiciaire, Jésus continuant la rude montée du Golgotha, rencontra les femmes de Jérusalem, qui venaient à lui en pleurant, tandis que les bourreaux l'insultaient.

Ces larmes, à l'inverse de beaucoup de larmes de femmes, étaient courageuses, car le Talmud défendait d'accompagner, avec des pleurs de compassion, ceux qui étaient condamnés au dernier supplice. Une croix noire sur le mur du couvent grec de Saint Caralambos marque cette station.

La ligne directe du Chemin de Croix est interrompue ; et, pour arriver à la neuvième Station, il faut passer par les bazars, qui offrent un spécimen réussi des rues de Jérusalem : les pavés glissants *ou pointus,* les escaliers inégaux ou les pentes raides sans escaliers, en rendent l'accès aussi pénible que dangereux. Le miracle est qu'on en sorte indemne d'entorses ou de chutes plus graves.

Ajoutez à cela l'encombrement de marchandises malpropres et d'une population plus écœurante encore, la rencontre des ânes chargés de paniers et des chameaux qui vous bousculent si vous ne vous dérangez vous-même pour leur faire place, les poussières de toute nature, la grêle des mendiants qui sortent de tous les trous, et vous aurez une idée exacte de cette parenthèse du Chemin de Croix.

En suivant une rue voûtée, nous arrivons à une im-

passe au fond de laquelle se trouvent, à gauche, le
couvent des Abyssins, puis une église et le couvent-
évêché des Coptes. C'est là, près de l'entrée de ce couvent, et derrière le chevet de l'église du Saint-Sépulcre,
qu'une colonne enchâssée dans le mur indique le lieu
où Jésus tomba pour la troisième fois.

*Pèlerins devant le Saint-Sépulcre.*

Au temps de la Passion, cette partie de la voie douloureuse, d'ailleurs très courte, se trouvait hors de la
ville, parmi les jardins et les carrières qui entouraient
le Calvaire.

Il faut retourner sur ses pas pour gagner le Saint-
Sépulcre, car c'est à l'intérieur même de la basilique que
se feront les cinq dernières Stations, précédemment
décrites.

Les pèlerins, chargés de leur pieux fardeau, arrivent bientôt sur la petite place du parvis.

Le seul appareil présent est mis à contribution pour les prendre en photographie  Ils seront tous heureux de se revoir plus tard au seuil même de la basilique. Quand le souvenir, en dégageant l'émotion de ses poussières, leur rendra la réalité sainte des heures vécues là, ils auront la sensation de joies nouvelles, et ils hésiteront peut-être à se reconnaître !

Le Chemin de Croix fini, les dames jusque-là ignorées, sont admises à porter la croix. Elles s'en disputent l'honneur, et trois fois la lente procession se déroule autour de l'édicule sacré. Il est midi ; c'est l'heure de regagner Notre-Dame de France.

Nous reviendrons après le déjeuner explorer le Mouristan, voir pleurer les Juifs et être témoins de leurs prières chez eux, dans leurs synagogues, toujours les mêmes.

A l'est du parvis du Saint-Sépulcre une petite porte basse nous conduira dans la rue des marchands d'Hébron, et là, à notre droite, nous verrons s'élever, sur les ruines de nos gloires, le triomphe du Germain.

Le clocher pyramidal que nous apercevons, c'est le temple protestant du Rédempteur, dont la dédicace, présidée par l'empereur Guillaume, se fit le 30 octobre 1898. Autrefois, à cette place même, le grand Charlemagne avait fondé un hospice pour les pèlerins francs et un couvent de Bénédictins ; l'église était dédiée à sainte Marie Latine ou sainte Marie la Grande.

A cette époque, le royaume de Marie était aussi le grand royaume. L'église fut détruite peu avant les Croisades, et relevée ensuite par des marchands d'Amalfi, qui construisirent tout près un hospice pour les femmes. C'est au lieu et place de cet hospice qu'un seigneur français, Gérard de Provence, fonda, après la conquête de

Jérusalem, l'ordre des Religieux hospitaliers, consacrés au service des pèlerins.

En 1113, ces Religieux prennent saint Jean pour patron, et se vouent à la défense des Lieux Saints.

Voilà l'origine des Chevaliers de Saint-Jean, ces Religieux et soldats qui furent longtemps, avec les Chevaliers du Temple, la terreur des Musulmans.

Obligés de quitter la Terre Sainte, après la prise de Saint-Jean d'Acre (1291), ils s'établissent à Chypre, puis à Rhodes, enfin à Malte. Et quand les Français s'emparent de Malte, en 1798, il ne reste plus de la brillante milice qu'un Ordre à titres purement honorifiques.

Dès 1869, l'Allemagne avait l'œil sur ce terrain. Lors du voyage du prince Frédéric à Constantinople, le sultan donna à la Prusse l'emplacement du monastère et les ruines de Sainte-Marie Latine. L'avisé Teuton n'eut garde de perdre si bonne aubaine ; il établit là une colonie allemande, y fit construire école et chapelle ; et voilà l'influence allemande qui s'implante !

Tout autour, les Grecs, soutenus par la Russie, prennent possession de ce qui reste encore du vaste emplacement occupé jadis par l'hôpital et ses dépendances. Ils y établissent des magasins, et se préparent à y bâtir la résidence de leur patriarche.

Pendant ce temps, le Latin recule, et sans les Ordres religieux, que deviendrait le nom français à Jérusalem ?

Nous quittons le Mouristan, et nous voici dans les Bazars. Tels ils étaient au temps des aïeux, tels ils sont aujourd'hui, si nous en croyons les noms que portaient à cette époque les rues que nous traversons : *la rue aux Herbes,* tout près du Change, autrefois vaste construction, aujourd'hui magasin voûté où les Bédouins viennent vendre leur blé.

Attenant à celle-ci, la rue *Malcuisinat.* Les odeurs qui

s'échappent des taudis enfumés, les viandes mal cuites et truffées de mouches, les poissons qui baignent dans l'huile, les riz aux couleurs variées, tout indique que la rue garde avec jalousie ses vieilles traditions.

Enfin la troisième, *la rue Couverte ou des Drapiers* rachèterait les deux autres, au moins par comparaison.

C'est là que les Juifs se livrent au commerce du drap et des bibelots, là que le cordonnier fabrique les babouches. Les devantures qui indiquent le métier sont simplement la peau des bêtes qui sèchent au soleil ; ce sont les pieds des passants qui font tanner le cuir. Autre pays, autres mœurs, autres usages surtout. Ici, c'est le système des simplifications !

De l'extrémité sud des Bazars, nous nous engageons, à travers le labyrinthe du quartier des Maugrebins (Musulmans de l'Ouest), dans la vallée de la Gehenne ou Tyropœon, qui se continue au sud jusqu'à Siloé. Le sol primitif de la vallée, de 15 à 20 mètres au-dessous du niveau actuel, portait la place à portiques couverts qu'on appelait le Xyste, très probablement le Lithostrotos de l'Evangile, dominé à l'ouest par le palais des Asmonéens, celui aussi sans doute de l'Hérode de la Passion.

Le Xyste était relié au Temple par un pont ; et c'est sur ce pont qu'Hérode Agrippa, accompagné de sa sœur, la belle Bérénice, vint supplier les Juifs de renoncer à la révolte (66), et sur ce pont encore que Titus eut, durant le siège de Jérusalem, une suprême entrevue avec les chefs des Juifs.

Des constructions du Tyropœon il ne subsiste plus aujourd'hui que les restes de deux ponts : l'arche de *Wilson*, du nom du savant qui l'a découverte (7 m. de haut et 15 d'ouverture) et le pont dit de *Robinson*, dont on ne voit plus qu'un vestige, à l'angle sud-ouest de la terrasse du Haram.

Quels sont les auteurs des constructions géantes qui supprimèrent ce gouffre du Tyropœon? Salomon, les Machabées, Hérode, Adrien et peut-être Justinien ont dû y travailler successivement ; mais le passé garde son histoire, et la science, qui le fouille, n'en révèle que peu à peu de faibles parties.

Nous remontons dans le quartier Juif pour voir

*Mur des pleurs* (CL. P.).

pleurer les fils d'Israël ; le spectacle en vaut la peine. Les ruelles qu'il faut traverser pour y arriver sont étroites et malpropres, mais l'œil y est déjà si accoutumé qu'on s'étonne plutôt du changement de décor.

Les habitations rappropriées, les boutiques qui se ferment, le Juif métamorphosé dans sa tenue propre et digne, la gravité convaincue de sa démarche, tout annonce que le Sabbat a commencé, vendredi, à trois heures.

Les plus fervents se rendent déjà au Mur des Pleurs,
et, jusqu'à la fin du jour, vieux et jeunes s'y succéderont.
Nous les rejoindrons bientôt.

Un étroit couloir d'une quarantaine de mètres sur
quatre ou cinq de large le précède ; et nous voici en face
de la haute muraille, seul débris des constructions salo-
moniennes.

Les Juifs y voient les ruines de leur Temple ; mais ce
n'est qu'une portion de l'enceinte de l'esplanade sur laquelle il était bâti, relique assez vénérable déjà !

La muraille, composée de blocs énormes, dont quelques-
uns ont plusieurs mètres de long, a des assises gigantesques. Elle se garnit bientôt d'une grappe humaine de
l'effet le plus pittoresque : Juifs de tous les pays et de
toutes les provenances ; ils arrivent là peu à peu, et, à
mesure que le soleil baisse, leur nombre s'accroît pour
atteindre son maximum au crépuscule.

On les distingue à leur costume : les *Achkénazim*,
émigrés d'Allemagne, de Russie, de Pologne, avec leurs
calottes fourrées. Ce sont les pauvres de la nation, atti-
rés à Jérusalem, moins encore pour reposer près de
leurs ancêtres que pour fuir la persécution de leur pays,
et bénéficier des larges offrandes que Rothschild et Cⁱᵉ
envoient à leurs coreligionnaires de Palestine ; puis les
*Sephardim*. Moins nombreux et descendant des Juifs
chassés d'Espagne par Ferdinand et Isabelle, ils forment
le noyau aristocratique de la colonie juive à Jérusalem.
Si les ruelles qu'ils habitent sont malpropres, leurs habitations connaissent le luxe, et leurs somptueuses
robes de velours ou de soie l'étalent ; il est facile de les
reconnaître à première vue. De leur tarbouch, sorte de
bonnet à gland, et parfois de leur turban noir, s'é-
chappent de grandes papillotes qui descendent en tire-
bouchons le long de leurs joues.

Les femmes sont vêtues à l'européenne, avec un voile blanc ou un châle sur la tête.

Tous les fervents ont un livre à la main. Au signal du rabbin qui, d'un ton nasillard, lit un verset de la Bible ou chante la prière du samedi, la plupart répondent comme s'ils psalmodiaient une litanie.

— A cause du palais qui est dévasté

— Nous sommes assis solitaires et nous pleurons.

— A cause du temple qui est détruit

— Nous sommes assis solitaires et nous pleurons.

— A cause des murs qui sont abattus

— Nous sommes assis solitaires et nous pleurons, etc.

D'autres récitent et chantent seuls leurs prières ; mais tous se balancent d'avant en arrière, afin de mieux rythmer leurs chants. Le diapason monte sans cesse avec le renfort des nouveaux venus, jusqu'à ce que les larmes tombent des yeux. On en voit alors qui pleurent réellement, fermant leur livre afin de mieux étendre les bras contre ces blocs de pierre qu'ils couvrent de baisers, comme pour les étreindre dans une protestation de foi indéfectible.

C'est un spectacle étrange, et qui ne peut que remuer profondément, quand on réfléchit à la vitalité d'un peuple qui sait garder semblable fidélité au passé, à travers les sourires du sceptique et l'oppression du vainqueur.

L'ennemi a tout pris ; il règne en maître où s'élevait jadis le Temple de Jéhovah ! Une seule pierre reste de l'enceinte Sacrée où les ancêtres sacrifiaient au vrai Dieu, et les fils savent se souvenir. Ils achèteront de tous leurs vainqueurs le droit de la revendiquer, et ils ne demanderont, comme seule consolation à tant de grandeur détruite, que de venir pleurer sur cette ruine !

Toutes ces larmes seront-elles perdues pour le grand jour, et le ciel se fermera-t-il devant le cri suprême :

« Mon Père, pardonnez-leur, car ils ne savent ce qu'ils font » ?

Est-ce qu'une seule prière se perd, un seul cri droit du cœur, une seule larme vraie de l'âme ? Est-ce que tout ce qui est sincère ne retourne pas à la source d'où il émane ? Il est si beau de retrouver l'universelle charité du Christ sur cette terre qui a bu son sang, et de voir ses ennemis eux-mêmes vaincus par sa bonté !

Comme nous nous disposions à quitter le Mur des Pleurs, nous apercevons des clous à tête dorée, enfoncés dans les pierres. Notre cicerone nous en donne l'explication. « Lorsqu'un Juif quitte Jérusalem pour aller demeurer dans un autre pays, avant de partir, il vient enfoncer un clou dans la muraille, comme pour témoigner qu'il laisse ici ses pensées et son cœur. »

Des clous dorés, hélas ! les coreligionnaires en enfoncent un peu partout, et quand on songe au luxe écrasant qu'ils étalent en Europe, à l'or qui afflue dans leur coffre, on se demande si l'on n'assiste pas à l'un des effets de la douloureuse loi d'équilibre qui tient la nation debout : là-bas ceux qui souffrent, ici ceux qui jouissent !

Nous avons vu pleurer les Juifs ; nous allons les voir prier, avec la même fidélité aux traditions du passé. Telles étaient les synagogues autrefois, telles elles sont aujourd'hui ! Nous visiterons d'abord la grande synagogue des *Achkénazim*, l'une des sectes qui, avec celles des Séphardim et des Caraïtes, se partagent les Juifs de Jérusalem. Toutes leurs synagogues d'ailleurs se ressemblent ; qui en a vu une les a vues toutes.

C'est une salle rectangulaire, au milieu de laquelle émerge une plate-forme ou estrade (almeor), à laquelle on accède par 4 ou 5 marches. Sur cette estrade, une sorte de chaire avec un pupitre : c'est la place du lecteur qui lit et commente le texte sacré... là même, un jour de

Sabbat à Nazareth, Notre-Seigneur souleva l'indignation de ses compatriotes, après avoir lu et commenté, en se l'appliquant, ce passage d'Isaïe : « L'esprit de Dieu est sur moi ; voilà pourquoi il m'a oint, m'a envoyé évangéliser les pauvres, guérir les cœurs brisés, annoncer la liberté aux captifs, la vue aux aveugles, la délivrance à ceux qui sont dans les fers, l'année salutaire du Seigneur. » Tout au fond de la salle un voile (*vilon*), rappelant le voile du Temple, recouvre l'arche où sont renfermés les livres de la Loi. Ces livres étaient jadis de simples bandes de parchemin roulées et terminées à chaque extrémité par un petit bâton. Comme le texte sacré était écrit par colonnes, on déployait le parchemin à mesure, et en même temps on enroulait la partie lue autour du second bâton... c'est ce qui explique l'expression de l'évangéliste : « Quand Jésus eut *roulé* le livre, il le rendit au serviteur. » Il faut lire ce passage dans saint Luc (Chap. IV ; 19-30).

Une lampe (le *Ner olam*), suspendue au-dessus de l'arche, brûle sans cesse pour rappeler le feu sacré du Temple. En avant est placé le chandelier à sept branches. Entre l'estrade et l'arche sont les places d'honneur, les premières places si recherchées par les pharisiens au temps de Notre-Seigneur. Les anciens et les docteurs de la loi s'y asseyaient, le visage tourné vers les fidèles : on voyait ainsi comme ils priaient bien. Des textes de la Bible s'étalent sur les murs, au milieu de peintures d'un goût au moins douteux. Une tribune est réservée aux femmes : telle apparaît la Synagogue ! Au signal donné, leschants commencent nasillards, rythmés par le balancement ininterrompu du buste et de la tête. Un léger mouvement salue notre arrivée ; mais si les têtes se tournent, la prière continue, et un jeune enfant, dont le père, un doigt sur la Bible, dirigeait l'éducation rituelle, reçoit, pour avoir prolongé sa distraction, un avertissement qui le remet promptement dans l'ordre.

La prière du Sabbat terminée, l'officiant gravit, en chantant, les degrés qui montent au tabernacle ; il y prend respectueusement le livre de la Loi, enroulé autour de deux bâtons finement sculptés, et le porte à l'estrade, où il le dépose sur le pupitre. Il appelle alors un lecteur qui lit sur le parchemin déroulé le passage qu'il lui indique. Toute la scène de Nazareth revit !

Après la lecture du texte sacré, et son commentaire, s'il a eu lieu, le rabbin descend de l'estrade, tenant la loi au-dessus de sa tête, et bénit l'assemblée qui répond : *Amen, Amen!* On voit alors les pères bénir leurs enfants, les vieillards étendre les bras vers le livre saint, et les jeunes gens l'embrasser avec transports ! Le pittoresque de l'animation le dispute à la cacophonie des chants.

Quel est, au milieu de ces démonstrations, le sentiment vrai de ce peuple ? Est-ce seulement la prière des lèvres ou le don du cœur ? Dieu en reste juge !...

# CHAPITRE SEPTIÈME



*Samedi 20.*

ous sommes en pleine patrie. La messe est aujourd'hui à Sainte-Anne l'église française de Jérusalem. Située à une faible distance de la porte orientale de Sainte-Marie, cette église, avec ses dépendances, fut cédée à la France après la guerre de Crimée.

De grands souvenirs sont vénérés en cet endroit : la maison de saint Joachim et de sainte Anne et la Piscine de Béthesda, dite Probatique. Ces lieux saints sont sous la garde des Pères Blancs du cardinal Lavigerie, qui y

dirigent un séminaire pour les Grecs unis du rite mel-
chite.

Le Consul, précédé de ses cawas et entouré de sa famille, fait son entrée solennelle au chant de la *Marseillaise*, et jamais les échos de l'hymne national n'auront
eu pareille sonorité. Toutes les tristesses lointaines,
tous les écœurements présents sont oubliés devant ce
renouveau de la vieille France : le Consul est reçu à la
porte de l'église ; on lui offre l'eau bénite, on l'encense,
comme autrefois nos rois catholiques, comme aujour-
d'hui encore nos pontifes. A l'offertoire, il baise la pa-
tène, mais sans se déranger ; on vient à lui ; en lui, on
honore la patrie.

Aucun autre consul ne reçoit semblables honneurs ;
ils sont le privilège de notre protectorat en Orient ; et on
jouit doublement de voir la France plus grande que les
autres à l'étranger, quand, d'autre part, l'étranger est si
heureux de la voir abaissée, amoindrie. Le consul a une
tenue parfaite ; il a conscience de sa double dignité de
représentant de la France et de chrétien. Après la
messe, il acceptera un petit déjeuner chez les Pères
Blancs ; et c'est au sortir du réfectoire, qu'avec beaucoup de bonne grâce, il s'arrêtera sur le seuil de la porte,
accompagné du Supérieur des Pères Blancs, pour permettre à l'appareil de fixer ses traits et son souvenir.

L'église actuelle de Sainte-Anne ne paraît pas remonter au-delà des Croisades. De style *gothique*, avec des
voûtes d'arêtes à arc largement brisé, elle est terminée
par trois absides semi-circulaires. Sur le croisement du
transept s'élève une coupole ; les fenêtres sont petites et
peu nombreuses, et l'on pourrait citer des irrégularités
qui étonnent.

Les Pères Blancs cherchent à rendre au monument
son antique splendeur. Déjà sous la vieille coupole s'é-

lève un riche autel, orné de marbres précieux et surmonté
d'un baldaquin de marbre blanc, porté par quatre colonnes de granit rouge. Derrière l'autel, une belle statue
de marbre représente sainte Anne, instruisant la Vierge
enfant. Mais ce qui attire et retient à Sainte-Anne, ce
sont les grands souvenirs de sa crypte. Il n'est aucun

*Les çawas du Consul de France. — Mousa.*

doute que cette crypte ait été la maison de sainte Anne
et de saint Joachim ; sur ce point, la tradition est una-
nime. Avec les Croisades apparaît la première mention
d'un souvenir nouveau, celui de la sépulture des parents
de la sainte Vierge. Aussi, à côté du berceau de l'enfant,
on montre la tombe des parents. Quant à la maison,
elle était, comme tant d'autres en Palestine, en partie

construite, en partie taillée dans le roc. Fut-elle aussi le lieu de la naissance de Marie ? Beaucoup l'affirment, et ont pour eux les plus anciennes traditions et de multiples témoignages, tels que ceux du pèlerin Théodosius, VIe siècle, saint Antonin (570), saint Sophrone, patriarche de Jérusalem (636) et saint Jean Damascène (760),

*Consul de France à Sainte-Anne.*

pour ne parler que des plus anciens. D'autre part quatre villes se disputent l'honneur d'avoir vu naître la mère de Jésus : Sepphoris, Bethléem, Jérusalem et Nazareth. Rien de sérieux pour Sepphoris et Bethléem. L'opinion de Nazareth mériterait plus de respect, à cause de l'appui que lui prêtèrent plusieurs papes ; mais les témoignages répétés en faveur de Jérusalem pèsent d'un poids plus concluant.

A une petite distance de l'église Saint-Anne, au nord-ouest, nous visiterons avec le plus vif intérêt les restes de la piscine de Bethesda, la piscine aux cinq portiques. C'était un long quadrilatère dont deux côtés étaient réunis par une galerie transversale.

Signalée, dès le IV$^e$ siècle, par saint Cyrille, son sou-

*Le Consul à Sainte-Anne (Départ).*

venir se perd un peu avant les Croisades, mais il est bientôt retrouvé par les Francs qui élèvent là une église. M. Mauss, le restaurateur de Sainte-Anne, le remet à jour en 1871 ; et enfin les fouilles intéressantes des Pères Blancs nous confirment de plus en plus la réalité de ce souvenir. Ils ont trouvé, à plusieurs mètres au-dessous du sol actuel, deux bassins taillés dans le roc et séparés.

par un barrage (peut-être le cinquième portique qui divisait la piscine).

Les ruines d'une église recouvrent un de ces deux réservoirs; elles paraissent être celles de l'église des Croisés ; mais les constructions sont si enchevêtrées que bien des points encore restent obscurs.

*Panorama de Jérusalem (route de Jéricho).*

Malgré tout, on revit là encore le souvenir évangélique. L'eau des bassins est d'une limpidité douteuse, saumâtre, disent les uns, laxative, ajoute la Faculté, chargée de microbes, pense tout le clan... qu'importe ! On revoit le pauvre paralytique méritant, par une souffrance de trente-huit ans, de rencontrer le Christ qui le dispense de toute formalité : « Prends ton lit et marche ! » Il n'avait trouvé personne pour l'aider à descendre dans l'eau miraculeuse, et, avec persévérance, il assiste au succès des autres sans se décourager de son insuccès à lui.

Plus n'est besoin d'ange pour agiter l'eau ; Jésus lui dit simplement : « Veux-tu être guéri ? » Et le malade conte son infortune : « Seigneur, je n'ai personne pour me jeter dans la piscine quand l'eau est agitée, et. pendant que j'y vais, un autre descend avant moi. »

Pas un mot de plainte, pas un mot d'envie. Jésus est touché d'une résignation qui n'a d'égale que la persévérance dans la prière ; et avec toute son autorité, il lui dit : « Lève-toi, prends ton lit et marche. »

En remontant des piscines, nous visitons le musée du Père Cré. On pourrait y passer des heures en s'instruisant. Quantité d'objets parlent de la Bible et expliquent l'Evangile. Voilà, entre mille objets, un vase d'albâtre destiné aux parfums ; on revoit celui de Marie-Magdeleine ; une *pierre* de la forme d'un pain sortant du four : ce sont les pierres qu'on trouve au mont de la Quarantaine ou de la Tentation, tout près de Jéricho. Le démon n'a donc eu qu'à regarder à ses pieds pour trouver la matière de son audacieux défi : « Ordonnez que ces pierres deviennent des pains ! » Et c'est ainsi qu'on achève de s'instruire et de mieux croire, en touchant du doigt les réalités de l'Ecriture.

# CHAPITRE HUITIÈME

'APRÈS·MIDI est consacrée à la vallée du Cédron : ce n'est plus l'attrait d'un inconnu aimé, c'est l'émotion renouvelée de ce qu'on croit avoir toujours vu !

La vallée du Cédron prend naissance au nord-ouest de Jérusalem au pied du Scopus, près du tombeau des Juges. Peu profonde au début, elle suit un instant la direction de la cité, et passe ensuite du côté de l'est, au nord du tombeau des Rois, et de là se dirige vers le sud, en séparant Jérusalem du Mont des Oliviers.

C'est là que nous retrouvons le tombeau de la Vierge, la grotte de l'Agonie, le Jardin des Olives, tout ce qu'on voudrait revoir à loisir. Puis, en face du Haram-esch-

Chérif, les tombeaux d'Absalon, de Josaphat, de saint Jacques et de Zacharie... nous sommes en pleine vallée de Josaphat, entre les tombes musulmanes accrochées au Moriah et les tombes juives, à peine distinctes des autres pierres ! La vallée s'élargit, et nous voici au pied de l'Ophel, à la *fontaine de la Vierge*, dont les eaux se rendent, par le canal d'Ezéchias, à la piscine de Siloé. Cette fontaine, connue dans l'Ancien Testament sous le nom de Fontaine de Gihon, arrête notre attention, moins à cause de la légende qui parle de Marie venant y laver les langes de l'Enfant-Dieu (d'où son nom actuel), que par le fait historique qu'elle rappelle.

Il en est question pour la première fois au temps de David, quand celui-ci, sur l'ordre de Nathan, enjoignit au grand prêtre Sadoc d'aller sacrer Salomon à Gihon.

Josèphe note que la fontaine de Gihon était en dehors de la cité primitive, ce qui confirme le récit biblique relatif à Ezéchias.

« A l'approche de Sennacherib, Ezéchias fit boucher toutes les sources des alentours de Jérusalem ; voulant d'autre part assurer aux habitants de la cité une provision d'eau suffisante, il obstrua l'issue supérieure des eaux de Gihon, et les conduisit en bas, à l'occident de la cité de David. »

Plusieurs textes de l'Ecriture sont relatifs à cet aqueduc qu'Ezéchias fit creuser par-dessus l'Ophel, et qui ne mesure pas moins de 530 mètres de longueur. Une inscription hébraïque, découverte en 1881, dans l'aqueduc même, a démontré, par la forme phénicienne de ses lettres, qu'il date bien des rois de Juda.

Ce n'est pas sans un vif intérêt que nous devions voir, quelques semaines après, au musée de Constantinople, cette même pierre, fendue dans le milieu, mais dont l'inscription reste fort lisible pour les initiés.

Quant aux profanes, ils en écouteront religieusement
la traduction proposée par M. Clermont-Ganneau. « Le
jour même du percement, les mineurs frappèrent l'un
contre l'autre le pic contre le pic, et les eaux coulèrent
depuis la source jusqu'à la piscine sur une longueur de
douze cents coudées, et cent coudées étaient la hauteur

*Tombeaux d'Absalon, de S$^t$ Jude et de S$^t$ Zacharie* (CL. P.)

du roc au-dessus de la tête des mineurs. » En revoyant
cette pierre, le pèlerin n'évoquera pas seulement le fait
biblique, il se retrouvera dans l'excavation, profonde de
huit mètres, qu'on désigne aujourd'hui sous le nom de
Fontaine de la Vierge ; il redescendra ces trente-deux
marches aux pavés glissants et irréguliers qui y conduisent ; et la fatigue de la marche sous le soleil brûlant,
les aspérités du chemin, tout sera oublié devant la joie
de se souvenir... car nous n'avons pas fini !

Nous sommes au *Champ du Foulon,* mentionné trois fois dans la Bible. C'est sur ce chemin, vers l'extrémité de l'aqueduc de l'Etang supérieur ou Gihon qu'Isaïe prophétisa à Achaz la miraculeuse naissance du Messie : « Voici qu'une Vierge concevra et enfantera un Fils, et

*Puits de Néhémie et Siloé.*

on lui donnera le nom d'Emmanuel. » Et enfin c'est la piscine de Siloé, creusée par Ezéchias pour recueillir les eaux de la fontaine de Gihon. Pour nous, elle est surtout célèbre par la guérison de l'aveugle-né. Les chrétiens des premiers siècles ne pouvaient manquer d'en perpétuer le souvenir. Le Pèlerin de Bordeaux, voit, en 333, la piscine entourée d'un portique, et saint Antonin trouve à côté, en 570, une splendide basilique dédiée au Sau-

veur illuminateur. Les eaux de Gihon se réunissaient,
dans les souterrains de l'église, en deux grands bassins de marbre ; les hommes se baignaient dans l'un, les
femmes dans l'autre. Et devant l'atrium, le même pèlerin
mentionne une seconde piscine dont les eaux opéraient
de nombreux prodiges.

*Mendiants lépreux* (CL. P.).

Les fouilles de M. Bliss (1896) ont révélé là l'existence
d'une église primitive à trois nefs. Renversée par les
Perses, cette église n'a jamais été reconstruite, et il n'en
reste que quelques colonnes tronquées qui jonchent
encore le sol. Un minaret en marque la place transformée en mosquée.

Quant à la piscine, elle n'a d'eau que pendant l'hiver.
A côté, un réservoir plus grand sert de déversoir aux
égoûts de la ville : aussi ne séjourne-t-on guère en cet

endroit. D'ailleurs nos moments sont comptés. Nous continuons notre marche vers Siloé, car c'est aujourd'hui le dîner des lépreux.

Tout près de la fontaine de Rogel (Bir Eyoub des Musulmans, puits de Néhémie des chrétiens) le Pèlerinage de pénitence offre chaque année aux malheureux déshérités un repas que les dames se font un honneur de servir. C'est avec une fierté dont l'amour de l'Evangile est peut-être la mesure que chacune à son tour revêt le tablier de service; mais la dignité est éphémère, et il faut promptement céder sa place.

Les pauvres lépreux assis sur le sol rocailleux tendent leur tablier ou leur gamelle à longue queue pour recevoir le pain, les légumes et la viande qu'on leur donne; de grandes précautions sont à prendre, car tout contact doit être sérieusement évité.

Il n'est pas un seul de ces malheureux qui n'ait quelque chose de supprimé aux membres ou au visage. Les tubercules dont ils sont atteints ne sont pas tous à l'état d'ulcères; mais la marche s'annonce progressive. Ici, c'est une phalange tombée, et l'autre qui se gangrène; là, c'est un moignon qui remplace la main ou le pied, un peu plus loin, un visage sans nez.

Eh bien! le croirait-on? S'il faut faire effort pour regarder en face ces physionomies repoussantes, on s'arrête avec une surprise qui n'est plus seulement de la pitié, quand on voit le large sourire qui s'épanouit entre les yeux qui regardent le ciel et cette bouche qui vous redit : Allah! Allah! dans une expression d'indicible reconnaissance. Ces gens-là sentent donc la tristesse de leur état; ils font signe qu'ils souffrent, et ils ne murmurent pas. Ils savent encore dire merci à ceux qui, plus émus qu'eux, lancent un éclair de joie dans leur sombre existence.

Après le repas, on leur fait une distribution de vêtements, qu'ils emporteront, avec les restes de leurs provisions, dans leurs misérables cases. C'est là qu'il faut
les prendre sur le vif !

Quelques-uns des plus malades n'ayant pu prendre
part au repas champêtre, nous irons visiter les pauvres
reclus.

*Léproserie turque.*

Dans un endroit désert, non loin du puits de Néhémie,
tout près de Siloé et à mi-hauteur au-dessus du Cédron,
s'élève un vaste bâtiment allongé, dont on aperçoit
les petites fenêtres sans vitres : c'est la léproserie
turque.

Elle se compose d'un long rez-de-chaussée, divisé en
plusieurs compartiments ou chambres. Chacune de ces
chambres a sept mètres de long, quatre de large ; elle sert

d'habitation à un groupe ou à une famille de lépreux s'ils sont mariés. On y accède par un sentier étroit, raide et brûlant sous les feux du soleil ; la façade laisse voir l'entrée des cellules. Une sœur de Saint-Vincent se tient à la porte, et, sur son invitation, je pénètre, profondément émue, dans ce taudis de misère.

Une véritable loque humaine gît dans un coin de la première cellule. Son expression douloureuse et les gestes qu'elle peut à peine achever trahissent un paroxysme de souffrance qui m'anéantit moi-même ; c'est à peine s'il me reste la force de regarder autour d'elle. La pièce où s'écoule cette misérable vie est comme toutes les autres : deux grands coffres ou khabich dans le milieu en font tout l'ornement. Ces espèces d'urnes en terre et en paille hachée servent à mettre le blé, la farine, les autres aliments et les vêtements. Ils vont se remplir tout à l'heure des restes du dîner, des provisions et des vêtements que chaque lépreux rapportera au logis. Pas de cheminée dans ces antres ! Le feu se fait entre trois pierres servant de foyer ; la fumée qui s'en échappe sort par la porte et la fenêtre, après avoir désinfecté le logis, qui en garde une empreinte jaunâtre.

L'administration musulmane fournit aux lépreux le pain et l'eau ; les aumônes procurent le reste.

On permet à ces malheureux de mendier à la campagne, dans les villages et à certains endroits de Jérusalem, tels que Gethsémani, où ils affluent.

Les Sœurs de Saint-Vincent-de-Paul viennent les voir plusieurs fois par semaine, et pansent les plaies les plus repoussantes avec un dévouement dont le succès n'est jamais complet. La science est demeurée jusqu'ici impuissante contre cette affection. Les lépreux ne peuvent séjourner en Syrie que dans trois villes : à Jérusalem, à Ramleh et à Naplouse.

On comprend que l'air soit plus respirable en quittant
ce triste abri de la pire des souffrances.

Nous voici revenus au puits de Néhémie.

C'est là, croit-on généralement, que les Israélites ca-
chèrent le feu sacré du Temple, avant de partir pour la

*Puits de Néhémie.*

grande captivité. Quand, au retour de Babylone, les
prêtres vinrent pour le rechercher, ils ne trouvèrent plus
au fond du puits qu'une eau boueuse. Néhémie ordonna
d'asperger de ce limon le bois et les victimes du sacrifice,
qui s'enflammèrent aussitôt. Est-ce cet éclatant prodige
qui fit donner au puits le nom de Nephtar (purification)?
Bouché par les Musulmans à l'époque des Croisades, il

fut recherché et trouvé par un habitant de Jérusalem, nommé Germain, au moment où une grande sécheresse désolait le pays (1185). Après l'avoir restauré, Germain y adapta une roue à chapelet hydraulique pour monter l'eau et subvenir aux pressants besoins de la population. Plus tard, quand Saladin menaça Jérusalem, les Croisés bouchèrent à leur tour le fameux puits qui subit ainsi bien des vicissitudes

Tel qu'il est actuellement, il mesure vingt-neuf mètres de profondeur. Dans la saison des pluies, l'eau s'élève parfois jusqu'à l'orifice, et forme un ruisseau qui coule plus ou moins loin dans la vallée. Cette abondance, gage d'une année fertile, est l'occasion de grandes réjouissances populaires. On comprend avec quel enthousiasme on doit saluer l'élément liquide sous ce ciel de feu !

Un prêtre américain, ayant réuni là quelques enfants du pays, les bénit comme autrefois son Maître. C'est une petite scène évangélique, bien tentante pour l'appareil. Il faudrait pouvoir tout prendre, cadre et tableau ! Au puits, des naturels s'attardent à regarder autour d'eux ; tout près, les lépreux, à qui on donne le repas champêtre ; à quelques pas, la Léproserie où les plus souffrants n'auront que la maigre compensation de quelques visites... et comme fond de scène, Siloé, ce hameau de troglodytes, cavernes étagées sur le rocher et précédées d'un mur qui en fait des habitations ; autrefois hypogées ou grottes de solitaires, aujourd'hui demeures de musulmans fanatiques, de Bédouins pillards qui sortent de leurs antres au cri répété de Bakchich, bakchich !

La journée touche à sa fin, et elle aura été bien remplie. Quelques pas encore, et nous sommes au sud de la vallée du Cédron, bornée par le Mont du Mauvais Con-

seil ; le souvenir de Judas s'y accentue. C'est là, croit-
on, que le traître vint se pendre. A mi-côte de la colline
se trouve le Champ du Potier que les habitants de Jérusalem appelèrent l'*Haceldama* ou Champ du sang,
parce qu'il fut acheté par les princes des prêtres avec

*Femme de Siloé et Mousa* (CL. L.).

les trente sicles, prix de la trahison de Judas. *Haceldama*
se corrompt au temps des Croisés en Caudemar ; et c'est
là que ceux-ci feront leur cimetière qu'ils appelleront le
« Charnier de Chaudemar ».

Du Caudemar ou Chaudemar des Croisés il reste une
construction massive, recouverte d'une voûte ogivale.
Cette voûte, percée de huit ouvertures, repose sur
les murs extérieurs et sur un vaste pilier central.
Un déblai, pratiqué dans le sol, à une profondeur de

plusieurs mètres, renferme encore un monceau d'ossements.

Qui sait si on ne retrouverait pas là les restes des
compagnons de Godefroy, de ces héros obscurs dont
la tombe garde le secret, jusqu'au jour des grandes révé-
lations ?

# CHAPITRE NEUVIEME



*Dimanche 21.*

ous nous retrou-vons encore sur la terre fran-çaise. Après Sainte-Anne, notre grande é-glise nationale à Jérusalem, c'est Saint - Etienne, la basilique rele-vée de ses ruines séculaires par les Dominicains. La messe solennelle avec discours du R. P. Séjourné, la présence du Consul qui, après la messe, partage avec nous le petit déjeuner offert gracieusement par l'émi-nent prieur du couvent, la visite de la basilique, du tombeau des Rois et des Cavernes royales, tout contribue à faire de cette matinée une des plus reposantes, en dépit du programme chargé.

La basilique de Saint-Etienne est bien réellement construite sur le lieu même de la lapidation du premier martyr. Voyons l'histoire ; revivons la scène : « Etienne. plein de grâce et de force, faisait de grands prodiges et de grands miracles parmi le peuple. »

Il discutait victorieusement avec les Juifs au sujet de la religion nouvelle. Comme ceux-ci ne pouvaient pas résister à la sagesse et à l'Esprit qui parlait en lui, ils subornèrent des gens pour dire qu'ils lui avaient entendu proférer des paroles de blasphème contre Moïse et contre Dieu. Il avait dit, en effet, que le *Temple serait remplacé et la loi de Moïse changée*, griefs sans pardon pour le Sanhédrin ! Le Christ son Maître l'avait déjà prédit, raison de plus pour doubler la rage des accusateurs ! Le blasphème doit être puni de mort, et les blasphémateurs sont condamnés à la lapidation.

Le courageux athlète est bientôt traîné hors de la ville. Les témoins jettent la première pierre. Après avoir déposé leurs vêtements aux pieds d'un jeune homme nommé Saul. ils lapident Etienne qui prie en ces termes : Seigneur Jésus, reçois mon esprit. Puis s'étant mis à genoux, il s'écrie d'une voix forte : Seigneur, ne leur imputez pas ce péché. Et à ces mots il mourut. Des hommes craignant Dieu donnent au martyr la sépulture (1) ; puis un silence de plusieurs siècles se fait sur la tombe d'E tienne. En l'an 415, une révélation indique au prêtre Lucien la tombe du martyr à *Caphar Gamala* (Jemmala actuel) dans la villa de Gamaliel, qui y repose lui-même avec son fils Abilas et Nicodème. Trois évêques, Eleuthère

(1) Act. VI, 8, VII.

de Sébasté, Eleuthère de Jéricho et le patriarche Jean II
(386-416), assistent à l'invention des saintes reliques, que
l'on transporte au Mont Sion, au chant des hymnes et
des psaumes. » Elles y restent jusqu'en 460, date de l'achèvement de la grande basilique qu'Eudoxie, pour les

*Le Consul de France à Saint-Etienne.*

recevoir, éleva, *sans nul doute possible, sur le lieu même de
la lapidation.*

Ce témoignage est affirmé avec précision par un contemporain de cette seconde translation, Basile de Séleucie, et par d'autres pèlerins : Evagre, Théodosius (500),
saint Antonin-le-Martyr (570), et Sewulf (1102).

A côté de l'église, l'impératrice bâtit un couvent de religieuses ; elle y meurt bientôt elle-même (460), et on l'ensevelit non loin du premier martyr. Dix ans après, sa petite-fille, épouse du fils de Genséric, la rejoignit en cet asile de la mort.

La basilique compte encore un jour de gloire en 516, quand on y acclame, grâce aux dix mille moines de Saint-Sabas, la victoire de l'orthodoxie contre les monophysites ; puis l'histoire devient muette. Chosroès passe avec ses ravages ; les Grecs et les Croisés marquent la place du souvenir par un insignifiant petit oratoire ; mais il faut arriver jusqu'en 1889, pour que les Pères Dominicains retrouvent, après d'intéressantes fouilles, les restes de ce que fut la basilique byzantine.

Une belle et vaste église s'élève aujourd'hui sur les ruines de celle qu'elle remplace ; des fragments de mosaïques, restes de l'ancienne basilique, sont précieusement enchâssés de-ci, de-là, dans le pavé moderne, comme pour authentiquer le monument nouveau en le rattachant à celui du Ve siècle. Et, pour que le passé y soit fidèlement reproduit, un monastère, comme au temps d'Eudoxie, avoisine le sanctuaire. Les Dominicains qui l'occupent y ont fondé la célèbre Ecole biblique, où l'on trouve des maîtres aussi versés dans l'étude des textes sacrés que dans la connaissance des Lieux Saints. La *Revue* biblique y a le siège de sa rédaction, et des conférences très suivies y sont données l'hiver sur des sujets d'histoire et d'archéologie sacrée.

Là encore des Français travaillent. Chassés de leur patrie par la plus injuste des lois, ils gardent comme la quintessence de la vieille France, qu'ils font respirer avec un renouveau de foi et d'amour à ceux qui en sont loin. Là ils prient pour leurs persécuteurs, qui, en réalité, ne savent pas ce qu'ils font. Et, en les voyant si fermes dans la vérité, si courageux dans la persécution,

*Panorama de Jérusalem (pris du couvent des Dominicains de Saint-Etienne).*

on se dit : Bientôt, demain peut-être, ils referont « les Gestes de Dieu » parmi nous.

Nous ne quitterons pas Saint-Etienne sans visiter les *grottes funéraires*, vieilles nécropoles, découvertes en ces lieux, et aujourd'hui réhabitées. Nous y dirons une prière avec un merci reconnaissant au dominicain Mathieu Lecomte qui a là sa tombe ; c'est à lui que nous devons l'invention du lieu sacré de la lapidation d'Etienne.

On se trouve aussi à Saint-Etienne près de l'emplacement du camp de Godefroy de Bouillon. « Mais, à la veille de l'assaut, le chef des Croisés se porta subitement à l'angle nord-est de la ville, et c'est par ce point, pris au dépourvu, que les Francs entrèrent dans la Ville Sainte, le 15 juillet 1099. On montre près de cet endroit l'*arbre* dit de Godefroy de Bouillon. »

Deux visites nous sollicitent encore, moins par l'attrait du souvenir que par le charme du pittoresque, et aussi l'instruction qui s'en dégage.

C'est d'abord le *Tombeau des Rois*.

En quelques minutes, au nord de Saint-Etienne, on y accède par un large escalier entièrement taillé dans le roc. Une grande ouverture cintrée, pratiquée dans la paroi rocheuse de gauche, conduit dans une vaste cour, taillée à pic des quatre côtés. C'est dans un de ces côtés à l'ouest que s'ouvre le Tombeau des Rois.

Il présente à l'extérieur un large vestibule au-dessus duquel court une belle frise de style grec.

A gauche, la porte d'entrée basse et étroite était fermée par une *grosse pierre en forme de meule* qu'on roulait devant elle. Cette meule encore en place, fait comprendre la parole des Saintes Femmes : « Qui nous roulera la pierre qui ferme le sépulcre ? » La pierre qui roule,

on la voit ici. Au tombeau de Jésus, le mode de fermeture devait être le même.

A l'intérieur du monument, nous trouvons un second
vestibule carré, à voûte presque plate, taillée à même
le rocher, et sur lequel s'ouvrent quatre chambres funéraires. Des portes en pierre, dont on retrouve quelques

*Entrée des Tombeaux des Rois* (CL. L.).

débris, les fermaient autrefois. Trois sortes de tombes
s'y distinguent : fours, arcosolia et chambres simples
où l'on se contentait de déposer le sarcophage sur le
sol.

De qui sont ces magnifiques tombeaux ? Mystère !

« Ce n'est sûrement pas l'hypogée des rois de Juda,
comme le voulait M. de Saulcy. La Bible, qui les fait
tous ensevelir *dans la ville de David*, s'y refuse, comme

aussi l'architecture du monument, qui est grecque.

Les hypothèses de Victor Guérin, ou d'une translation de ces rois de Juda après la captivité, ou d'une sépulture pour leurs femmes et les princes de leur sang, qui ne régnèrent pas, restent des hypothèses qu'aucun texte n'autorise. »

Il semble plus raisonnable de se rattacher à l'opinion commune qui y voit la sépulture d'Hélène, reine d'Adiabène, princesse convertie au Judaïsme, avec son fils Izatis. et qui vint à Jérusalem vers l'an 44, au moment de la famine dont parlent les Actes (XI, 28).

Ses immenses richesses servirent alors à nourrir la ville ; elle fit venir du froment d'Egypte et des figues sèches de Chypre ; et son fils, resté dans son royaume, l'aida de ses libéralités. Ce n'est qu'à la mort d'Izatis qu'elle retourna en Adiabène (1) ; elle ne tarda pas à y mourir, et ce fut son autre fils Monobaze qui ramena leurs dépouilles mortelles à Jérusalem, dans la tombe ornée de trois pyramides qu'Hélène s'y était préparée.

Or Josèphe mentionne cette tombe *au nord de la ville, à environ trois stades, en face des remparts qui, de la tour Pséphina, vont traverser les Cavernes royales.* Saint Jérôme, dans le voyage de sainte Paule, arrivant à Jérusalem par Gabaon et le Scopus, lui fait aussi laisser sur sa gauche, avant d'entrer en ville, le mausolée d'Hélène.

Dans l'une des chambres, M. de Saulcy a trouvé, parmi d'autres objets, des monnaies de l'année même qui précéda le siège de Jérusalem par Titus. La date s'accorde parfaitement avec les indications de l'historien juif.

Izatis laissa en mourant vingt-quatre fils, dont quelques-uns prirent part à la défense de Jérusalem. et vingt-

(1) Contrée de l'ancienne Assyrie, à l'est du Tigre.

quatre filles. Josèphe mentionne en passant quatre palais
de cette famille à Jérusalem. Cette vaste sépulture n'a
plus dès lors de quoi surprendre. Le Tombeau des Rois
appartient à la France qui l'a reçu de la famille Peyreire.

Bien qu'il y ait une petite distance du Tombeau des
Rois aux *cavernes royales*, nous resterons dans la même
note en traversant l'immense excavation qui, située à

*Les Piscines des Tombeaux des Rois* (CL. L.).

une centaine de mètres de la porte de Damas, se pour-
suit à deux cents mètres de profondeur sous le quartier
de Bézétha.

De grandes salles aux voûtes soutenues par des piliers se succèdent dans l'épaisseur du rocher.

Le sol est irrégulier, encombré de pierres qui semblent
border des précipices. Tout à l'extrémité, un mince filet
d'eau suinte du rocher. A plusieurs endroits on aperçoit
encore les rainures dans lesquelles on devait enfoncer

les coins de bois, qui, une fois mouillés, se dilataient assez pour détacher le bloc du rocher... c'est ainsi qu'on surprend au vif le système employé jadis pour extraire les quartiers de pierre.

Toute cette étude du passé sur place a un intérêt qui s'accroît de jour en jour ; les heures sont trop courtes, le temps trop limité ; c'est le regret sans cesse redit.

# CHAPITRE DIXIÈME

'APRÈS-MIDI du dimanche sera une parenthèse de repos à Jérusalem. Un salut solennel nous réunira à l'église du patriarcat latin ; nous irons ensuite au palais épiscopal rendre nos hommages au patriarche, et nous terminerons la journée par une séance récréative chez les Sœurs de Saint-Vincent-de-Paul.

Nous pénétrerons ainsi dans la vie des indigènes catholiques, qui n'ont une hiérarchie constituée que depuis le milieu du siècle dernier.

Depuis les Croisades, des groupes de fidèles, assez compacts parfois, restaient sous la garde exclusive des Franciscains. C'est en 1847 seulement que la Palestine et Chypre formèrent un diocèse régulier sous la juridiction du patriarche, qui est en même temps grand Maître de l'Ordre du Saint-Sépulcre. Les débuts de cette église naissante ou plutôt ressuscitée sont comme l'éclosion du grain de sénevé évangélique ; et les pèlerins se reposeront un instant avec charme à l'ombre du grand arbre dont on leur redira l'histoire en quelques mots.

C'est en 1847. Pie IX envoie Mgr Valerga pour reprendre l'œuvre des Sophrone, des Cyrille et de Saint Jacques lui-même. Quelle arrivée au pays du Christ !

Salué par des salves d'artillerie, complimenté par le pacha qui lui envoie ses représentants, des chevaux et un piquet de soldats, conduit en procession de la porte de la ville à l'église, le prélat est à son jour des Rameaux, le jour des Palmes, de l'hosannah! mais là, plus qu'ailleurs, la leçon s'impose.

Le lendemain, ce jeune pontife de trente-trois ans se trouve seul au pied du Calvaire, seul devant le tombeau du grand Ressuscité! Sans argent, sans habitation, sans clergé, sans séminaire, sans amis, sans aides, il n'a comme ressource que sa foi invincible, son intelligence et sa fermeté. Il est le disciple de Celui qui n'avait pas une pierre pour reposer sa tête, et, sans souci du repos, il se met à l'œuvre. Quelques prêtres venus de France, le pays du dévouement, se donnent à lui ; la Providence est son grand conseil, et les apôtres ne connaissent plus d'obstacle.

Il faut un berceau à la nouvelle Eglise ; l'évêque le choisira près de celui du Maître. A une faible distance de Bethléem, le séminaire de Beth Djalla se fonde, il prospère, et de douze qu'étaient autrefois les catholiques ils sont aujourd'hui cinq cents, avec deux écoles pour les garçons et une pour les filles.

Pendant ce temps, le prélat reste dans sa pauvre demeure, voisine de la Tour de David, et où les Sœurs de Saint-Joseph tiennent encore l'école paroissiale. Mais la vie se développe, et le logis devient trop étroit. Il faut

pouvoir loger ses prêtres, et plus tard donner asile aux
invalides qui auront fini leurs courses. On se met à
l'œuvre. Le patriarcat, commencé en 1860, devient ha-
bitable en 1864 ; il faut une église aussi. Le prélat pense
et prie. Point n'est besoin d'architecte. Le seul génie de
M^gr Valerga inspire les ouvriers. avec le concours d'in-
telligents missionnaires et l'or des chevaliers du Saint-

*Panorama de Jérusalem. — Le Carmel du Pater. — La Tour Russe.*

Sépulcre. Et, en peu de temps, s'élève d'un monceau de
ruines une cathédrale gothique qui est certainement un
des beaux édifices de la Ville Sainte : unité de style,
harmonie des proportions, fresques qui ornent les voûtes.
et jusqu'aux six autels qui l'entourent, tout est digne du
culte qu'il représente. Le 11 février 1872. le patriarche
consacre son église dédiée au saint Nom de Jésus: la
cérémonie s'accomplit au milieu d'un grand concours de
peuple, et en présence des chanoines du patriarcat, du

clergé séculier et régulier de Jérusalem. Ce devait être le dernier triomphe de M<sup>gr</sup> Valerga. Le 13 novembre 1872, revenant d'un long voyage à travers ses missions du Hauran au pays de Moab, il jouissait plus que jamais du bonheur de se retrouver au milieu de son troupeau, quand il fut pris d'une crise violente de fièvre pernicieuse à laquelle il succomba le premier décembre 1872. Sa mort fut un deuil jusqu'à Rome; mais le pasteur laissait des œuvres impérissables.

Son successeur M<sup>gr</sup> Bracco (1873-1889) les reprit avec une énergie que sa bonté tempérait d'un charme infini. Choisi par M<sup>gr</sup> Valerga, d'abord comme supérieur de son séminaire de Beth-Djalla, et ensuite comme son auxiliaire, il n'était pas un inconnu au patriarcat, et ses seize années de pontificat marquent parmi les plus décisives dans le renouvellement moderne de Jérusalem. Une douzaine d'Instituts religieux s'établissent dans son diocèse au cours de son épiscopat : les Carmélites en 1873, les Frères des Ecoles chrétiennes en 1878, les Pères Blancs la même année, les Dominicains, les Clarisses, les Franciscains en 1884 ; deux ans après, les Sœurs de Charité ; en 1887, les Assomptionistes et les Sœurs bavaroises de Saint-Charles ; et enfin, un peu plus tard, les Dames Réparatrices.

C'est lui qui fut témoin de cette invasion pacifique des grands pèlerinages de pénitence qui, depuis 1882, amènent chaque année aux Lieux Saints des caravanes ardentes de foi et d'enthousiasme. Il en félicitait le Directeur, le louant de sa constance, de son édification, du bien qu'il faisait en Orient et aux œuvres de Palestine en particulier. Et il ajoutait « que le Pèlerinage de Pénitence continuerait longtemps, et que son œuvre grandirait d'année en année ». Paroles d'autant plus appréciables dans la bouche d'un homme qui, sans s'arrêter à la surface, sa-

vait aller au fond des choses. « Plus on fait de tapage,
moins on a d'harmonie », avait-il coutume de dire. Sa
sainteté était reconnue même des Musulmans qui l'appelaient : « L'homme qui ne pèche pas », et son renom
d'équité était parvenu jusqu'au Sultan, qui lui envoya
un jour, à propos d'un différend entre chrétiens et mu-

*Une rue à Jérusalem* (CL   L.).

sulmans, un billet ainsi conçu : « Que Votre Excellence
examine et juge elle-même : la sentence ne pourra être
que tout à fait juste. »

Si tous ses diocésains pouvaient compter sur son dévouement, les missions avaient la plus large part de
son cœur. Pasteur deux fois des petits et des humbles,
il avait songé à procurer aux missionnaires une vaste
tente à compartiments multiples, une sorte d'église en

poils de chameau, avec laquelle ils eussent pu suivre leurs catholiques nomades, pendant leurs mois de campements sur les plateaux, à l'époque des semailles et des récoltes.

L'idée ingénieuse ne pourrait-elle pas être méditée, avec application possible, même en pays civilisé, aux heures de persécution et de lois spoliatrices ?

Enfin la sollicitude du pasteur, qui s'étendait à tout, ne pouvait oublier la partie dédaignée de son troupeau que le christianisme a faite si grande. Sans être, comme la Musulmane, reléguée au harem, la femme ne pouvait facilement pénétrer dans les églises. Pour remédier à cet état de choses, le chanoine Tannous, à l'instigation de son évêque, fonda, sous le nom de *Sœurs du Rosaire*, les auxiliaires qui devaient être le salut des chrétiennes de Palestine. Connaissant le langage, le régime et les mœurs arabes, et incapables par leur sexe et leur origine d'éveiller les susceptibilités du fellah ou du bédouin, rien ne pouvait entraver leur œuvre. Mgr Bracco tint à honneur de donner l'habit aux huit premières religieuses ; mais cette fleur aimable entre toutes de ses missions devait être aussi une des dernières de sa couronne épiscopale ; le 19 juin, Dieu lui redemandait son âme, il n'avait que 54 ans !

La consternation fut générale ; et, même à la mosquée d'Omar, on pria pour sa guérison. Un musulman disait : « Moi j'ai pour tout avoir cent francs ; je m'en priverais volontiers pour la guérison de cet homme juste. » Cet éloge non suspect n'est-il pas la plus belle des oraisons funèbres ?

Il faudrait un livre spécial pour suivre le développement du mouvement catholique à Jérusalem, sans parler du bien immense accompli par les Ordres religieux.

Mgr Piavi succède à Mgr Bracco (1889 à 1905). C'est

sous son patriarcat qu'a lieu le grand Congrès eucharistique présidé par le légat du Pape, notre cardinal Langénieux ; et quand il meurt, après un pontificat des plus féconds, les œuvres de ses prédécesseurs sont consolidées et agrandies : le clergé est homogène ; les différences de pays, de langues, de mœurs et d'éducation

*Porte de Damas* (CL. L.).

ont disparu dans un esprit de famille, qui fait de tous les prêtres les enfants d'un même père. La table est commune. Chaque soir on se réunit à la chapelle privée de Monseigneur pour faire un quart d'heure de lecture spirituelle, réciter le chapelet, les litanies de la Sainte Vierge et un *De profundis*.

Les trois langues parlées au patriarcat sont : l'italien, le français et l'arabe, les prêtres étant surtout de ces trois nationalités. Aucun ne reçoit de traitement pour rien ; et il n'y a de casuel dans aucune paroisse. Tout est à la charge du patriarche : logement, vêtements, nourriture, frais en cas de maladies et de déplacements pour les missions, traitements des maîtres et maîtresses d'école, fournitures de classe, missions, presbytère. On comprend ce qu'un pareil fardeau pèse lourd sur les épaules du pontife, qui là, plus qu'ailleurs, serait tenté de ne voir dans la crosse qu'une croix, et dans la mitre « (1) une peau de chagrin ». Mais les aumônes viennent à son aide ; car la Providence se fait large à ceux qui ne sèment que le bon grain, et ne moissonnent que pour les greniers du Père de famille.

C'est en voyant le résultat de tant de généreux efforts, qu'on sent la fécondité du sacrifice, sans lequel rien de grand ne se fonde, rien de beau ne dure, rien de bon n'atteint son maximum d'expansion. Cette impression déjà vivace au patriarcat, s'accentue encore chez les Sœurs de Charité, dont le dévouement ne connaît pas plus de bornes à Jérusalem que dans le reste du monde. En pénétrant dans leur hospice, où nous attend une séance récréative, nous avons bientôt un résumé de leur vie de dévouement. Tout un monde s'abrite sous leurs ailes maternelles : bébés de la crèche, orphelins des deux sexes, aveugles, vieillards infirmes, incurables : toutes les faiblesses y ont leur asile, toutes les misères leur abri... on pourrait ajouter et les sourires leur épanouissement.

Rien de gracieux et de suggestif comme cette représentation, dans laquelle tout le clavier de leur jeunesse donne sa note originale et vibrant juste : depuis le bébé de cinq ans, transformé en jeune docteur, jusqu'à la

_________

(1) Parole du cardinal Mermillod.

grande jeune fille faisant incursion dans notre Europe, pour ne garder, dans son langage bien français, que la forte prononciation gutturale qui trahit l'Arabe, nous écoutons charmés, en compagnie du Consul qui applaudit... et nous voilà oubliant les heures à l'hospice Saint-Vincent-de-Paul. Nous avons pourtant autre chose à faire avant le retour à Notre-Dame de France : les enfants se récréent en notre honneur, mais elles travaillent en notre absence. En voici la preuve dans cette exposition à faire envie à nos Françaises. Et tous ces jolis travaux nous sont offerts ; qui donc se résignerait à ne pas emporter son souvenir ? Petits mouchoirs festonnés, dentelles, napperons, chemins de table, toutes les fantaisies parisiennes se retrouvent ainsi à Jérusalem et à des prix très abordables ; n'était-ce pas le coup de baguette d'une fée, de cette fée bienfaisante qui nous suivait heure par heure, ne déployant qu'au fur et à mesure son rouleau de surprises, encore si gros de promesses ?

# CHAPITRE ONZIÈME



*22 Mai.*

ᴇᴛʜʟᴇᴇᴍ, Bethléem. ce mot, le premier du réveil, a sonné comme un carillon joyeux : il nous a apporté une fraîcheur d'aurore. Le sombre Calvaire est loin ; les désolations de Jérusalem ont fui dans le recul du second plan. Tout chante dans la nature et dans l'âme.

Il est cinq heures du matin. Nous sortons de la ville par la porte de Jaffa, n'accordant qu'un regard discret à la vie qui s'éveille.

Nous voici tout de suite dans la plaine des Raphaïm.

vers le couchant ; mal cultivée par les Grecs qui en sont possesseurs, cette contrée est plantée d'oliviers, de vignes, d'amandiers et de figuiers, mais les mûriers du temps de David ont complètement disparu.

Les collines courent en s'arrondissant, et l'on comprend les légendes gracieuses semées çà et là à travers ces sourires de la nature : le lieu du *térébinthe,* où Marie se reposa quand elle porta Jésus au Temple ; le *puits des Mages,* où, d'après la tradition, l'étoile disparue se serait de nouveau montrée à eux pour les guider : c'est aujourd'hui un bloc taillé en forme de margelle de puits : il sert d'abreuvoir aux troupeaux et aux caravanes que, tout à l'heure, nous rencontrerons, tels, pouvons-nous dire, que Jésus les a vus.

Ils n'ont pas avancé d'un pas depuis deux mille ans ; et c'est peut-être cette assurance de revivre un passé marquant des heures uniques dans la vie du monde, qui prend l'âme jusqu'à l'exaltation.

L'air qu'on respire n'est plus le même ; le soleil est déjà bas, et il ne versera jusqu'à Bethléem qu'une lumière discrète, comme pour ne troubler aucune des harmonies du souvenir.

Presque en face du puits des Mages, sur la droite, le petit village de Beit Sofafa dresse ses maisons blanches. Un peu plus loin, c'est le couvent grec de Mar-Elias, Saint-Elie, auquel on rattache à tort le souvenir du prophète fuyant la colère de Jézabel ; ce serait plutôt l'ancien couvent d'*Anastase,* dans lequel se retirèrent, en 614, les moines de Saint-Sabas, après le massacre de quarante-quatre de leurs campagnons ; et son nom lui viendrait d'un évêque de Bethléem, grec orthodoxe, mort en 1345, et enseveli là.

La légende place aussi tout près de Mar-Elias le lieu où un ange saisit le prophète Habacuc par les cheveux.

et le transporta subitement à Babylone pour y nourrir
Daniel. Nous sommes à 798 mètres au-dessus du niveau
de la mer. La nature se fait toujours plus gracieuse ; à
droite, une élégante maison apparaît dans un encadrement de verdure, c'est *Tantour*, où les frères de Saint-
Jean de Dieu donnent gratuitement consultations et
remèdes.

*Panorama de Bethléem* (CL. L.).

En face, un banc de rochers, qui renferme de nombreux petits fossiles, a reçu le nom de *champ des pois
chiches*. On connaît la légende : un laboureur semait des
pois chiches dans le champ qui produisit jadis les len-
tilles achetées par Esaü à son frère Jacob.

— Que fais-tu là, lui demande la Vierge, se rendant à
Bethléem ?

— Je sème des pierres.

— Eh bien ! tu récolteras des pierres.

Les coteaux se dessinent et s'éclairent de contrastes.

Sur le flanc d'une croupe arrondie, et dans un nid touffu de verdure argentée, un village qui ne nous est pas inconnu, montre avec fierté ses établissements chrétiens ; c'est *Beth-Djalla* : le Séminaire latin y apparaît tout proche de l'école et du dispensaire des Sœurs de Saint-Joseph. Les Russes y ont aussi une école normale de jeunes filles. Vis-à-vis, la route se bifurque en deux voies, dont l'une continue jusqu'à Hébron, et l'autre monte à Bethléem.

C'est à la bifurcation de ces deux voies que se trouve le *Tombeau de Rachel*, édifice semblable aux *santons* que les Musulmans élèvent sur les sépultures de leurs saints.

La Genèse nous fournit le texte du souvenir dont l'identification est ici hors de doute. Garantie par la tradition tout entière, elle est particulièrement attestée par Josèphe, Saint Jérôme, Antonin de Plaisance, etc.

« Jacob et Rachel partirent de Bethel. et il y avait encore une certaine distance jusqu'à Ephrata, lorsque Rachel enfanta. Elle fut en proie à de vives souffrances. La sage-femme lui dit : « Ne crains pas, car tu as encore un fils ! » Et comme elle allait rendre l'âme, car elle était mourante, elle lui donna le nom de *Ben-Oni* (fils de ma douleur) ; mais le père l'appela Benjamin (fils de ma droite). Rachel mourut, et elle fut enterrée sur le chemin d'Ephrata, qui est Bethléem. Jacob éleva un monument sur sa sépulture ; c'est le monument du sépulcre de Rachel, qui existe encore aujourd'hui, ajoute l'historien sacré. (Gen. xxxx, 16-21).

Plusieurs fois détruit et reconstruit, l'édifice actuel fut sérieusement réparé et consolidé par le juif Moses Montefiore. A l'intérieur, un grand cénotaphe blanchi à la chaux remplit une chambre qui n'offre d'autres ornements que les fétiches dont elle est tapissée. A certaines époques de l'année, les Juifs, comme au Mur

des Pleurs, s'y rendent avec leur Bible, en rythmant
leurs prières d'un balancement cadencé ; ils pleurent
comme Jacob celle qui, belle entre les femmes et chérie
entre les épouses, fonda la maison d'Israël. Ils mêlent
leur voix à celle de la grande morte, qui pleure, disent-
ils, leur deuil national. Car depuis qu'Israël est dis-
persé, qu'il est errant et vagabond sur la terre,

*Tombeau de Rachel* (cl. L.).

Des cris montent,
Des lamentations, des larmes amères ;
Rachel pleure ses enfants ;
Elle refuse d'être consolée sur ses enfants,
Car ils ne sont plus (Jér xxxi, 15).

Rachel mourut donc là ; et sur sa tombe désolée le
patriarche éleva une pierre monumentale. En mourant,
il l'indique à son fils Joseph, et, à travers les siècles,

Juifs, Chrétiens et Musulmans ont mis un zèle égal à en consacrer la mémoire.

Mais nous avons hâte d'arriver au but, de pénétrer dans Ephrata (la féconde), aujourd'hui Bethléem (la maison du pain).

Le soleil a poursuivi sa course, et bientôt il ne mesure plus ses effets. La vie s'éveille entre les deux collines, où la masse de maisons blanches apparaît en arc de cercle, entourées de jardins cultivés ; l'argent des oliviers, les perles des vignes, le blanc de la terre, le gris des murs, la physionomie ouverte des habitants, le pittoresque des costumes, la grâce un peu fière des femmes, la brave et laborieuse attitude des homme s qu'on aperçoit au fond de leur boutique travaillant la nacre, ou dans leur jardin cultivant les légumes, les ébats honnêtes de la jeunesse : tout nous fait une atmosphère nouvelle en ce coin de terre privilégié ; un souffle du bien que le mystère de Bethléem est venu apporter à la terre dilate la poitrine ; là, le christianisme a laissé son empreinte... nous sommes loin des malédictions de Jérusalem.

La population, évaluée à six ou sept mille habitants, se compose presque exclusivement de chrétiens : deux tiers de Latins et un tiers de Grecs ; les protestants comptent à peine, et les Musulmans presque plus, depuis 1834. A cette époque, le quartier qu'ils occupaient fut détruit, à la suite d'une rebellion, par Ibrahim-Pacha.

Disons tout de suite que la France tient la plus large part dans les œuvres catholiques aujourd'hui si prospères à Bethléem : Sœurs de Saint-Joseph de l'Apparition, avec leurs deux maisons ; l'école paroissiale de la ville, (400 élèves et 10 sœurs), et une autre en dehors, sur la hauteur qui la domine à l'ouest (200 enfants et 8 sœurs). Puis les Frères des Ecoles chrétiennes avec leur noviciat ; un peu plus bas, les Sœurs de Saint-Vincent de Paul, et enfin les Carmélites, établies sur une colline séparée du village par une vallée profonde.

L'enseignement est donné aux garçons par les Salésiens et les Franciscains. Ces derniers ont, en outre de leur école paroissiale et de leur maison d'études philo-

*Groupe de Bethléemites.*

sophiques pour leurs religieux, une *casa nova*, dont les pèlerins devaient apprécier la cordiale hospitalité. On nous dit qu'actuellement une Française fonde à Bethléem, sur le modèle des maisons du Calvaire en France, une œuvre d'incurables. faite pour tenter les plus beaux dévouements. Partout où le souffle généreux de notre race ne sera pas comprimé, il s'épanouira en œuvres de bien !

Rien d'intéressant comme le costume des femmes de Bethléem le dimanche et les jours de fête surtout.

« Elles portent une longue robe étroite, ornée au corsage d'un plastron rectangulaire à bordures de couleur. Par desssus s'adapte un gracieux veston, la teksireh. L'étoffe, en drap rouge, est brodée dans tous les sens de fleurs et d'arabesques capricieuses en fil de soie aux couleurs vives, composées dans le goût le plus exquis. Un grand voile blanc, attaché au-dessus de la tête, et retombant par derrière, cache les longues tresses et la coiffure, qui se compose, pour les filles, d'une simple coiffe ; pour les femmes mariées, de la chatoueh, sorte de bonnet montant, orné par devant de bourrelets, garnis de sequins. La coiffe et la chatoueh sont assujéties par une chaîne de métal blanc, qui sert de mentonnière, et retombe gracieusement jusque sur la poitrine, en chapelet de grosses pièces d'argent. »

C'est de cette façon que les femmes portent leur dot, évitant ainsi les espérances déçues des contrats.

Mais par dessus l'intérêt actuel de la ville, qui paraît être aujourd'hui au plus haut point de sa prospérité, il y a un petit coin du passé qui éclipse toutes les gloires présentes, c'est l'humble grotte vénérée depuis près de deux mille ans, comme le berceau d'un Dieu.

On comprend l'émotion du chrétien en descendant les marches obscures de l'humble sanctuaire, qui garde en faveur de son authenticité les témoignages de la tradition la plus ancienne et ininterrompue.

Dès le IIe siècle, saint Justin nous parle de *cette caverne* où Joseph chercha asile. Avant qu'aucune basilique y ait été construite, Eusèbe écrivait : « Aujourd'hui, ceux qui habitent cette localité confirment la tradition qu'ils ont reçue de leurs pères, en montrant la grotte où la vierge a mis au jour et déposé son enfant. » Constantin consacra le lieu par une basilique. Qu'était-elle et que devint-elle ? Eusèbe, qui nous renseigne sur le fait, ne nous donne pas la description du monument.

Ce qui est certain, c'est que la basilique actuelle existait déjà *avec la grotte de la Nativité, comme crypte sous le chœur*, au VIIIe siècle, époque où saint Willibald, évêque pèlerin, la visita.

C'est une chose remarquable et unique en Palestine que la conservation de ce monument, à travers les inva-

*Les marchés à Bethléem* (CL. L.).

sions et les guerres qui en ruinèrent tant d'autres. Deux fois les sultans tentèrent de détruire la basilique : miracle ou argent, leurs efforts échouèrent. Au XIIe siècle, le chroniqueur Adhémar de Chabanois disait que, lorsque les émissaires du calife Hakem voulurent la démolir, « tout à coup une lumière éclatante leur apparut, et tous, jetés à terre, expirèrent sur-le-champ. » Et, au Moyen-Age, on racontait que, plusieurs siècles après la mort d'Hakem, quand le sultan d'Egypte avait voulu trans-porter à son palais du Caire les colonnes et les tables de marbre de la basilique de Bethléem, « un serpent d'une grandeur extraordinaire était sorti de la muraille, avait mordu une table de marbre et l'avait fendue dans toute sa longueur, puis, passant à la suivante, avait fait de même, et ainsi de suite, jusqu'à la dernière, imprimant sur toute sa route une trace semblable à celle de la flamme ; enfin il avait disparu. laissant tous les assistants dans la stupeur ». Mais si l'on n'eut pas à reconstruire, il fallut réparer, et la plus remarquable des réparations fut celle des Croisés. Après eux, on refera la toiture sur l'initiative de Philippe Le Bon, duc de Bourgogne ; et le plomb, que le roi d'Angleterre Edouard IV enverra pour la couvrir, deviendra une tentation pour les Turcs, qui en feront des balles de fusil ; au XVIIe siècle, il faudra tout recommencer. Le patriarche grec Dosithée couvrira alors l'édifice de cette charpente que nous voyons aujourd'hui sur l'église, comme un toit de grange, dont les solives servent de perchoir aux moineaux.

La basilique de la Nativité a la forme d'une croix latine : les trois extrémités supérieures de la croix forment chacune une abside semblable. De chaque côté de la grande branche, deux rangs de colonnes corinthiennes de 6 mètres de haut, (superbes monolithes en calcaire rouge du pays), forment cinq nefs, en comptant la grande nef du milieu.

Sur la colonnade de cette nef, à droite et à gauche, une frise de bois, posée sur les chapiteaux, sert d'assise à un mur lisse, percé de fenêtres.

Comme toutes les anciennes basiliques, celle-ci n'est pas voûtée. Les belles peintures et les riches mosaïques qui en décoraient autrefois les murs ont disparu, et les Grecs ont achevé de la déparer en construisant un mur affreux entre le chœur et le reste de l'église.

C'est ainsi qu'une partie de la vieille basilique sert
de promenoir aux fumeurs, de salle de jeux aux éco-
liers, et d'asile aux mendiants, heureux encore qu'en réduisant l'entrée à une seule ouverture étroite et très
basse, on l'ait protégée contre l'invasion des chameaux
et des bêtes de somme.

*Les bazars à Bethléem.*

Près de la porte qui va au Couvent grec, on voit un
ancien baptistère octogonal. La place devant la basilique, où se trouve le cimetière, fut jadis l'atrium de
l'église. C'est ce fameux cimetière, revendiqué à la fois
par les catholiques latins et les Grecs orthodoxes, qui
fut tant de fois la cause de conflits scandaleux. Et tandis
que les conventions successives de 1876, 1895, de 1898 et
1899, n'avaient jamais pu aboutir, par suite des exigences

du patriarcat grec, M. Outrey, le consul général de
France en Palestine, dont nous avons tous pu apprécier
le tact, la distinction et la cordiale bienveillance, vient de
remporter, en résolvant cette question épineuse, une
victoire diplomatique qui lui fait le plus grand honneur.
La Convention du 15 octobre 1905, signée du patriarche

*Les grands bazars.*

grec, M^gr Domianos, du T. R. P. Philippe Ricci, prési-
dent custodial de Terre-Sainte, de S. E. Réchid Bey,
gouverneur de la Palestine, et de M. Outrey, consul général de France en Palestine, règle les droits respectifs
des deux communautés latine et grecque.

Le cimetière sera désaffecté : la partie supérieure, le
long du parvis, sera entourée d'un mur d'un mètre de
haut, plantée d'arbres, et aucune construction ne pourra

y être élevée ; la partie inférieure, le flanc de la colline, pourra recevoir des constructions ne dépassant pas trois mètres de haut. Les Franciscains entretiendront à leurs frais, à travers le cimetière, un passage dont la largeur variera de 7$^m$,80 à 9 mètres ; ce passage restera leur propriété, mais grevé d'une servitude de passage public. En revanche, les Franciscains pourront, sans avoir besoin du firman, toujours exigé en Turquie, élever à la suite de leur couvent, le long du passage régularisé, une vaste construction qui sera la Casa Nova de Bethléem. Avis aux futurs pèlerins !

L'acte important qui a réglé la question matérielle pacifiera-t-il aussi les esprits ?.. Problème !

Jusqu'ici, pour rétablir la paix, il a fallu déclarer l'édifice à peu près terrain neutre jusqu'au transept ; les Grecs ont la jouissance exclusive du chœur proprement dit et du bras droit du transept ; les Arméniens possèdent un autel dans le bras gauche. Quant aux Latins, ils ne peuvent faire de cérémonies nulle part dans la basilique ; ils n'ont que la jouissance de la grotte, et à leurs heures seulement, comme les Grecs et les Arméniens.

Encore ne peuvent-ils officier que dans un renfoncement, où un autel indique *le lieu de la crèche,* qui est leur propriété exclusive. L'autel principal, *lieu traditionnel de la Nativité*, sert aux Arméniens et aux Grecs, bien que *l'étoile en argent*, qui marque le point précis de la naissance, appartienne aux Latins, et témoigne de leurs anciens droits. L'inscription latine en fait foi.

Un double escalier conduit à la grotte. Il faut bien que, si les Grecs arrivent par le sud, les Latins et les Arméniens viennent par le nord.

Quel non-sens que ces misérables querelles au-dessus du berceau de Celui qui est venu apporter la paix sur la terre ! là encore l'ivraie étoufferait le bon grain, si ce bon grain n'était pas le *Froment des élus*, que la foi adore en tremblant, à cet endroit si humble, si obscur et si grand.

On descend avec précaution les seize marches de l'escalier glissant qui conduit à la grotte; et le cœur bat très fort quand, tout au bas, on voit briller la petite étoile, qui n'est plus au firmament, mais dans ce réduit, dont on ne sait plus rien que le grand mystère accompli sous sa voûte. Qui s'étonnera qu'alors on tombe à genoux dans un grand acte de foi et d'amour? Et, comme on n'est pas là seulement pour soi, c'est une présentation rapide, émue, pressante de tous ceux qu'on aime à l'Enfant de Bethléem; leurs intentions même inconnues se résument dans le plus fervent des souvenirs; il faut apporter *le don de joyeux avènement* à tous ceux qui font cortège à notre vie, du plus humble au plus cher, il faut un sourire pour eux. Jérusalem leur portera d'autres grâces; mais Bethléem, c'est la joie pour la terre, même à ceux qui l'ont désapprise. Un bruissement d'ailes va du ciel à la terre dans une répercussion d'incomparable harmonie, et les plus éprouvés auront leur part. *Gloire à Dieu au plus haut des cieux, et paix sur la terre aux hommes de bonne volonté!*

Le doux mystère est là si parlant, que peu à peu seulement l'extérieur apparaît avec son regrettable décor. Une table de marbre supportée par deux colonnes, c'est l'autel; et, sous cet autel, une mosaïque, au milieu de laquelle brille l'étoile d'argent avec son inscription : *Hic de Virgine Mariâ Jesus Christus natus est:* (Ici de la Vierge Marie Jésus-Christ est né).

Tout auprès, à droite, un soldat turc, immobile comme une statue, veille jour et nuit afin d'éviter les conflits entre les cultes divers. Il a été mis là, à la demande du maréchal de Mac Mahon en 1873, quand une bande de Grecs armés, après avoir saccagé la grotte, maltraita

La Grotte de la Nativité,

cinq Franciscains. C'est à cette époque aussi que le Maréchal fit don de la toile en amiante, qui en tapisse actuellement les parois ; il pensait peut-être éviter par là les incendies qui pourraient résulter des querelles, une vingtaine de lampes brûlant sans cesse dans ce coin étroit !

On voudrait oublier ces froissements, et tout de suite il faut se heurter à la garde armée. Impassible au milieu des pieux envahissements du sanctuaire, le Turc nous regarde sans étonnement, assez ennuyé peut-être d'être bousculé à son tour. Nous descendons trois degrés, et nous voici à l'*Autel des Mages*, la propriété des Latins. C'est là que nous entendons la messe, et pouvons même communier. Cette seconde partie de la grotte ne mesure que 3 mètres de long sur 2$^m$,30 de large. Un bloc de marbre blanc, taillé en forme de berceau, et placé dans une excavation, indique l'endroit où Jésus aurait été déposé dans la crèche, sur la paille. Cinq lampes éclairent cette cavité.

La messe est profondément recueillie, bien que le nombre des pèlerins soit considérable. On se presse d'abord, puis on se case, et chacun choisit sa petite place ; la plus obscure est la meilleure.

L'action de grâces sera possible près de l'autel de la Nativité, en vue de l'*étoile d'argent*, et même j'aperçois une marche d'escalier libre, pour suppléer aux adorations à genoux devenues un peu dures ! Après le petit déjeuner joyeux chez les Franciscains, nous visiterons les grottes autour de la crèche. La première chapelle qu'on rencontre, en sortant de la grotte de la Nativité, par le couloir laissé dans l'épaisse maçonnerie qui ferme, au fond, l'entrée primitive de la grotte, c'est la *Chapelle de saint Joseph*. Thomas de Novarre, qui éleva l'autel qu'on trouve en ce lieu, voulut y honorer l'endroit où dormait saint Joseph, quand l'ange l'avertit de fuir en Egypte.

Puis, communiquant avec la chapelle de saint Joseph, la *grotte des Innocents*, dont la tradition varie en témoignages des plus confus. Il n'est pourtant pas invraisemblable que ces grottes aient servi de refuge à des mères affolées par les ordres d'Hérode.

*Une sieste de chameaux à Bethléem.* (CL. L.)

Vis-à-vis l'autel des Innocents, un couloir étroit nous introduit dans l'oratoire de saint Jérôme ; et le long de ce couloir souterrain, on voit un tombeau creusé dans la paroi, c'est celui d'Eusèbe de Crémone, disciple de saint Jérôme, et son successeur au Couvent de Bethléem.

Un peu plus loin, dans une grotte à gauche, deux tombeaux se font face : celui de saint Jérôme à droite, celui de sainte Paule et de sa fille Eustochium à gauche. Ces tombeaux sont vides, puisque les reliques de saint Jérôme ont été transportées à la basilique de Sainte-Marie Majeure, et celles de sainte Paule à Sens ; mais il n'en était pas moins intéressant de saluer ici la figure de ces grands pèlerins. L'austère Jérôme apparaît dans cette cavité rocheuse, dominant de ses hauteurs surnaturelles tout ce qui a nom vie inférieure.

On le voit domptant sa fougueuse nature, et faisant reculer bien loin, dans cette âpre solitude, les visions troublantes de Rome, qui menaçaient de ressaisir un coin de son âme. Là, il traduisait les Livres Saints, mourant un peu chaque jour à la vie, qu'il aurait pu se faire douce, pour vivre à jamais dans des œuvres qui le rendront immortel.

Là, revivant à chaque pas des faits qui, chaque fois, laissaient en son âme une nouvelle empreinte, il déversait de ses trésors acquis sur des âmes de femmes, capables de le comprendre, et peut-être de l'aider : touchante union que le christianisme seul a pu réaliser dans sa pure et noble conception. Paule et Eustochium, doux parfums de cette solitude, le Maître les accueille à son berceau, en souvenir peut-être de sa Mère, et aussi des Saintes Femmes, qu'il ne sépare pas des Apôtres dans la vie évangélique. Sainte Paule fonde à Bethléem deux monastères voisins de la basilique, dans laquelle les religieuses se réunissaient tous les dimanches. Et, quand elle meurt. saint Jérôme nous apprend qu'elle « fut ensevelie sous l'église, et près de la grotte du Seigneur ». Une biographie anonyme du saint nous dit qu'il s'était creusé lui-même un tombeau « près de celui de sainte Paule ».

Ces souvenirs, bien que secondaires, sont encore attachants ; mais nous avons résolu d'aller à Hébron, et il ne reste que peu de temps pour jeter un coup d'œil sur

Bethléem et les très proches environs. Le soleil monte de plus en plus à l'horizon : il éclaire les tableaux les plus gracieux. Ici on n'a pas peur des appareils ; les jeunes se laissent croquer avec entrain. On leur a bien promis bakchich, mais, ô merveille ! ils ne le réclament pas ; il faut leur rappeler l'engagement d'honneur.. .. peut-être n'en ont-ils eu que plus de joie à le recevoir, car jamais pareil sourire ne récompensa plus maigre bienfait ! Le drogman nous presse ; nous avons demandé l'excursion à la *grotte du lait.* Les rues que nous traversons nous permettent de plonger dans des habitations mi-proprettes ou dans des magasins d'objets de piété ; les marchands nous harcèlent, mais le trajet n'est pas long. En moins d'un quart d'heure, nous sommes sous la roche blanche d'une grotte aux sinuosités bizarres. Çà et là apparaissent, par des trous de lumière, des colonnes et plusieurs autels.

Ce côté de la montagne abonde en galactite, sorte d'argile qui rend l'eau blanche comme du lait, et a, dit-on, la propriété de donner du lait aux nourrices. La légende devait dire son mot dans ce pays, où le sentiment religieux est toute la vie de l'esprit. « Marie vint dans une grotte pour y passer la nuit, car le lendemain Joseph devait la prendre avec l'Enfant, et fuir en Egypte. Et quand elle apprit qu'on allait massacrer les Innocents, elle en conçut une telle émotion que la source de son lait se tarit.

Or, il arriva, comme elle l'avait miraculeusement recouvré, qu'une goutte tomba sur la pierre. Et la pierre devint blanche comme le lait. » On devine la suite, les pèlerinages des jeunes mères et des nourrices.

Un quart d'heure de marche, et nous sommes à Beth-Saour, le *village des pasteurs.* Le sentier qui y conduit est rocailleux et en pente, mais il contourne les murs des terrasses, où la vigne, le figuier, l'olivier et le grenadier

sèment leur verdure et leurs fleurs. Avec Beth-Saour,
et, en plongeant au loin, c'est une idylle biblique et une
page d'Evangile.

Les blés sont mûrs : des champs entiers sont encore
gonflés d'or ; d'autres ont déjà vu la moisson. Plusieurs
aires nous apparaissent chargées de froment. Pas de

*Le champ des Pasteurs.* (CL. L.)

granges ni de meules, mais simplement des plates-formes,
où le rocher nu et égalisé affleure le sol. A mesure qu'on
moissonne, on étend les gerbes sur l'aire, et, quand l'é-
paisseur paraît suffisante, deux vaches ou deux bœufs
accouplés se chargent de le piétiner. Comme il ne tombe
jamais une goutte d'eau pendant la saison d'été, on peut
être sans inquiétude ; et il n'est pas rare de voir les propriétaires ou leurs ouvriers dormir le soir sur leurs
gerbes.

Rien n'est changé depuis trois mille ans. C'est sur une de ces aires de Beth-Saour que Ruth, conseillée par Noémie, sa belle-mère, vint timidement se recommander à la bienveillance de Booz, endormi sur ses gerbes.

On suit la jeune Moabite glanant sans se lasser, Booz recommandant à ses serviteurs de laisser tomber des épis pour elle, et enfin lui disant : « Ecoute, ma fille, ne va pas glaner ailleurs ; suis mes servantes, ramasse ce qu'elles laisseront. Nul ne te fera de mal. » Puis c'est l'invitation à manger avec les moissonneurs, à boire de l'eau de leurs outres, et à tremper son pain avec eux, dans la sauce au vinaigre, mets apprécié du pays, et enfin le mariage.

Booz se fait un nom dans Bethléem, et devient l'arrière grand-père de David, ce jeune pâtre, ancêtre du Christ, qui reçoit l'onction royale au pays même où, dix siècles plus tard, Jésus devait naître.

Et voilà comment l'Ancien Testament se rattache au Nouveau, par une merveilleuse chaîne, dont quelques anneaux se détachent ici dans une douce transparence.

Après le champ de Booz, c'est le verger d'oliviers appelé *champ des Pasteurs*, et, à une centaine de pas, la *grotte des Bergers*.

A travers d'énormes blocs de pierre et des ruines d'église, qui forment comme une double muraille, on descend, par une vingtaine de marches, dans la grotte où les bergers de la contrée remisaient leur troupeau pendant l'hiver, tandis que trois d'entre eux montaient la garde au dehors.

Ce sont ces trois bergers, sans doute, qui furent favorisés de la vision céleste, et depuis le IIe siècle, ce lieu était en grande vénération : « sainte Paule, saint Jérôme, Arnulfe, Bernard le Sage, des milliers d'autres sortirent de la grotte du Sauveur pour aller, disaient-ils, écouter à un mille de distance, dans la campagne, les hymnes qui avaient émerveillé les pasteurs.

« On leur montrait trois tombeaux dans la crypte d'une église, près de laquelle vivaient des moines. Ces tombeaux, assurait-on, étaient ceux des bergers privilégiés. »

Il fait bon se reposer ici quelques instants.

A gauche, là-haut, sur ses deux collines, Bethléem étage ses maisons blanches. C'est dans l'antre d'une des plus humbles, à la place réservée aux animaux, que vient de s'accomplir le confondant Mystère, et tout près de nous, dans un enclos cultivé, le lieu où la tradition place l'apparition des Anges aux bergers. C'est une claire nuit de décembre. Du doux rayonnement des étoiles, une lueur éclatante se détache, et une harmonie divine se fait entendre. Les yeux des bergers sont éblouis, leurs oreilles charmées. .ils ne s'expliquent pas, ils voient, ils entendent... mais quoi ? C'est une fascination qui enveloppe ces humbles, et les conduira jusqu'à la crèche.

« Je vous annonce une bonne nouvelle, dit la voix, et cette nouvelle fera grande joie à tout le peuple ; aujourd'hui, en la cité de David, vous est né un Sauveur, qui est le Christ, le Seigneur. » Et bientôt, autour du premier ange, un chœur de l'armée céleste entonne le cantique que la terre n'oubliera plus : « Gloire à Dieu dans les cieux, et paix sur la terre aux âmes de bonne volonté ! »

Et puis l'ange explique où il faut aller chercher le Dieu qui vient de descendre de son ciel... c'est dans une pauvre crèche, un enfant enveloppé de langes ; prosternez-vous, adorez-le, c'est lui !

Et les bergers partent, et ils trouvent tout ce que l'ange leur a dit, et ils sont les premiers à rendre leurs hommages au Dieu des petits, à Celui qui vient apprendre au monde que le bonheur n'est pas dans son or ni dans ses voluptés, mais dans le fardeau du travail qu'il rendra léger, dans le joug du devoir qu'il fera doux à ceux qui l'aiment. Les bergers retournent ensuite à leurs occupations, sans se douter de la faveur dont ils ont été l'objet. A eux, les privilégiés, le Christ a envoyé un député de son ciel ; les autres, les savants, les puis-

*Voiture accrochée dans les bazars à Bethléem.*

sants, n'auront qu'une étoile pour les guider à la crèche.

On s'attarderait là, l'Evangile en main et surtout dans le cœur ; mais le drogman nous rappelle qu'Hébron est dans le programme du jour. Il faut donc regagner en hâte Bethléem. Le soleil est de feu, et les rues de la petite ville sont enfiévrées. Nous remontons dans notre voiture, avec un médiocre espoir d'en sortir au complet, et, à peine installés, c'est l'accroc.

Le cocher crie ; le plus simple est de descendre, les manœuvres étant plus faciles quand on n'a pas à compter avec la vie des gens. Et, en effet, notre voiture est promptement décrochée ; nous la retrouvons avec entrain ; la bonne humeur renaît et s'accroît ; nous sommes partis pour Hébron.

# CHAPITRE DOUZIÈME

'EST la route de Jérusalem jusqu'au tombeau de Rachel ; et là , nous bifurquons vers le sud-ouest. Aussi longtemps que nous · apercevons Bethléem, nous nous retournons , car le dernier regard sera l'adieu.

Nous sommes dans les *Monts de Juda*, lisez : la pierre en montagnes et l'aridité en plaines. Quelques vallons et d'étroits replis de terrain accusent seuls la misérable culture des Arabes ; nous côtoyons le *Désert de Juda*, et vraiment on a la sensation du désert, avec le soleil de plomb sur l'implacable blancheur du sol. A trois kilo-

mètres du tombeau de Rachel sur la droite, on nous
montre le petit village d'El Khadr, où se trouve le couvent
grec de Saint-Georges, abri de la pire des misères, puisque
c'est un asile d'aliénés. Les malheureux portent au cou
un collier de fer attaché au bout d'une forte chaîne ; c'est
tout le traitement.

Voici bientôt à gauche, Blat-el-Bourah, la forteresse
des Vasques. Le drogman promet de nous y conduire
au retour. Pour l'instant, c'est la route à travers le site
pierreux ; tour à tour le chemin grimpe et descend.

Abraham dut passer par là, quand, obéissant à l'ordre
de Dieu, il se rendait de Bersabée, au sud d'Hébron, au
Mont Moriah à Jérusalem, pour y sacrifier son fils
unique ; et de même Jacob après la mort de Rachel. Si
les pierres pouvaient parler, elles rediraient des douleurs
anciennes comme le monde, et aussi les récompenses
plus ou moins immédiates du sacrifice accepté sans
murmure. Là encore David dut passer avec ses vétérans,
qui marchaient à l'attaque de Jérusalem.

C'est par cette route aussi que la sainte Famille s'enfuit en Egypte. On revoit le cortège : Marie et le divin
Enfant sur l'âne, saint Joseph à pied, le grand bâton du
Bédouin à la main. Il n'est pas rare de rencontrer de ces
groupes.

Tout près de nous passe une famille d'Arabes en dé-
ménagement : mère, enfants et mobilier s'entassent entre
les deux bosses du chameau, à l'exception d'une grappe
de poules suspendues de chaque côté. Quelques vaches
et chèvres suivent en liberté ; le père guide et surveille,
mais sans nul souci de celles qui s'éloignent : une vache
se livre à travers champs à une course échevelée, on
attend qu'elle revienne ; et elle revient... c'était écrit. Si
elle n'était pas revenue, on l'aurait perdue... c'était encore écrit.

Un peu plus loin, à gauche, on aperçoit Beit Zakaria (Ain Arroub), où Judas Machabée plaça son camp pour tenir tête à Antiochus Eupator, venant de Bethsour à la conquête de la Judée. La bataille s'engagea terrible dans ces montagnes. Il faut relire l'épisode, au livre des Machabées (1) : « Les Syriens donnèrent aux éléphants

*Sur la route d'Hébron.*

du jus de raisin et des mûres, afin de les animer au combat. Ils distribuèrent les éléphants dans chaque légion, et chaque éléphant était entouré de mille fantassins et de cinq cents cavaliers. Sur chaque bête s'élevait une tour, et sur la tour, des machines manœuvrées par trente-deux hommes ; un Indien conduisait la bête... Lorsque le soleil brilla sur les boucliers d'or et d'airain, les montagnes en resplendirent comme des lampes

(1) I Machabées VI. 33.

ardentes... Et Judas s'approcha avec son armée pour le combat, et six cents hommes de l'armée du roi tombèrent.

Alors Eléazar vit une des bêtes cuirassée d'une armure royale, et il crut voir le roi dessus. Et se sacrifiant pour délivrer son peuple, et pour s'acquérir un nom immortel, il courut hardiment à elle, se mit sous l'éléphant et le tua. L'éléphant tomba sur lui, l'écrasa et il mourut là. »

Nous arrivons dans une petite vallée, à l'*Ain Arroub* ou source du Caroubier. L'eau jaillit de dessous une voûte, dont une niche porte encore des traces de peintures chrétiennes. Là, nous retrouvons le souvenir de Pilate. C'est lui qui fit construire l'aqueduc portant les eaux de la source à Hérodium, à Bethléem et à Jérusalem ; pour cette construction, il s'appropria une partie des offrandes du Temple... Et ce fut la cause de sa disgrâce et de son exil dans les Gaules, vers l'an 36.

La source se trouve à mi-chemin d'Hébron ; un café arabe y est installé ; nous y faisons halte.

Le bâtiment, en forme de voûte, comprend trois pièces : la première, le café avec deux lits, et quels lits ! une table de bois, deux chaises et des rayons pour déposer les bouteilles : la seconde, éclairée par un énorme trou au milieu de la voûte, est sans doute la chambre à coucher des Arabes, avec le sol pour lit. Enfin la troisième doit servir d'écurie en hiver ; car l'été, hommes et bêtes couchent le plus souvent dehors. C'est ainsi que le bon air du bon Dieu compense tout ce qui manque à l'hygiène, dont on ignore même le nom en ces pays. En revanche, les moineaux semblent les plus industrieux des êtres.

. La paille débordant de tous côtés attire notre attention ; et bientôt nous apercevons une douzaine de nids confortablement installés dans les fentes des murs, petite colonie qui ne sème ni ne moissonne, mais trouve, en temps convenable, nourriture et abri. Un peu plus loin, c'est *Koufin* avec son bouquet d'oliviers qui rompt un instant la monotonie de ce désert pierreux. Plusieurs tombeaux de *muphtis* (chefs de la religion musulmane) s'enfoncent dans les rochers, et quelques champs la-

*La caravane d'Hébron.*

bourés s'étagent sur les coteaux, où on cultive les pois chiches.

Nous sommes à 822 m. d'altitude, et la route monte toujours, blanche et poudreuse, jusqu'à l'Aïn Diroueh, la *Fontaine de Saint-Philippe*, à 970 mètres d'altitude.

La plus ancienne tradition fait revendiquer à cette fontaine l'honneur d'avoir prêté ses eaux à Philippe, pour baptiser l'eunuque de la reine Candace d'Ethiopie. L'eau sort abondante d'un rocher pour se déverser dans une sorte d'auge, où viennent s'abreuver les troupeaux;

tandis que les femmes arabes y font la provision du ménage. Près de la fontaine, en arrière, un cadre de ruines, restes d'une église à trois nefs, dans lesquels court le chèvre-feuille, parle encore des Croisés. Le drogman nous offre un bouquet de ces fleurs dont le parfum nous apporte un air du pays; et nous voici montant encore, et montant toujours. En face, le gros village d'*Halhoul*, dont parle Josué, (XV, 58). On y montre le tombeau du prophète Gad, celui qui fut chargé de donner à David le choix entre la peste, la famine ou la guerre civile.

Nous sommes à 1018 mètres au-dessus du niveau de la mer. Pendant quatre ou cinq kilomètres, le chemin serpente à travers des terrains vagues, au milieu de pierres qui laissent percer des broussailles et des plantes aromatiques. Çà et là apparaissent des troupeaux, chèvres noires aux longues oreilles, moutons blancs à la queue énorme et lourde, vaches accrochées aux collines ; et puis les bergers avec leur ample manteau, et une caravane entière de chameaux liés les uns aux autres par une corde : tels les Alpinistes dans l'ascension des glaciers. Un peu plus loin, les évocations se font puissantes ; car nous approchons de la plus ancienne ville du monde. A travers ces espaces, que les Hébreux appelaient le *mid bar*, les patriarches campaient, menant la vie nomade des Bédouins, pasteurs de père en fils, élevant leurs troupeaux, et vivant sous l'œil de Dieu, sans le souci du lendemain.

Nous saluons à distance les hauteurs d'Er Ramah, et non sans refouler la tentation de longer le sentier qui conduit au puits profond marquant l'emplacement du chêne de Mambré. La vaste construction du Haram Ramet el Khalil (enceinte sacrée de la hauteur de l'ami de Dieu) en perpétue le souvenir. De tout temps, ce pèlerinage fut vénéré par les Juifs et les païens ; mais jamais il n'eut plus de vogue que sous les empereurs romains des II<sup>e</sup> et III<sup>e</sup> siècles. Nous savons, par saint Jérôme, que Constantin renversa les idoles païennes de ce lieu profané, et fit élever à la place une basilique chrétienne, dont on retrouve les restes à l'est de l'enceinte.

*En vue du chêne de Mambré.*

C'est ici, en résumé, que naquit le peuple de Dieu et que fut instituée la Circoncision ; c'est ici qu'Abraham reçut la visite des deux anges lui annonçant un fils. C'est des hauteurs de Kapharbaruka (Beni Naïm), qui dominent la mer Morte, à l'est du Ramet el Khalil, qu'il vit monter dans le ciel les tourbillons de fumée annonçant la chute de Sodome et de Gomorrhe.

De cet endroit, distant d'environ deux kilomètres d'Hébron, il n'y a plus qu'à descendre, et la vallée apparaît riante ; ce serait le *Nahal Escol* de la Bible, d'où les espions de Moïse auraient rapporté la grappe géante soutenue par deux hommes, et qui devait donner aux Hébreux un avant-goût de la Terre-Promise... vision encore de notre tendre enfance ! Qui ne se rappelle, dans l'Histoire Sainte en images, la fameuse grappe de raisins, objet de tant de convoitises ; et qui, depuis l'enfant fier de son certificat d'études jusqu'au docteur ès-lettres, n'a souri maintes fois en se disant : « J'y ai cru » ?

Eh bien ! ici encore c'est la négation qui a tort, et le récit de la Bible qui triomphe. Nous n'avons pas vu et n'aurions pu voir les grappes portées à l'aide de perches, sur l'épaule de deux hommes, par la raison que ces grappes étaient encore vertes ; mais nous en avons vu d'appendues aux treilles, qui mesuraient au moins trente à trente-cinq centimètres ; et il n'est pas rare de les voir atteindre cinquante centimètres. Tenant compte du temps où la terre, mieux cultivée, était autrement fertile, et du légitime orgueil des explorateurs qui, pour donner une idée du pays, durent choisir ses plus beaux spécimens, et voilà le récit biblique qui apparaît dans sa simple vérité. Cette contrée est encore, à l'heure actuelle, une des plus fertiles de la Palestine ; que serait-ce si le travail de l'homme répondait à la richesse du sol ? Des ceps de deux ou trois mètres traînent sur le sol ; on les taille seulement à l'extrémité, et c'est ainsi qu'ils se développent, fleurissent et croissent ; plus tard, pour faciliter la maturation, on les relève. Quelques vignes cependant sont cultivées en treilles ; mais la plupart des ceps restent traînants, dans le voisinage des oliviers, des figuiers et des grenadiers. On fait peu de vin dans le pays, car les Musulmans n'en boivent pas, et les raisins sont surtout conservés secs ou dans l'huile d'olive ; mais le peu qu'on fabrique a une réputation capiteuse aussi ancienne que le monde, si nous en jugeons par ses effets désastreux sur Noé. N'oublions pas que nous nous enfonçons de plus en plus dans le passé, et jusqu'aux premiers jours du monde, puisque là-bas, à l'ouest du Désert, on montre le *champ Damascène*, où les traditions orientales disent que Dieu créa le premier homme ; la terre de ce champ est une sorte de limon rouge, qui concorde avec le sens du mot Adam.

Nous approchons sensiblement d'Hébron, écrasés par les siècles qui pèsent sur le souvenir, et, bien que la ville, appuyée sur ses deux collines, se dessine, dans tout l'éblouissement d'un implacable soleil, c'est avec effort que nous nous reprenons aux réalités du présent. La voiture tourne à droite, et nous voici dans une sorte de cour, vis-à-vis la fontaine en contre-bas.

Ni hôtel, ni couvent de Franciscains à Hébron. Il faut donc entrer dans l'auberge ou maison juive, qui nous offrira l'hospitalité pour quelques heures.

Un escalier extérieur nous conduit à une terrasse, qui donne accès à la chambre haute, la seule du reste, comme dans toutes les maisons du pays. A la porte de la chambre, une musulmane fait ses ablutions avec un recueillement qui lui permet de nous ignorer.

Nous entrons dans le cénacle de la maison juive : quatre lits, une table de bois, des bancs, deux images d'Epinal. Nous sommes chez nous, sous la réserve que le vrai peuple de la chambre est invisible. Nous demandons seulement qu'il n'ait pas la tentation de nous suivre et de coloniser.

Le drogman a apporté nos provisions ; et l'économe de Notre-Dame de France a bien fait les choses. Pas un estomac ne boude ; c'est un prélude aux bons repas de la Samarie, auxquels les plus délicats feront toujours honneur : souvenir qui, à distance, est peut-être, de tous, le plus invraisemblable.

Et pourtant, c'est sans le moindre regret de ce qui manque, sans le plus faible appel à des exigences de vie confortable que les heures s'écoulent en absorbant la pensée. La ville que nous allons visiter enfonce son histoire jusque dans la nuit des temps fabuleux.

Josué constate expressément qu'elle existait sept ans avant Tanis, la plus antique cité de la Basse Egypte. Cette vieille ville s'étageait sur la colline occidentale, tandis que la ville moderne occupe surtout la colline orientale et le fond de la vallée. Abraham se trouvait à Hébron, quand Sara y mourut à l'âge de 127 ans, et c'est pour enterrer cette épouse vénérable qu'il acheta le champ de Macphéla (double caverne), moyennant 400 sicles d'argent (environ 1200 francs). Cette double caverne, qui regardait Mambré, devint un tombeau de famille, et c'est là que furent enterrés Abraham, Sara, Isaac, Rébecca, Jacob et Lia. Aujourd'hui, elle est recouverte de la fameuse mosquée dont l'accès est interdit aux profanes.

Après la mort de Sara, Hébron devint la seconde patrie d'Abraham et le centre de sa vie nomade. Les Arabes la nomment El Kalil, (l'ami), pour désigner Abraham, l'ami de Dieu. Isaac y passa une grande partie de sa vie ; et Jacob y revint lorsque la colère d'Esaü fut apaisée.

Dans le partage de la Terre promise, échue à la tribu de Juda, et donnée à Caleb, elle devint une ville de refuge, au pouvoir des Lévites. David en fit sa capitale pendant sept ans. A ses portes, Joab fit périr Abner pour venger la mort de son frère Asael, frappé par Abner au jour de Gabaon ; et Abner, pleuré par David et son peuple, fut enterré à Hébron.

Brûlée par les Romains, la vieille ville se releva sous la domination musulmane, où elle prit le nom d'El Kalil. En 1167, les Croisés y firent ériger un évêché, dont l'illustre et sympathique cardinal Mermillod porta le titre jusqu'à sa nomination au siège de Lausanne et Genève.

*Piscine d'Hébron.*

En 1834, Hébron fut en partie détruite, à la suite d'une révolte contre Ibrahim Pacha, sultan d'Egypte.

Aujourd'hui, elle compte sept à huit mille habitants, presque tous musulmans fanatiques. Il y a quelques centaines de Juifs, et, depuis plusieurs années. les Russes semblent y prendre pied. Sous la garde du drogman, qui nous préservera de toute insulte, nous remuerons les poussières anciennes et modernes de ce coin de l'Orient, vénérable entre tous : les maisons sans toit, accrochées

aux collines, y étalent leur misère et leur malpropreté ;
les habitants en sortent au cri de bakchich, avalanche
dont il est prudent de se garer ; car ici, plus qu'ailleurs,
le microbe est à craindre.

C'est à Hébron que les pèlerins de la Mecque doivent
purger les germes de contagion qu'ils ont grande chance
d'avoir pris aux villes saintes ; c'est là que les caravanes d'Egypte, de la Pétrée et du Nedjed déchargent
les chameaux et emmagasinent les balles de coton et de
café. C'est de là aussi que partiraient les ardents explorateurs du Sinaï, faisant bon marché du traître Khamsin, du Bédouin pillard et du roulis désastreux que le
pauvre « vaisseau du désert » inflige avec une froids
inconscience à ses meilleurs amis. Le bonheur de toucher les rochers de Moïse, de parcourir les régions des
Wahabites, ou de visiter la mystérieuse Pétra, « la ville
des palais féeriques et des temples taillés dans le roc
par des mains inconnues », ce mirage, séduisant à distance, enflamme l'imagination *avant*, soutient le courage
*pendant*, et double les jouissances *après*, si l'on en croit
ceux qui en sont revenus.

Nos rêves sont plus modestes ; et nous nous borne-
rons à la visite d'Hébron. Nous arrivons bientôt à l'étang
où furent suspendus les meurtriers d'Isboseth, fils de
Saül, après avoir eu, par ordre de David, les mains et
les pieds coupés (II Rois, chap. IV).

C'est actuellement une piscine qui mesure quarante
mètres de côté sur dix de profondeur. Les jeunes gens
s'y baignent en faisant du quai d'invraisemblables plongeons ; les femmes viennent y remplir leurs outres en
peau de bouc ; les bestiaux et les hommes y boivent ;
tout cela s'accomplit avec un naturel qui nous surprend
à peine, tant nous sommes loin de nous.

Les rues ressemblent à celles de Jérusalem, pas ou

Mosquée  d'Hébron.

mal pavées ; mais les boutiques sont plus misérables et malpropres, et la population visiblement plus hostile. Il faut se garder de sourire, ou même de fixer l'habitant, et encore plus de montrer un appareil photographique. Un pèlerin, qui n'en voulait qu'au paysage, vit son appareil arraché et piétiné avec exaspération par un indigène. Refoulant en lui toute idée de défense, il s'estima encore heureux que son instrument ait été la seule victime. Il est vrai que nous approchions de la Mosquée, objet du culte le plus fanatique. On sait que le Musulman considère comme une profanation la copie de l'image de tout ce qu'il vénère. Aussi les cartes postales mises à la poste turque sont sûres d'y rester, quand elles reproduisent des mosquées ou le portrait de quelque indigène.

Sauf l'incident de l'appareil, nous arrivons sans encombre au bas d'un escalier aux marches glissantes, c'est celui qui conduit à la fameuse mosquée d'*El-Kalil*. Adossée à la montagne, elle recouvre la caverne de Macphéla, achetée par Abraham. L'enceinte sacrée ou Haram qui en garde l'accès est un parallélogramme rectangulaire, dont les murs sont ornés de nombreux pilastres et bâtis en énormes blocs à bossage. Cette construction doit dater de la même époque que les soubassements du Haram de Jérusalem ; elle semble porter la signature des Romains. La mosquée actuelle est bâtie sur l'emplacement d'une ancienne basilique, restaurée par les Croisés. Le drogman nous recommande une tenue particulièrement digne en en faisant le tour extérieur ; quant à essayer d'en franchir le seuil, il n'y faut pas songer. Il nous montre seulement à un endroit un trou mystérieux et profond, dans lequel il est permis d'introduire le bras, pour y toucher une pierre, qui fait partie du tombeau d'Isaac. Un jeune compagnon accepte la

macabre plaisanterie, et retire du trou un billet avec caractères arabes, dont personne n'a pu donner la traduction.

D'après le récit des pèlerins, avant l'occupation musulmane, les tombeaux des patriarches étaient recouverts d'une pierre blanche figurant une basilique. La sépulture des femmes était moins belle que celle des
hommes ; les patriarches avaient la tête tournée vers le
nord, et les pieds vers le sud. Sainte Paule vit ces tombeaux, et l'historien juif Josèphe (du premier siècle) raconte qu'ils sont en très beau marbre et admirablement
travaillés. « Un manuscrit du XV<sup>e</sup> siècle contient le pro-
cès-verbal d'une visite faite au tombeau de Macphéla, le
25 juin 1119, par les chanoines du prieuré latin établi à
Hébron. Un jour, ils découvrent sous leur chapelle un
puits, où descend un moine du nom d'Arnulphe. Celui-
ci trouve deux grottes. Dans l'une gisent les restes de
deux corps, dans l'autre sont quinze vases remplis d'ossements. Les premiers débris furent déclarés les restes
de Jacob, les autres ceux d'Abraham et d'Isaac, enseveli
aux pieds de son père... On eut vite fait les identifications, et de grandes solennités eurent lieu à Hébron,
après l'invention de ces précieuses reliques. »

Depuis l'occupation turque, aucun Européen n'a pu
pénétrer dans les cryptes souterraines de la Mosquée.
Le Musulman révère El Khalil, le patriarche hébreu,
presque à l'égal de Mahomet ; et, même avec une autori-
sation de S. M. le Sultan, on s'exposerait aux repré-
sailles de la population, si l'on s'essayait à franchir le
seuil de la Mosquée.

Le prince de Galles, qui avait pour la visiter un firman
en règle, dut renoncer à s'en servir devant l'attitude hostile de l'habitant ; et cependant, le prince de Galles, plus
que beaucoup d'autres, avait, à côté du firman, la clef

qui, en Turquie, ouvre toutes les serrures. Deux autres Anglais, venus à Hébron dans le même but, et munis également d'un firman, reculèrent devant la menace d'un prêtre du Coran : « C'est bien, leur avait dit l'iman, vous avez la permission d'entrer, mais vous n'avez pas celle de sortir. » L'hésitation ne fut pas longue, la perspective d'être ensevelis auprès d'Abraham ne paraissant pas aux voyageurs une compensation suffisante au sacrifice de leur vie. De la Mosquée, nous passons près d'une place où quelques Arabes préparent les outres en peau de bouc. Le système n'est pas compliqué, et a l'avantage de conserver fraîche l'eau du pays, tout en la parfumant d'une odeur-nature, très appréciée, dit-on, des indigènes.

Quand on a donné à l'outre la forme qu'elle doit avoir, on la recoud hermétiquement. Gonflée ensuite, puis exposée en plein soleil, un tanneur la frappe avec un bâton jusqu'à ce qu'elle soit à point. L'opération se fait sous un soleil de feu, le meilleur des fourneaux, et avec un flegme sans pareil. Traversons encore quelques rues étroites, sombres, malpropres, garnies de boutiques, où s'étalent des étoffes, de la viande, des sucreries, des raisins secs, tout ce qu'on n'a plus le courage de regarder, et nous voici à la verrerie.

Dès le Moyen-Age on travaillait le verre à Hébron : lampes, vases de narghilés, anneaux en verre coloré, destinés à orner les licols des chameaux, des chevaux et des ânes, bracelets des jambes et des bras, bagues, perles, colliers pour les parures des femmes, tout sort de là. Nous allons donc être éblouis de tant de productions, et toutes bien locales.

Nous suivons notre guide dans une cave obscure, peu surpris de ne rien voir, puisque nous sommes à peu près dans les ténèbres ; et, tout étonnés qu'il n'avance plus, nous l'interrogeons du regard : « C'est là », dit-il.

Là... quoi ? la verrerie ? Eh ! oui. Des ouvriers soufflent, au moyen d'outillages antédiluviens, de grossiers bijoux, anneaux en verres rouges, bleus et jaunes entrelacés, bracelets de femmes. Procédés et modèles proviennent des ouvriers de Tyr et de Sidon, qui les ont apportés ici, il y a plus de trois mille ans ; et depuis, pas un essor vers le progrès. Quelle effrayante immobilité d'esprit, quel arrêt de vie ! Et quand on rapproche ce *statu quo* humain du mouvement de recul de la nature, jadis si productive, on se demande si l'abandon céleste ne pèse pas sur toute la contrée.

Autrefois d'antiques forêts de chênes, d'oliviers, de térébinthes couvraient les montagnes que nous allons retrouver arides et dénudées. A quelques pas, c'étaient les gras pâturages d'Abel, les coteaux fleuris de Noé, la vigne qui traîne encore de merveilleuses grappes, mais presque à l'abandon. Car, si la vallée de Mambré, incomparablement fertile au temps d'Abraham, est encore aujourd'hui une des plus productives de la Palestine, ce n'est que par comparaison ; le Turc est venu, imposant ses lois. Tout arbre est frappé d'impôt : de là les champs qui se dépeuplent, et le désert qui s'étend.

Nous n'avons pas oublié que le drogman nous a promis au retour la visite des *Vasques de Salomon* et nous y voici, en nous rapprochant de Bethléem. La voiture s'arrête ; et nous prenons à pied le chemin des Vasques, en passant près de la forteresse ruinée de *Kalat-el-Bourak* (forteresse des réservoirs) ou des Vasques, et près de la *Fontaine scellée de l'Écriture*, selon l'opinion de certains auteurs.

Ces vasques sont trois immenses bassins se déversant l'un dans l'autre, les deux premiers servant de filtre au troisième. Construites sous Pilate ou les empereurs romains du IIe siècle, après qu'on eut canalisé les sources voisines au profit de Jérusalem, elles sont destinées à recueillir et à retenir l'eau nécessaire à l'arrosage de la région, et à l'alimentation des troupeaux et des caravanes.

La première vasque mesure 116 mètres de long sur 70 de large ; la seconde, à cinquante pas en aval, compte 129 mètres de long sur 70 de large, et la troisième

*Près des Vasques de Salomon.*

au-dessous des deux autres, est la plus grande ; elle a 177 mètres de long, 15 de profondeur et 83 de largeur.

Ces bassins, mal entretenus, ne sont guère alimentés que par les pluies d'hiver et quelques sources des montagnes environnantes. A demi desséchés dans la belle saison, les grenouilles et les serpents s'en disputent le séjour ; aussi est-on peu tenté de descendre l'escalier à pic qui y conduit.

L'eau, en s'échappant d'une vasque, est recueillie par l'autre, et forme après la dernière un ruisseau, l'*Ouadi Ourtas*, qui arrose le verger du couvent du Jardin fermé, l'*Hortus conclusus* du Cantique des Cantiques, d'après certains auteurs. C'est là que des Sœurs américaines, installées depuis trois ou quatre ans seulement, recueillent et élèvent de jeunes orphelines arméniennes, qui échappent ainsi à la honte des harems turcs. Le couvent, encaissé dans la montagne, est bâti sur une langue de terre arrosée par des sources intarissables. Nulle part on ne voit plus d'arbres fruitiers. Les pèlerins qui purent se reposer quelques instants dans cette oasis en revinrent charmés : des pommiers chargés de petites pommes colorées, des pruniers pliant sous le faix, des légumes européens ; qu'ils étaient loin des monts arides de Juda que nous allions retrouver si vite ! On dit que cette région donne jusqu'à cinq récoltes par an.

Si du présent, nous reculons dans le passé, nous trouvons des identifications douteuses.

Il est possible que l'*Ain Athan* actuel, source canalisée un peu au-dessous des Vasques, soit la source d'un jardin nommé *Etham*, où Salomon venait souvent.

« Escorté de ses gardes armés et munis d'arcs, le roi, monté lui-même sur un char, et revêtu d'un manteau blanc, avait coutume, à l'aube naissante, de sortir de Jérusalem. Or il y avait un endroit, à deux sckènes (12 kilom. de la ville) appelé Etham, que les jardins et les eaux courantes rendaient agréable et fertile. C'est là qu'il faisait ses promenades en char. » La distance de Jérusalem se rapporte d'une façon précise à ces indications de l'historien Josèphe, dans ses Antiquités judaïques (VIII, VII, 3).

Quant à la tradition qui met le Jardin fermé et la Fontaine scellée au-delà de Bethléem, elle ne date que du

XVI<sup>e</sup> siècle. Il semble donc plus sûr de s'en tenir, avec
le P. Germer-Durand et les anciens pèlerins, à celle qui
plaçait le jardin et la fontaine dans la vallée de Siloé,
au pied de Jérusalem, et de penser que Salomon embel-
lit les jardins de Siloé, et y dirigea par un canal les eaux
de la fontaine de Gihon (aujourd'hui Fontaine de la
Vierge).

# CHAPITRE TREIZIÈME

'EST la journée décisive pour les aspirants à la Samarie. Ceux qui n'auront pas connu de défaillances pourront affronter les chevauchées brûlantes, les campements accidentés, voire même les perfides petits ennemis qui s'acharneront à leur chevet, pour leur enlever sommeil et repos.

La journée commence par une messe solennelle à Saint-Sauveur, chez les Franciscains. Les bons Pères nous font, après la messe, les honneurs de leurs ateliers ; la visite en est intéressante, puisque tous les corps de métiers s'y trouvent réunis ; mais il faut l'abréger, en raison du départ pour Jéricho, midi et demi.

Les voitures sont dans la cour de Notre-Dame de France ; la composition en est laissée au gré de chacun. A la nôtre, il ne manque que le drapeau d'ambulance ; car nous avons l'honneur de fermer la marche,

sous l'égide de la Faculté, et en compagnie d'un artiste
qui soulignera du déclic le plus réussi les jolis points de
vue, nous en réservant la réédition six mois après.

La chaleur s'annonce torride sans plus altérer la
bonne humeur que la santé. Arrière donc la trousse, qui
restera au fond de la banquette, comme la drogue, dans
sa fiole bien close.

En revanche les appareils manœuvreront en rivalisant
d'art et d'activité.

Nous avons retrouvé notre site déjà familier : la porte
de Damas, le jardin de Gethsémani, tout le vieux passé
juif du Mont des Oliviers, en face de l'orgueil du Levant,
dont la Mosquée peut reluire insolemment.

Tous nos regards sont pour la Porte Dorée, que Jésus
dut tant de fois traverser, quand il se rendait du Mont
des Oliviers au Temple.

La ville disparaît peu à peu dans des lignes imprécises ;
et ce n'est bientôt plus qu'un amas de cimes dénudées et
de vallées tortueuses.

Nous descendons vers Béthanie, cachée dans un repli
du Mont des Oliviers, et dominée par les ruines du
château de Mélissende. C'est en vain que nous cherchons
du regard la maison hospitalière qui vit Jésus dans la
douce intimité de Marthe et de Marie ; le vieux Béthanie n'est plus ; mais l'âme refait le tableau dans le
cadre. Elle revoit la pécheresse, fascinée par la présence du Maître, immobile à ses pieds, perdue dans son
regard, et recueillant goutte à goutte cet élixir divin,
qu'était la parole de Jésus, pour illuminer les âmes et
transformer les cœurs.

Béthanie disparaît, et, à l'horizon, les monts de Moab
se dessinent avec ampleur. A quelques pas, c'est *Aboudis*,
dont les habitants d'autrefois dévalisaient carrément les
voyageurs. Ceux d'aujourd'hui ont civilisé leurs droits

de pillage, en revêtant l'uniforme de gendarmes, et le
bakchich *honnête* qu'ils réclament est encore une lourde
rançon. Le chemin se continue accidenté. Au bas d'une
pente rapide, c'est la *Fontaine des Apôtres* (Ain el Haoud),
que l'on identifie avec la fontaine du Soleil, Caïn-Sche-
mes (*En Chémech* de Josué). Plusieurs fois sans doute
Jésus et les Apôtres durent s'y désaltérer ; l'eau en est

*Auberge du Bon Samaritain.*

bonne, mais nourrit de petites sangsues fort dangereuses.

Comme point n'est besoin d'aller à la pêche, nous passons sans plus d'envie que de regret devant l'eau que
n'illustra aucun miracle.

La pente se fait douce jusqu'à l'auberge du Bon Samaritain (Khan-el-Hatrour), qui marque à peu près le milieu du chemin entre Jérusalem et Jéricho : la halte est
donc là tout indiquée, et la parabole évangélique y apparaîtra d'autant plus transparente que les pilleurs

d'Aboudis ne sont pas loin. « Un homme descendait de Jérusalem à Jéricho. Il tomba au milieu des brigands qui le dépouillèrent, le chargèrent de coups et s'en allèrent, le laissant à demi-mort..... (Passent le prêtre et le lévite sans s'arrêter). Mais un Samaritain, étant survenu, fut ému de compassion en le voyant. Il s'approcha, banda ses plaies, en y versant l'huile et le vin, puis il le mit sur sa monture, le mena à l'hôtellerie, et prit soin de lui. Lequel des trois fut le prochain du malheureux blessé ? » — « Celui qui eut pitié de lui. » — « Va et fais de même, » (Saint Luc, X, 30).

L'auberge où nous descendons est aussi un magasin de cartes postales illustrées, et presque un musée du pays pour ses produits locaux : nacre de Bethléem, pierres de la Mer Morte, fleurs de Samarie, armes et vêtements de bédouins. Au-dessus du vieux Khan, remis à neuf en 1902, on aperçoit les restes d'un fort du Moyen-Age, dont les Templiers avaient la garde : c'était la tour de Mandouint ou le Château rouge, et la signification de de ce nom se retrouve dans celui que les Arabes lui ont donné : Kalat-el-Dam, Château du Sang.

Bien que la chaleur commence à devenir une petite pénitence, nous n'en sentons encore que les douceurs ; nous allons descendre et descendre toujours. La route continue en lacets, et on a la sensation de s'enfoncer dans un trou profond, qui s'élargit et s'accidente de cirques rocheux et de gouffres voisins, bordés de montagnes convulsées. Tout-à-coup, c'est le réveil du cauchemar ; on respire sur une hauteur relative et, à gauche de la route, l'ouadi-El-Kelt ouvre dans le flanc de la montagne une crevasse gigantesque, au fond de laquelle bouillonne, quand il n'est pas desséché, le Nahr-el-Kelt. Les rochers, droits sur l'abîme, sont perforés de trous béants, et au-dessus de l'ouadi, accroché comme un nid

d'aigle, le couvent grec de Koziba qui a remplacé la laure
de Saint-Jean le Kozibite. Une douzaine de moines y
vivent dans une quiétude austère. Malheureusement
pour les indiscrets pèlerins, une ombre profonde enveloppe la solitude des religieux, et la photographie ne pourra en donner qu'une idée bien imparfaite. Mais quand le

*Couvent de Koziba* (CL. L.)

soleil frappe sur les murs blanchis à la chaux, éclaire les
jardins, les coupoles et jusqu'au petit moulin bâti naguère
au bord du torrent, c'est une fleur d'agrément et de vie,
que le voyageur doit cueillir, comme le meilleur des ré-
conforts. Même dans son manteau sombre, il attire ; et
on s'y arrête. Ceux qui seraient tentés de le visiter pourraient suivre le sentier qui serpente sur le flanc du rocher, et y conduit en un quart d'heure ; ils gagneraient

ensuite Jéricho, en longeant le torrent, et en surplombant l'abîme à des hauteurs parfois vertigineuses.

Pour nous qui retrouvons nos voitures nous n'avons qu'à nous enfoncer paisiblement, l'espace de deux kilomètres, jusqu'à plus de 300 mètres au-dessous du niveau de la mer, où la route débouche dans la plaine : le péri-

*Sur la route de Jéricho.*

mètre est assez vaste, et c'est là qu'a dû évoluer l'ancienne Jéricho. Quelques misérables gourbis de Bédouins, à 3 kilomètres sud de la fontaine d'Elisée, deux ou trois hôtels pour les étrangers, un hospice russe, c'est toute la ville actuelle. Les Arabes lui ont cependant gardé son nom ancien, à condition que l'Européen accepte qu'Er-Riha, en Arabe, veuille dire Jéricho, en français.

Ici encore le passé est parlant sur les ruines amoncelées, et il retentit peut-être plus sonore, en évoquant le souvenir des trompettes qui ont ébranlé les murs de la ville.

« Josué trouve une Jéricho chananéenne fortifiée, bâtie au pied du Mont-Karantel, non loin de la fontaine d'Elisée. Sept jours durant, l'Arche fait le tour de la ville au son des trompettes, et le septième jour, la procession est répétée sept fois ; puis. aux cris des peuples, les murailles s'écroulent..... et malheur à ceux qui essaieront de la reconstruire ! »

Au temps d'Achab, Hiel de Béthel veut rebâtir la ville détruite ; le châtiment prédit lui arrive : son premier-né meurt, quand il jette les fondements, et il perd le dernier, quand il met les portes.

On ne sait pas au juste combien dura la Jéricho maudite ; mais elle connut la splendeur au temps de l'occupation romaine.

Antoine donne la contrée à Cléopâtre, qui la vend à Hérode-le-Grand Celui-ci en fait une résidence d'hiver, avec cirque, palais, théâtres et jardins merveilleux. Il y meurt, et on l'inhume à Hérodium, luxueuse forteresse, voisine de Bethléem.

On comprend ce que pouvait être une résidence royale dans « la ville des palmiers », l'oasis incomparable. Aux portes de Jéricho, alors populeuse et riche, Notre-Seigneur est un jour suivi d'une grande foule. C'était quelques jours seulement avant sa Passion, au cours de son dernier voyage à Jérusalem. L'aveugle Bar-Timée se met à crier : « Oh ! bon Seigneur, faites que je voie ! » On veut le faire taire. Il crie plus fort : « Faites que je voie ! « Et Jésus lui dit : « Va, ta foi t'a sauvé ! »

Puis c'est Zachée que Jésus aperçoit monté sur un sycomore, et qu'il appelle en disant : « Descends e vais chez toi. » Scandale des pharisiens qui murmurent : « Il est allé chez un homme pécheur. » Et Zachée, humble et généreux s'écrie. « Voici, Seigneur, je donne la moitié de mes biens aux pauvres, et si j'ai fait tort à quelqu'un, je lui rends au quadruple. » Et Jésus de reprendre : « Le salut est entré aujourd'hui dans cette maison. »

Au XVe siècle, on montrait encore le sycomore sur lequel était monté le chef des publicains, et, si on ne le

*Route de Jéricho.*

trouve plus aujourd'hui, on en voit d'autres qui font penser à lui. Partout, en Terre Sainte, les souvenirs évangéliques dominent les autres ; mais souvent aussi les rapprochements s'imposent entre l'Ancien et le Nouveau Testament.

C'est de Jéricho que Josué avait entrepris la conquête de la Terre promise ; c'est de Jéricho que Jésus entreprend la conquête du monde après son baptême dans le Jourdain, et son jeûne au mont de la Quarantaine ; c'est

de là aussi qu'il partira pour être sacrifié à Jérusalem.
De la Jéricho d'Hérode et de Jésus, l'expédition de Vespasien et de Titus fait un amas de ruines. Une autre ville
est rebâtie ; les pèlerins la mentionnent ; ses évêques
prennent part aux conciles ; Justinien fait construire une
église et un hospice pour les pèlerins. Avec les Croisades
Carmes, Bénédictins et Basiliens y fondent des monas-

*En haut de la côte de Jéricho, 58°* (CL. H.)

tères : un château et une église s'y élèvent ; puis tout cela
disparaît. En 1840, les soldats du vice-roi d'Egypte Ibrahim Pacha ravagent le village moderne, réduit encore
plus tard par un incendie. Et voilà comment nous arrivons aux infimes proportions de la Jéricho actuelle.

A peine avons-nous mis pied à terre, qu'on nous indique une maison blanche à volets verts, en vue du
Mont de la Quarantaine : c'est notre hôtel, construction surélégante à Jéricho. Nous entrons dans la cour ;
un gigantesque laurier rose en occupe le centre. et nous

le regardons avec extase : ses fleurs serrées les unes
contre les autres forment un énorme bouquet de feu.

Le soir, au mois de Marie, il sera tout notre autel à la
Vierge, quand, pour mieux chanter les gloires de la
Mère, nous lui présenterons les œuvres de son Fils. Que
nos pauvres bougies paraîtront petites et pâles auprès
de ces merveilleuses créatures qui auraient éclipsé « Salomon dans sa gloire ». Mais, pour l'instant, nous n'avons
qu'à prendre possession de nos chambres, en y déposant
nos valises. Une rapide inspection du logis nous produit
une impression favorable : les rideaux sont blancs,
blanches aussi les moustiquaires qui enveloppent le lit ;
mais ne remuons rien.

La plupart des pèlerins sont déjà à la Fontaine d'Elisée, et ont même fait la connaissance pratique de ses
eaux, usage interne et externe. Nous les rejoignons, sans
la moindre tentation de troubler le breuvage des dévots
hydrophiles. Nous voulons seulement saluer le souvenir du prophète dans le miracle qu'il fit à cet endroit.

« Les eaux sont mauvaises et le pays est stérile », lui
dirent les habitants de Jéricho. « Apportez-moi, dit-il,
un plat neuf et mettez-y du sel. » Il jeta le sel dans l'eau,
et reprit : « Ainsi parle le Seigneur : J'assainis ces eaux,
il n'en sortira plus ni mort ni stérilité. » (IV Reg. II, 19-22).

C'est au pied des montagnes, à deux kilomètres au nord
du torrent de Kelt, que se trouve située la Fontaine d'E-
lisée (l'Ain-es-Soultan). L'eau qui en sort bouillonnante
forme un ruisseau, et a une température constante de
vingt-deux degrés.

Tout près de là, le Mont de la Quarantaine (Djebel-
Karantel) se dresse dans ses aspérités, et la question
s'agite aiguë : en fera-t-on oui ou non l'ascension ?

A quoi bon ? C'est fatigant et dangereux. Il est
tard. Le souvenir du jeûne de Jésus au Couvent de

la Quarantaine et de la Tentation au sommet de la montagne est une tradition qui ne date que des Croisés. Aucun des historiens antérieurs n'en fait mention en parlant de la laure de Douca, que le couvent grec actuel remplace.

Tout cela est admis sans réplique. Il y a possibilité d'incertitudes, mais aussi fortes présomptions pour la

*Mont de la Quarantaine à Jéricho.*

localisation vraie du souvenir évangélique, et c'est un premier attrait.

L'attrait grandit quand le regard s'enfonce dans le petit sentier en lacets qui conduit au Couvent, accroché à la paroi perpendiculaire du rocher ; et, parti, il ne s'arrête plus. Ce sont des trous percés dans le flanc de la montagne et qui ont servi d'habitation à des ascètes : car, de tout temps, il y a eu des moines à la Quarantaine ; c'est la petite église, bâtie à la grotte dite du Jeûne, avec le balcon de fer et de bois qui sert de clocher et s'avance audacieusement sur l'abîme. Oh ! ce balcon surtout, avec la vue qu'on y pressent, c'est une fascination. La cause est gagnée.

L'ascension commence pénible ; le sentier est rude, la montée dure ; l'heure avance, et la solitude menace dans ces parages peu rassurants.

Pas de drogman avec les quatre ou cinq téméraires qui n'ont pas su résister à la tentation de cette course, réputée imprudente.

Après trois quarts d'heure de marche, et sans que le *pied ait trop heurté à la pierre du chemin*, le Couvent grec apparaît. Ceux qui l'habitent actuellement ont construit en 1902 l'église qu'on y voit. Ils nous font vénérer la pierre sur laquelle Jésus se serait reposé, nous offrent avec bonne grâce un rafraîchissement à base d'anisette, et surtout nous permettent la contemplation du panorama merveilleux qu'on a là sous les yeux.

Mon petit balcon ne m'a pas trompée. Rien ne peut donner l'idée d'une halte à cette hauteur surplombante. Le soleil est déjà bas. Une sorte de buée rose enveloppe la terre du côté de Jéricho, tandis que les Monts de Moab s'enfoncent tout violets derrière la ligne verte du Jourdain et jusqu'à la surface lisse et brillante de la Mer Morte, qu'ils encadrent en soulignant son immobilité. Enfin dans le recul du tableau, c'est le Nébo d'où Moïse salua la Terre promise, qu'il ne devait pas voir, les grottes d'Elie et d'Elisée qui ont laissé comme un écho de leur voix dans ces solitudes, les plateaux de la Pérée, la terre de Juda, le mont des Oliviers, tout ce vaste théâtre des grands événements depuis Abraham jusqu'à Jésus-Christ. N'est ce pas encore dans la forteresse de Machéronte, sur les bords de la Mer Morte,

que le Précurseur fut décapité par l'ordre d'Hérode ?
L'œil plonge à l'infini dans ces horizons à la fois si lointains et si proches.

On pourrait monter plus haut, suivre un petit sentier
qui serpente dans une gorge, formée par deux pics, et
encombrée par les ruines d'une forteresse que renversa
Pompée : on dit la vue incomparable de ce point culminant de la montagne ; mais le jour baisse sensiblement,
et, même en précipitant le retour, nous arriverons tard.
Nous voici à l'hôtel. On dîne, et nous voudrions passer
inaperçus dans ce brouhaha de la salle à manger, où nous
ne demandons qu'un petit coin de table. Quelques regards, d'une bienveillance panachée, nous accueillent et
nous suivent jusqu'à ce que, ayant pris place, nous fassions
honneur au repas. Hélas ! c'était pour être bientôt cités
à l'ordre du jour... et encore au verso de la raison. On
a commandé de la glace. Est-ce notre faute ? De sédui-
sants petits blocs, déjà rafraîchissants à l'œil, circulent
sur une assiette, n'attendant que la minute de tomber
dans les verres. Et ils y tombent avec un entrain, cause
de leur perte ! Au moment le moins attendu, le Docteur
du pèlerinage se lève et, avec une énergie à laquelle son
amabilité coutumière donnait encore plus de poids :
« J'interdis absolument la glace », dit-il.

Quel arrêt ! Bien entendu que nous ne songions pas
à récidiver ; mais la glace qui était dans les verres ne
pouvait cependant pas retourner dans l'assiette.

Les petits glaçons achevaient de se balancer en affec-
tant des formes artistiques que leurs plongeons répétés affinaient de plus en plus. Regardons-les, c'est notre
dernier plaisir. Impitoyablement rejetées par l'autorité
qui veillait, les malheureuses épaves devaient être re-
cueillies très loin de l'œil scrutateur, et notre coin de table décidément signalé au commissariat de surveillance.

Le mois de Marie sous le laurier rose allait dissiper tous les nuages. Chants plein d'entrain et prières en commun : l'exercice du soir sera court, car le lever est annoncé pour trois heures du matin.

C'est le moment de songer au repos : mais que sera le repos à Jéricho ? Les cinquante-huit degrés constatés au thermomètre à notre arrivée au pays ne semblent pas avoir fondu au soleil ; l'atmosphère est de plomb.

Il faut fermer sa fenêtre pour empêcher l'invasion des moustiques, et d'ailleurs que gagnerait-on à essayer de faire entrer un air qui n'existe pas ? La plupart n'ont même pas dû songer au repos. si j'en juge par tout le bruit nocturne de l'hôtel : conversations ininterrompues, allées et venues constantes : on dit même que certaines dames ont pris des bains. Il ne fallait rien moins pour rassurer les plus calmes que la présence du drogman aux aguets dans la cour ; c'était vraiment à croire la maison assiégée.

Je ne dis rien des surprises un peu *attendues* entre les quatre murs ; la Samarie devait nous en donner d'autres. Mais qui n'avouera que le lever, dans ces conditions, et malgré la fatigue, soit au moins un soulagement ?

# CHAPITRE QUATORZIÈME

L est trois heures ; notre voiture sera une des dernières ; le drogman n'est plus en vue, et cette course encore nocturne, avec la demi-clarté qui imprécise les objets, me donne une sensation de lointain que je n'avais pas encore eue au même degré.

Vénus brille au-dessus de nos têtes, comme un diamant aux mille feux ; il semble qu'on va l'atteindre et que sa clarté seule suffirait à nous guider. Les premiers plans grandissent et se foncent, tandis que les effets de neige se multiplient à distance.

Les champs pierreux ou broussailleux que nous traversons ne ressemblent en rien à une route. Où allons-nous ? Les autres voitures sont déjà loin. S'il est toujours opportun de s'abandonner à la Providence, la confiance a ses limites dans les instruments dont elle se sert. Et pour l'instant, nous ne connaissons que le cocher qui nous conduit, sans souci des cahots qu'il nous inflige.

Voici le camp de *Galgala* (Tell Jiljouliéh), marqué par

une simple ondulation de terrain que couronne un tamaris. C'est là que Josué fit placer les douze pierres
prises dans le lit du fleuve et que les enfants d'Israël
furent circoncis avec des couteaux de silex. Là encore
on célébra la première Pâque ; la manne cessa de tomber ;
l'Arche demeura six ans, Saül fut proclamé roi, puis déposé par Samuel.

« Des fragments de mosaïques qu'on trouve au sud,
dans les arasements d'une construction carrée, probablement byzantine, doivent provenir d'une ancienne
église. Quelques vieux pèlerins y trouvèrent conservées
les douze pierres du Jourdain, enlevées de l'endroit où le
peuple avait passé, et dressées à Galgala en souvenir de
la merveille.

« Quand vos enfants demanderont : Que signifient
ces pierres ? Vous leur direz : L'Eternel mit le Jourdain
à sec, et Israël passa (1). »

Le chemin coupe droit à travers la plaine jusqu'au
couvent grec de Saint-Jean-Baptiste, dont nous apercevons la blanche coupole. Notre présence a été signalée
aux moines qui l'habitent, sans quoi nous serions sans
défense contre leurs droits d'attaque. Il est admis que
personne ne doit passer dans ces parages sans pouvoir
justifier de ses pacifiques intentions. Des chiens veillent
en permanence sur la terrasse du couvent, et aboient au
moindre bruit du dehors. Les moines sortent alors armés, et, si vous ne pouvez répondre à leurs questions,
ils tirent sur vous, de par droits acquis : de là, nécessité
absolue d'avoir un interprète.

Les premières voitures de notre caravane ont connu
les émotions de l'attaque. Après l'aboiement des chiens,
ils ont vu les moines armés sortir d'une espèce de taillis,

(1) *La Palestine.* Guide par un professeur de N.-D. de France.

et aller droit au cocher qui a pu fort heureusement leur répondre. Le discours n'a d'ailleurs pas été long, et il est à présumer que notre passage avait dû être signalé à l'avance.

La vue du couvent nous indique que le Jourdain est

*Les Dunes de Jéricho : Couvent grec de Saint-Jean-Baptiste.*

proche. Encore quelques mètres de plaine ensoleillée, et la verdure apparaîtra.

La tente est dressée pour la messe du pèlerinage, et, autour d'elle, c'est l'eau qui roule dans ses flots une sublime histoire, la verdure qui repose les yeux et rafraîchit tout l'être. Le fleuve, qui descend des flancs de l'Hermon pour courir rapide à travers les marécages, les déserts et les lacs, n'est ici qu'un miroir fidèle de la végétation qui borde ses rives. Les rameaux légers des saules, la fine dentelle des térébinthes, les buissons épineux, les roseaux, toute cette fraîche nature s'y baigne et s'y reflète. A côté, les herbes croissent hautes, semées des petites fleurs de nos prairies qui se balancent au souffle imperceptible de la brise.

Et on peut se reposer à l'ombre d'un térébinthe, d'un saule ou d'un tamaris, au bord du fleuve, partout où la méditation solitaire aura plus de charme.

Après la messe, c'est l'action de grâces, dans ce cadre évocateur, au chant des oiseaux qui semblent emporter la prière sur leurs ailes. Point n'est besoin de formule. C'est toujours la même émotion et si particulière de se trouver là, reposée, loin des tristesses et des lourdes chaînes de la vie. L'âme se rajeunit dans des chants oubliés : c'est une oasis dans le pèlerinage de Terre Sainte, une plus fraîche encore dans le pèlerinage qu'est la vie.

Là il faut relire sa Bible pour revoir passer Israël, à l'époque de la moisson et quand les eaux débordaient.

« Josué s'étant levé de grand matin partit de Sittim avec tous les enfants d'Israël. Ils arrivèrent au Jourdain et demeurèrent là trois jours... »

« Au bout de trois jours, Josué dit au peuple : « Sanctifiez-vous, car le Seigneur fera parmi vous des prodiges...»

« Et le Seigneur dit à Josué : « Aujourd'hui je commencerai à t'élever aux yeux de tout Israël, afin qu'ils sachent que je serai avec toi comme j'ai été avec Moïse... »

« Le peuple sortit de ses tentes pour passer le Jourdain, et les prêtres qui portaient l'arche d'alliance marchèrent devant le peuple. Quand les prêtres qui portaient l'arche furent entrés dans le Jourdain, et que leurs pieds commençaient à être mouillés, les eaux qui descendaient s'arrêtèrent en un seul lieu, s'amoncelèrent et paraissaient de loin comme une montagne, depuis la ville qui est appelée Adom jusqu'à Sarthan, tandis que les eaux qui étaient au-dessous descendirent dans la mer du désert (mer Morte) jusqu'à ce qu'elles fussent complètement écoulées. Le peuple passa vis-à-vis de Jéricho. Les prêtres qui portaient l'arche du Seigneur se tenaient debout au milieu du lit desséché du Jourdain, pendant que le peuple passait.

« Et quand tous eurent passé, le Seigneur dit à Josué : « Choisis douze hommes, un de chaque tribu, et ordonne-leur de prendre au milieu du fleuve du Jourdain, à l'endroit où les prêtres se sont arrêtés, douze pierres très dures que tu placeras dans le camp où tu dresseras les tentes cette nuit ». Les enfants d'Israël firent ce que Josué leur avait ordonné... Et les prêtres qui portaient l'arche se tinrent au milieu du Jourdain jusqu'à l'entière exécution des ordres du Seigneur....

« Ensuite Josué commanda aux prêtres qui portaient l'arche d'alliance, disant : « Sortez du Jourdain. » Lorsqu'ils furent hors du fleuve, les eaux du Jourdain entrèrent dans leur lit et reprirent leur cours.

Plus tard, le Jourdain *arrête encore ses eaux* pour donner passage à Elie, accompagné de son disciple Elisée, et une autre fois, au disciple seul.

Ouvrons encore la Bible : « Ils allèrent donc tous deux ensemble jusqu'au Jourdain... Alors Elie prit son manteau et le plia, et frappa les eaux du Jourdain qui se divisèrent en deux parts, et ils passèrent tous deux à pied sec.

« Lorsqu'ils eurent passé, Elie dit à Elisée : « Demande-moi ce que tu veux pour que je te l'accorde avant que je sois enlevé d'avec toi. » Elisée lui répondit : « Je vous prie que votre esprit soit doublement sur moi. » Elie lui dit : « Tu m'as demandé une chose difficile, cependant si tu me vois quand je serai enlevé d'avec toi, tu auras ce que tu m'as demandé ; mais si tu ne me vois pas, tu ne l'auras point. »

« Comme ils continuaient leur chemin en parlant, voici qu'un char de feu et des chevaux de feu les séparèrent tout d'un coup, et Elie monta au ciel dans un tourbillon.

*Rives du Jourdain.*

Or Elisée le voyait et criait : « Mon père, mon père, vous le char d'Israël et son conducteur ! » Après cela il ne le vit plus. Saisissant alors ses vêtements, il les déchira en deux parts.

« Et il prit le manteau qu'Elie avait laissé tomber, et, revenant, il s'arrêta sur le bord du Jourdain. Et, avec le manteau qu'Elie avait laissé tomber, il frappa les eaux, et elles ne furent point divisées. Alors Elisée dit : « Où est maintenant le Dieu d'Elie ? » Et frappant les eaux une seconde fois, elles se partagèrent d'un côté et de l'autre, et Elisée passa au travers (IV, Reg. II).

Puis c'est Naaman le Syrien, atteint de la lèpre, et envoyé par son maître au roi d'Israël, qui l'envoie lui-même au prophète Elisée : « Va, et lave-toi sept fois dans le Jourdain, lui dit le prophète, et ta chair sera guérie et purifiée. »

Naaman part plein de fureur. Il s'attendait à voir le prophète debout devant lui, invoquant le nom du Seigneur, touchant sa lèpre et le guérissant. Ses serviteurs s'approchent et osent le raisonner : « Seigneur, si le prophète vous eût ordonné quelque chose de difficile, ne l'auriez-vous pas fait ? Combien plus devez-vous lui obéir quand il vous dit : Lave-toi et tu seras pur   »

L'orgueil du maître fond à ce raisonnement si simple ; il descend, se plonge sept fois dans le Jourdain, et sa chair devient comme celle d'un petit enfant ; il est guéri… touchant épisode, transparent de vérité !

Combien guériraient de la lèpre de l'orgueil par un acte tout simple de foi et d'obéissance à Dieu.

— Enfin et par-dessus tout, ce sont les scènes évangéliques, si bien à leur place dans ce cadre de fraîcheur et de vie ! les foules accourant à la voix du Précurseur, et Jésus recevant lui-même le baptême des mains de Jean.

Le récit de l'Evangile est simple et complet : « En ce temps-là parut Jean prêchant dans le désert de la Judée. Il disait : « Repentez-vous, car le royaume du Seigneur est proche… » Jean avait un vêtement de poil de chameau et une ceinture de cuir autour des reins. Il se nourrissait de sauterelles et de miel sauvage. Les habitants de Jérusalem et de toute la Judée et de tout le pays des environs du Jourdain se rendaient auprès de lui, et, confessant leurs péchés, ils se faisaient baptiser par lui dans le fleuve du Jourdain.

« Alors Jésus vint de la Galilée au Jourdain vers Jean pour être baptisé par lui. Mais Jean s'y opposait en disant : « C'est moi qui ai besoin d'être baptisé par vous, et vous venez à moi ! » Jésus lui répondit : « Laisse faire maintenant, car il nous faut accomplir toute justice. » Alors Jean obéit.

« Jésus, aussitôt qu'il fut baptisé, sortit de l'eau, et les cieux s'ouvrirent, et il vit l'Esprit de Dieu descendant comme une colombe et venant sur lui. Et tout à coup une voix fit entendre des cieux cette parole : « Celui-ci est mon fils bien-aimé en qui j'ai mis toutes mes complaisances » (Math. III).

Aussitôt l'Esprit poussa Jésus dans le désert, où il passa quarante jours tenté par Satan (Marc, I, 12).

Voilà bien tout l'Evangile sur place. D'après la tradition, Notre-Seigneur a reçu le baptême à l'endroit où se produisirent les trois arrêts miraculeux dans le cours du Jourdain.

Le lieu où Jean baptisait était situé entre le couvent de Saint-Jean-Baptiste et le pont actuel d'El Ghoraniéh, construit à une heure plus au nord.

Les ruines qu'on aperçoit sur la rive orientale proviennent sans doute d'une église construite sur l'emplacement du baptême de Jésus. Jusqu'au XVIe siècle pèlerins, malades et lépreux y venaient en grand nombre, et aujourd'hui les Grecs et les Russes y affluent encore pour le bain sacré de l'Epiphanie.

Nous ne sommes pas à l'Epiphanie, et on nous prévient que le courant du fleuve est rapide et dangereux.

Point n'est besoin de cet épouvantail, non plus que de la menace un peu enfantine des crocodiles, pour attiédir la ferveur de ceux qui voulaient essayer d'un saint plongeon ; l'eau jaune et limoneuse tout près de la rive est des moins engageantes. En revanche, c'est, à une faible distance, un merveilleux reflet de toute une végétation variée : roseaux gigantesques, fouillis d'arbustes, d'herbages, de saponaire (le borith dont parle Jérémie). Puis ce sont les épais fourrés qui servent de refuge aux Arabes maraudeurs et aux bêtes fauves.

Il est donc prudent de ne pas s'abandonner au séduisant mirage du long ruban vert qui coupe des sites ailleurs désolés et sauvages. Nos voitures nous attendent ; il est sept heures du matin, et le soleil est déjà haut.

Adieu aux chantres aériens qui ont salué notre passage. Encore quelques notes perlées, deux trilles de rossignol. une bénédiction du Saint-Sacrement, saluée par une salve de gazouillements si doux qu'ils semblent un écho affaibli d'harmonies plus hautes, et nous quittons l'oasis pour retrouver le chemin du désert.

Nous regarderons tant qu'il sera en vue le fleuve qui nous a fait rêver au passé en nous reposant dans le présent. Nous reverrons, à côté des grands souvenirs bibliques, ceux des anciens solitaires qui peuplèrent ses rives, Marie l'Egyptienne qui expia ici ses égarements... et tant d'autres. On nous dit que le fleuve avait autrefois sa flotille composée de trois petits vapeurs, aujourd'hui immergés sur la rive. Inertie des Turcs ou défaut de marins, elle n'a jamais marché, et qui pourrait le regretter ? De temps en temps on renfloue les bateaux, mais pour les laisser à l'ancre ; ils sont la propriété des moines grecs de Saint-Jean-Baptiste.

Le chemin court plus d'une heure à travers des dunes coupées çà et là d'Ouadis, torrents intermittents, et l'on arrive enfin à cette fantastique dépression qu'est la Mer Morte, à 394 mètres au-dessous du niveau de la mer. C'est la mer Salée, la mer de l'Arabah (mer du Désert), la mer de l'Est, puis et surtout la Mer Morte, car c'est le seul mot résumant l'impression vraie en abordant ces rives.

C'est dans ce gouffre de mort que le Jourdain vient perdre ses eaux bruyantes, en charriant parfois des squelettes d'arbres qui apparaissent comme en faisceaux sur la plage. Ce lac sans écoulement a 75 kilomètres de

*Vers la Mer Morte* (CL. L.)

long, à peu près la longueur du Léman, et 17 kilomètres dans sa plus grande largeur. Il reçoit sans déborder les six millions de tonnes d'eau que le Jourdain déverse quotidiennement dans sa vaste coupe ; la forte évaporation causée par la chaleur suffit à maintenir son niveau à peu près normal, et c'est ce qui cause en partie la salure et la densité extraordinaire de ses eaux.

A l'époque des pluies seulement, le niveau s'élève, et les eaux de la Mer Morte couvrent la plaine sur un espace assez considérable, y laissant des dépôts de sel qui

font penser à la femme de Loth. C'est qu'aussi le théâtre
des grandes ruines n'est pas loin. Tout au bas, et bor-
dant pour ainsi dire le fond du gouffre, on montre l'é-
minence qui porte encore le nom de Djebel-Ousdoum
(colline de sel gemme), comme l'endroit même où le feu

*La Mer Morte* (CL. L.).

du ciel se mêlant au feu d'en bas détruisit les villes coupables de Sodome et de Gomorrhe.

Quant à la légende si souvent répétée qu'on peut y
voir la statue de la femme de Loth, elle avait été déjà pru-
demment mise en doute par sainte Sylvie au IVe siècle.
Et bien que les Arabes connaissent encore aujourd'hui la
Mer Morte sous le nom de Bahr Lout, la mer de Lôth,
Mahomet ayant reproduit l'histoire de Loth dans le
(Coran), il est hors de doute que la Mer Morte ne date

pas, comme on l'a parfois affirmé, de la ruine de Sodome.

Le grand cataclysme amena simplement, vers le sud, l'inondation de la vallée de Siddim qui renfermait la Pentapole, et où la profondeur des eaux n'atteint que deux ou trois mètres.

La Mer Morte a dû se former, comme tant d'autres lacs, par une rupture profonde qui se serait produite du nord au sud, sous la formidable secousse de quelque action volcanique, et cette dislocation devrait remonter à une époque géologique fort ancienne, c'est-à-dire bien avant la formation des dépôts crétacés qui donnèrent naissance aux montagnes de Juda et de Moab.

Quoi qu'il en soit de cette opinion très autorisée des savants, la Mer Morte occupe aujourd'hui la partie la plus basse d'une faille immense appelée *le Ghôr*, et qui s'étend du Grand Hermon à la Mer Rouge. A l'heure où nous la voyons, sa nappe immobile, métallique et sans vague, emprunte au ciel qu'elle reflète un bleu que lui envieraient les plus beaux lacs de Suisse; mais malheur à ceux qui se laisseraient prendre aux séductions de cet azur ! Son eau est lourde, huileuse et d'une saveur atroce. Ceux qui seraient tentés de s'y baigner sont prévenus qu'ils remonteront toujours à la surface et seront obligés de nager obliquement, s'ils veulent éviter d'avaler un liquide amer et empoisonné. Ils devront aussi se couvrir le corps pour éviter le contact des minéraux en dissolution, et la tête pour se garer des insolations. Il est entendu qu'il n'y a pas plus de poissons dans la Mer Morte que de végétation sur ses rives, et il faut même éviter de se laver le visage avec ce liquide nauséabond, les yeux surtout en seraient atrocement brûlés. Je n'oublierai jamais les hurlements d'un jeune naturel à qui sa mère inconséquente avait infligé pareil supplice. Il pleurait, outre d'intolérables souffrances, ses pauvres yeux qu'il croyait à jamais perdus !

Aucun des nôtres n'eut à déplorer mésaventure de ce genre ou autres. La halte à la Mer Morte fut courte et sans incident : quelques plongeons insignifiants des bras ou simplement de la main, des cailloux ramassés à titre de souvenirs, une interrogation des alentours dont on pouvait de Jéricho embrasser la vue d'ensemble, et c'est tout. Moab avec le Nébo de loin et à l'Orient. Un peu plus bas, et se rapprochant de la Mer Morte, *Callirohé* avec les souvenirs du fastueux Hérode qui y étala son luxe et ses plaisirs ; *Machéronte*, sur son mamelon solitaire, et qui apparaît sous le nom à peine modifié de Makaour. C'était un de ces sommets fortifiés où les Hérode savaient mettre en sûreté leurs personnes et leurs trésors ; ce fut aussi la prison et le lieu du martyre de Jean-Baptiste.

Plus loin, et toujours à l'Orient, c'est *le Kérak* qui dresse sa masse gigantesque à la frontière du désert. Cette ancienne cité moabite, devenue célèbre au Moyen-Age par son immense forteresse bâtie par les Croisés et désignée sous le nom de *Kérak* ou encore *Petra deserti*, abrite actuellement une garnison turque de 1800 hommes. On nous dit qu'un bateau à voile fait aujourd'hui un service assez régulier entre l'embouchure du Jourdain et le Kérak. Le batelier, qui s'intitule capitaine de la Mer Morte, porte aux soldats et aux bédouins des provisions, fruits et pastèques, et rapporte le blé des plateaux de Moab.

Enfin, à l'Occident et sur la montagne, *Massada* parle encore du cruel Hérode qui y construisit un palais et une forteresse de campagne, dans laquelle il fit enfermer sa mère, sa sœur et sa fiancée, Marianne, pour les mettre en sûreté pendant un de ses voyages à Rome.

La citadelle, élevée sur la plateforme d'une montagne,

à pic, était vraiment imprenable. Elle servit de refuge
à bon nombre de Juifs qui, après la destruction de Jérusalem par Titus, et à l'instigation d'Eléazar, s'y donnèrent la mort pour ne pas tomber au pouvoir des Romains.

Un peu plus au nord, et à cent mètres au-dessus du
niveau de la Mer Morte, *Engaddi*, l'Aïn Djédi (source du

*Halte de voitures à la Mer Morte.*

chevreau) évoque des souvenirs plus doux. C'est de cette
ville agréable que le Cantique des Cantiques célèbre les
vignes odoriférantes, sans parler de sa belle source, de
son baume et de ses palmiers.

Assignée par Josué à la tribu de Juda, elle servit de refuge à David, fuyant la haine de Saül.

Telles sont les seules fleurs à cueillir autour de la mer
de Loth, fleurs du souvenir dans les temps reculés,
fleurs surtout d'un passé coupable et sanglant, bien à
leur place dans ce cadre maudit.

Les voitures se remettent en marche ; nous courons

plus d'une heure à travers la plaine qui s'étend comme
un long désert ; le drogman, en grand costume, cha-
marré d'or, parcourt les rangs au triple galop. Il
est superbe dans son allure. A-t-il quelques craintes
ou veut-il seulement provoquer un sourire d'admiration permi ceux qu'il protège ? A quelque distance,
dans la plaine, un point noir mouvant nous fait pressentir une rencontre, et bientôt trois cavaliers apparaissent sur leurs chevaux frémissants : ce sont des
cheiks arabes. Ils portent la longue tunique serrée
autour des reins, et, sur le dos, l'abaye rayé de blanc
et de noir aux amples plis ; un sabre recourbé brille
à leur ceinture, et leur magnifique tête s'encadre dans
la coiffure classique du désert, la Kouffiéh blanche,
retenue par une grosse corde en poil de chameau.
Puis, c'est la plaine aride, cahoteuse avec des dépôts
de sel, semblable au grésil, et enfin les convulsions du
sol aux approches de Jéricho. Ce n'est pas la route, que
nous ne connaissons plus depuis longtemps, c'est encore
moins le sentier entre les broussailles que la voiture
accroche à droite et à gauche, comme aux approches du
Jourdain, et ce n'est pas davantage la plaine crayeuse,
pierreuse, accidentée même, ce sont de vraies montagnes russes, une escalade, un assaut vertigineux
auquel les cochers ne décident les chevaux qu'en les
fouettant de façon à ce qu'ils ne voient pas l'obstacle.
Trente-deux degrés de pente, la situation est trop extraordinaire pour qu'on s'attarde à la peur. Un coup de
fouet de ce geste furieux de l'Arabe, et on est parti :
le cheval vole, le cocher est haletant, le voyageur
ahuri, et c'est une nouvelle surprise de retrouver, une
minute après, le cheval sur ses jambes, le cocher superbe dans son triomphe, et le pauvre voyageur qui
prend seulement conscience de la situation en disant :

Est-ce ridicule ?.. il risquait notre vie. Et puis, le premier assaut est suivi de quelques autres, un peu moins extravagants, mais dans le même ton, et c'est ainsi qu'on revient à Jéricho, plus étonné que jamais de pouvoir dire : Nous y sommes.

Les quelques instants qui précèdent le déjeuner nous permettent un coup d'œil sur la végétation du pays que nous avions à peine entrevue. Les lauriers roses y atteignent des proportions colossales : ce sont d'immenses boules de fleurs roses ou rouges qui apparaissent de feu sous le soleil ; les sycomores, les platanes, les tamaris, les bananiers, les figuiers, les grenadiers s'y rencontrent, sinon à chaque pas, du moins de distance en distance, mais la plupart des palmiers sont littéralement grillés, et c'est pitié de voir le méchant balai qui surmonte leur tige grêle. Il y a cependant dans les jardins que l'on suit en allant à la fontaine, notamment dans le jardin des Russes, de superbes palmiers qui justifient l'antique appellation de Jéricho la Ville des palmes. Si l'habitant savait tirer parti de son sol, il aurait à Jéricho la végétation des tropiques, et la canne à sucre y serait cultivée avec succès. Quant à la vigne, elle pourrait au besoin garantir du soleil. Nous avons vu un énorme cep formant tonnelle avec des grappes longues de 40 à 50 centimètres, comme celles d'Hébron. On dit qu'elles atteignent en mûrissant jusqu'à 60 et 70 centimètres, ce qui n'est pas pour nous surprendre.

C'est en vain qu'à côté de ces merveilles-nature, on cherche un reste de l'antique splendeur romaine : il n'y a plus de la vieille ville que des décombres, recouverts de sable, de cailloux, d'herbages, de buissons épineux, parmi lesquels le ziziphus spina Christi. J'ai cherché en vain la rose de Jéricho ; pas plus qu'au mont de la Quarantaine je n'ai pu entrevoir cette fleur si joliment décrite par Mathilde Serao. Il est vrai que les magasins de Jérusalem en regorgent, et pour que les marchands l'offrent gracieusement aux pèlerins, il faut qu'elle ne soit pas rarissime. Mais on vous dira : c'est une fausse rose de Jéricho, la vraie est introuvable, et vous vous consolerez en regardant ce qui est vrai, le myrte, par exemple... c'est le *henné*, le *cophar* de la Bible. Avec les feuilles cuites dans l'eau et pulvérisées, les femmes arabes obtiennent une couleur rouge-jaune qui leur sert à se teindre les ongles et les cheveux.

Puis vous passerez encore devant la Jéricho actuelle, dissimulant les appareils photographiques, lesquels ont la spécialité de mettre en fureur les naturels qui vivent là, dans leurs huttes, faites de broussailles mêlées de boue. Vous retrouverez ces gourbis de Bédouins d'où sortent des enfants au cri de bakchich, bakchich ; des tentes de bachi-bouzoucks ou gendarmes du pays, quelques bergers arabes qui promènent leurs chèvres noires... et l'heure du déjeuner sonnera, précédant de peu celle du retour à Jérusalem.

Il faudra monter à pied la rude côte d'Adommin ; les chevaux ne pourraient soulever une voiture sur cette longue montée en plein soleil. La pénitence est sérieuse, mais de courte durée, et la respiration se refait peu à peu normale en retrouvant sa voiture.

Le retour sans accident se nuance d'un mélancolique attrait aux abords de la Ville-Sainte, avec un regard prolongé sur Béthanie et tout ce Mont des Oliviers si parlant. L'heure du soir y ajoute sa note de calme profond, et c'est le plein repos, en regagnant Notre-Dame de France, le frais et bon abri.

Mais là on abrège les heures, le programme du dehors étant toujours chargé. Demain, c'est l'exploration complète du Mont des Oliviers.

# CHAPITRE QUINZIÈME

E programme de la matinée comporte la visite du Mont des Oliviers, celui de l'après-midi l'excursion à Saint-Jean - in - Montana. Les fervents se rendront au Mont des Oliviers par les sentiers qui montent de Gethsémani ; ceux qui ne pouront ou ne voudront aller à pied, par la route carrossable du Scopus.

Le P. Bailly sera bien un peu scandalisé de voir les voitures se presser à la porte de Notre-Dame de France, et il essayera de tuer dans le ridicule une mollesse qui n'est quelquefois qu'une nécessité ou une prudence. On rira aussi aimablement qu'il a souri, et les cochers arabes continueront leurs bruyantes ovations au pèlerinage trop malicieusement appelé par son Directeur, le « Pèlerinage des carrosses ».

Nous sommes sur le Mont des Oliviers, le Djebel-et-Tour (Mont de la Lumière) des Arabes, et, dans son féerique pourtour, l'air nous semble plus transparent, la lumière plus pénétrante : l'horizon se détache, se rapproche; chaque poussière a son histoire. C'est, en un coup d'œil, toute la vie du Christ; c'est plus que la vie du Christ sur la terre, c'est le lieu de son grand départ pour le ciel

La messe du pèlerinage sera au *Carmel du Pater*, et, tout près, au sommet du monticule voisin, nous irons

*Le Carmel du Pater et la Mosquée de l'Ascension* (CL. P.).

vénérer le *lieu de l'Ascension* : ces deux sanctuaires sont les principaux du Mont des Oliviers. Le premier fut acheté en 1868 par la princesse de la Tour d'Auvergne, qui le donna aux Carmélites en 1872 ; le second est détenu par les Musulmans, qui l'ont orné d'une mosquée. Les récits évangéliques ont porté à croire que le Maître avait enseigné deux fois le *Pater* à ses Apôtres : une première fois au bord du lac de Tibériade, une seconde fois, à l'endroit où nous sommes. La tradition qui nous montre ce lieu comme celui de l'institution de l'Oraison dominicale remonte au XIᵉ siècle, et c'est pour mieux rappeler ce souvenir que la princesse de la Tour d'Auvergne fit construire là un monument sur le modèle réduit du Campo Santo de Pise.

Autour d'une cour rectangulaire courent de larges

*Cloître du Carmel du Pater* (CL. P.)

galeries, dont les parois sont divisées en panneaux reproduisant le *Pater* en trente-deux langues.

Au milieu du portique sud, la princesse est représentée au-dessus d'un sarcophage en marbre blanc, étendue, les bras croisés sur la poitrine, dans l'attitude d'une femme endormie.

A l'est du cloître, les Carmélites se sont bâti un monastère et une chapelle, continuant ainsi, dans une vie d'oraison, la prière enseignée par le Christ.

Le souvenir est ici doublement touchant, et c'est avec joie, qu'en le constatant, on salue encore un nom français ; la princesse de la Tour d'Auvergne a été heureusement inspirée : donner, à l'endroit même de l'institution du *Pater*, la formule tombée des lèvres du Maître, traduite dans toutes les langues, pour que tous, en y ve-

*Mosquée de l'Ascension* (CL. P.)

nant, puissent y retrouver leurs accents, et appeler ensuite les Contemplatives, celles qui, d'après Jésus, ont choisi la meilleure part, à venir à ce sommet des Oliviers d'où elles peuvent embrasser, étapes par étapes, la vie de leur Maître, corser en quelque sorte leurs méditations et retremper leur courage en suivant de plus près les traces de la grande Victime, c'était une haute pensée.

A quelques pas du *Pater*, un escalier de dix-huit

marches nous conduit dans une citerne changée en chapelle, et appelée depuis le XIV^e siècle la *Grolle du Credo*.

C'est là que les Apôtres auraient, avant leur dispersion, donné, en douze articles, le résumé des croyances
chrétiennes. Nous devons avouer qu'il est difficile
d'authentiquer ce pieux souvenir.

*Minarel de l'Ascension* (CL. P.)

En revanche, les plus fermes traditions des premiers
siècles et aussi de graves indices du Nouveau Testament
nous en soulignent de plus mémorables encore. C'est
« en face du Temple, sur le Mont des Oliviers, nous dit
saint Marc, que Notre-Seigneur prédit la ruine de
Jérusalem et le jugement dernier. C'est sur le Mont des
Oliviers, là, par conséquent... ou à quelques pas, que,
les derniers jours de sa vie, nous dit saint Luc, « Jésus

passait ses nuits », tandis qu'il enseignait au Temple pendant le jour. Enfin il ressort du récit de l'Ascension, dans les *Actes des Apôtres*, que Notre-Seigneur prit son repas d'adieu sur le sommet des Oliviers, et si l'endroit n'est indiqué que d'une manière vague par l'Ecriture, il nous est précisé et invariablement rattaché à ce sanctuaire par la plus antique tradition.

Eusèbe, énumérant les grandes basiliques élevées en Palestine par Constantin, nous parle de celle construite sur la grotte du Mont des Oliviers où le Sauveur dévoila à ses disciples « les inscrutables fins dernières ». On a trouvé les restes de cette vaste basilique dans les fouilles pratiquées lors de la fondation du *Pater*.

Sainte Sylvie confirme les dires d'Eusèbe, et décrit tout au long les cérémonies qu'y célébrait à la fin du IVe siècle le clergé de Jérusalem pendant la Semaine Sainte. La basilique s'appelait alors Eléona (ou des Oliviers).

Arnulphe, au VIIe siècle, rattache à ce sanctuaire le souvenir des repas du Maître avec ses disciples, et voit dans la grotte quatre tables de pierre, où Jésus et ses apôtres s'asseyaient en convives.

Chosroès passe et détruit l'œuvre de Constantin ; Charlemagne la relève, et établit là des Bénédictins. Puis ce sont de nouvelles ruines jusqu'à ce que les Croisés rebâtissent une chapelle, bientôt renversée par Saladin. Il faut arriver à notre époque pour que la piété d'une Française fasse sortir le vénérable sanctuaire de ses ruines, et y ramène la prière avec les accents du Christ.

Tout près du *Pater*, au sommet du monticule voisin, c'est la mosquée de l'Ascension, le lieu même, d'où selon les plus anciennes traditions, le Christ s'éleva vers le ciel. Ici il n'est plus question de religieux ou d'église atholique, c'est le Musulman qui détient tout. Nous pouvons y prier, mais avec le regret de ne plus nous sentir chez nous.

C'est en vain que nous retrouvons là encore la trace de nos ancêtres ; l'ennemi est venu, semant l'ivraie, et l'ivraie a étouffé le bon grain.

Constantin, peu après avoir bâti la basilique de l'E-

*Jérusalem. — Vue prise du Minaret de l'Ascension.*

léona, éleva une église en forme de rotonde « pour honorer la mémoire de l'Ascension », et saint Jérôme nous affirme que les architectes ne purent arriver à fermer la coupole. Ils laissèrent donc une ouverture au centre, pour montrer la route suivie par le Christ s'élevant dans les airs.

Il serait puéril de recommencer l'énumération, toujours la même, des constructions et des ruines.

Ce sont les Croisés qui donnèrent à l'église la forme octogonale, et la base des piliers qu'on voit encore aujourd'hui autour de la mosquée sont les restes de cet édifice.

Dans cet octogone, on avait construit au Moyen-Age un édicule qui existe encore aujourd'hui, et abrite l'empreinte du pied gauche de Jésus sur le rocher : c'est du moins ce qui nous est signalé par saint Jérôme et quantité d'autres pèlerins. On assure que l'empreinte du pied droit a été transportée par les Musulmans à la mosquée El-Aksa, comme nous l'avons déjà dit. Il serait peut-être plus rationnel de supposer que la disparition de la seconde empreinte est due à la piété indiscrète des pèlerins qui auraient gratté le rocher pour emporter des reliques.

Mais, plus que toutes les constructions et mieux que toutes les reliques, l'horizon a ici son éloquence. Aucun endroit ne pouvait être mieux choisi pour un adieu à la terre qui a vu toute la vie du Christ... du berceau de Bethléem, qu'on aperçoit dans le fond, au Calvaire, qui est là tout près, et au Sépulcre d'où s'échappe déjà le premier rayon de gloire dans la Résurrection, quelle chaîne de souvenirs ! Et de l'autre côté, c'est le labeur de la vie publique : la Samarie, Jéricho, le Jourdain, la Mer Morte, les monts de Galaad, de Moab, tout ce passé mystérieux qui reste incrusté sur ce cercle immense dans sa petitesse, et qu'un seul mot désignera désormais à l'histoire, la Terre Sainte. La divinité apparaît vraiment là, enveloppée de ce nuage qui la dérobe aux regards humains : « Galiléens, que faites-vous ici ? Ce même Dieu que vous voyez s'élever au ciel en redescendra un jour », et ce sera pour le triomphe des élus ; mais auparavant il faut combattre. Le disciple n'est pas au-dessus du Maître. Regardez en bas, c'est le travail, la souffrance, la mort. Levez les yeux au ciel, votre chef y est remonté pour vous y préparer votre place.

Et c'est ainsi qu'à ce sommet, il y a, entre les désolations qui s'élèvent de la terre et la lumière qui tombe du ciel, une harmonie de contrastes dont le dernier cri est un chant d'espérance.

A deux cents pas, au nord de la mosquée de l'Ascension, on nous montre le Viri Galiæi. Plusieurs pensent que les Galiléens, venant à Jérusalem pour les fêtes, campaient sur ce monticule ; ils ajoutent que le rendez-vous donné par Notre-Seigneur à ses apôtres après la résurrection, *en Galilée*, désignait simplement cette montagne.

Nous ferons encore une courte visite aux établissements russes dont la tour carrée attire de si loin les regards et domine toute la Judée. Devant la chapelle, une pierre entourée d'un grillage marque l'endroit où, d'après les Russes, Notre-Seigneur serait descendu un instant après s'être élevé une première fois à l'endroit traditionnel.

Non loin de là, c'est un hospice et la demeure de l'archimandrite, et enfin le musée, fort intéressant pour les archéologues. On y admire une ancienne mosaïque posée sur un tombeau et entourée de cette inscription arménienne : C'est le tombeau de la bienheureuse Chouchangane, mère d'Ardavan. Cet Ardavan ou Artaban devait être le dernier des Arsacides, dépouillés du trône de Perse vers le V$^e$ siècle. Les emblèmes du tombeau sont remarquables : deux grappes de raisin, un cédrat, trois poissons, un coq, un agneau, spécimens dont on aimait à cette époque à revêtir les sépultures chrétiennes.

Nous continuons le parcours brûlant du Mont des Oliviers : le soleil est implacable, mais l'Evangile l'est-il moins avec les noms magiques de Bethphagé, de la Pierre du Colloque, de Béthanie, du tombeau de Lazare ? Si l'identification absolue des souvenirs, à l'endroit même où on les vénère, peut soulever des objections, ce n'est qu'une question de pas. Il résulte d'études consciencieuses que l'entretien de Marthe et de Marie avec Jésus se trouve localisé par la plus ancienne tradition au lieu dit la *Pierre du Colloque*, le Bethphagé des Croisés. Les ruines de leur chapelle, acquises en 1877 par les Francis-

*Bethphagé, du Mont des Oliviers.*

cains et relevées par ces Religieux, nous montrent un cube de pierre de plus d'un mètre de côté et adhérent au rocher par sa partie inférieure ; Notre-Seigneur se serait aidé, assure-t-on, de ce rocher pour monter plus commodément sur l'ânon amené par ses disciples. La pierre est recouverte sur chaque face de peintures dont les sujets représentent : sur le côté nord, les disciples déliant l'âne dans le castellum ; sur le côté sud la résurrection de Lazare ; à l'est, l'annonce faite à Jésus de la maladie de Lazare ; à l'ouest, la peinture à peu près effacée devait représenter l'entrée de Jésus à Jérusalem, le jour des Rameaux. Les inscriptions qui accompagnent les peintures sont trop détériorées pour permettre d'en juger ; le mot Bethphagé seul ressort pour confirmer la tradition du XII siècle. Le colloque de Marthe et de Marie y est d'ailleurs rappelé aussi par la peinture du Moyen-Age. Mais qu'importe telle ou telle preuve? Si le Christ n'a pas ici foulé le sol, il l'a embrassé de son regard : toute cette terre parle de lui ; tout cet horizon est encore enveloppé de sa présence. Résumons les faits.

Jésus était arrivé à Bethphagé, nous dit saint Mathieu, quand il envoya deux disciples au village. « Vous trouverez, leur dit-il, une ânesse liée et son ânon avec elle ; déliez-la et amenez-la moi. » Les envoyés exécutent l'ordre du Maître. Ils amènent l'ânesse et l'ânon. Mais c'est celui-ci qui sert de monture au Triomphateur. Les disciples étendent leurs vêtements sur l'humble animal que personne n'avait encore monté, et font asseoir dessus le divin Maître. La marche triomphale commence et descend la pente du Mont des Oliviers. C'était le Messie tel que l'avait décrit Zacharie dans sa vision :

> Pousse des cris d'allégresse, fille de Jérusalem ;
> Voici, ton Roi vient à toi,
> Il est juste et victorieux ;
> Il est humble et monté sur un âne,
> Sur un âne, le petit d'une ânesse.

Les disciples préludent à la manifestation. Une nombreuse foule, composée surtout d'ardents Galiléens, venus au Temple pour la Pâque et fiers de leur compatriote, ne met aucune borne à son enthousiasme.

On couvre de vêtements la route du Triomphateur ; on jonche de verdure et de fleurs le parcours du roi mes-

sianique entrant dans sa capitale, Jérusalem, et dans
son palais, le Temple de Jéhovah. Les cris de la multi-
tude sont plus significatifs encore : on ne salue pas seulement le grand prophète qui guérit et ressuscite ; mais
encore le glorieux successeur de David, le Messie ar-
demment appelé depuis des siècles : « Hosannah ! Béni
celui qui vient au nom du Seigneur, le Roi d'Israël !
Hosannah au plus haut des cieux ! » Et lorsqu'il fut
entré dans Jérusalem, toute la ville fut émue et disait :
« Quel est celui-ci? » Et le peuple disait : » C'est Jésus,
le prophète de Nazareth en Galilée » (1). Puis c'est l'épisode de l'entretien de Marthe et de Marie avec Jésus,
localisé ici par l'ancienne tradition.

Nous sommes donc à mi-chemin entre la mosquée de
l'Ascension et le village d'El-Azariéh (Béthanie actuelle),
au lieu dit la *Pierre du Colloque*. Nous venons d'entrer
dans la chapelle, et de bien examiner la stèle décrite
plus haut. Rouvrons l'Evangile.

« Notre-Seigneur, pour échapper à l'hostilité mortelle
des Juifs, s'était retiré au-delà du Jourdain, dans la
Pérée. Là vint bientôt le rejoindre un messager dépêché
de Béthanie. Lazare, frère de Marthe et de Marie, était
tombé gravement malade, et les deux sœurs, qui savaient l'amitié de Jésus pour leur frère, lui envoyèrent
dire : « Celui que vous aimez est malade. » Jésus n'i-
gnorait pas la gravité du mal, mais il réservait à son
ami un miracle plus grand que la guérison, la résurrection. Aussi ne s'empresse-t-il pas d'aller au secours de
Lazare. Depuis quatre jours déjà celui-ci était au tombeau quand Jésus arriva au bourg de Béthanie. A l'annonce de son approche, Marthe court au-devant du Sauveur; tout éplorée, elle se jette à ses pieds et s'écrie :

_____

(1) La Palestine, *Guide historique et pratique.*

« Seigneur, si vous aviez été ici, mon frère ne serait pas mort ! » Jésus lui répondit : « Je suis la résurrection et la vie. » Marthe court prévenir Marie de la présence du Maître. Celle-ci arrive à son tour et trouve Jésus à l'endroit où Marthe l'avait quitté. Elle tombe aux pieds du Sauveur en lui exprimant le même regret que sa sœur : « Seigneur, si vous aviez été ici, mon frère ne serait pas mort ! « Jésus, la voyant pleurer, frémit en son esprit et fut tout ému. « Où l'avez-vous mis ? demanda-t-il ? — Seigneur, répondit-on, viens et vois », et on le conduisit au sépulcre. Et Jésus pleura (1). » Larmes du Christ, moins amères que celles de Gethsémani, plus touchantes, plus tendrement humaines pourrait-on dire, puisqu'elles coulent sur l'amitié ! larmes mystérieuses aussi ! Il eût été si facile à Celui qui pleure d'empêcher le mal, de faire reculer la mort... mais son heure n'était pas venue.

Arrêtons-nous ici avec les anciens pèlerins, et entre autres témoignages autorisés, écoutons sainte Sylvie nous dire que le samedi de la Passion, c'est-à-dire la veille du dimanche des Rameaux, la population de Jérusalem accompagnait son évêque dans la soirée jusqu'au Lazarium, El Azariéh actuel, pour y célébrer l'anniversaire de la résurrection de Lazare.

La procession s'arrêtait pour faire une cérémonie dans une église qui était sur la route cinq cents pas avant le tombeau. La foule entrait, on lisait une hymne, une antienne et le passage de l'Evangile où est raconté l'entretien de Marthe et de Jésus, épisode qu'on vénérait en ce lieu. Il serait difficile d'avoir un renseignement plus concluant, car la pierre découverte récemment par les Franciscains est exactement à la distance indiquée par sainte Sylvie.

_______________

(1) La Palestine, *Guide historique et pratique.*

Nous avons fait comme les anciens pèlerins, nous avons relu l'Evangile sur place, et nous allons, ou à peu près, suivre encore les traces du Maître se rendant à Béthanie ou plutôt au tombeau de Lazare, car la Béthanie où Jésus reçut si souvent l'hospitalité de Marthe et

*Sur le mont des Oliviers. — En route pour Béthanie.*

de Marie, comme celle de Simon le Lépreux, était située plus au sommet de la colline. Cette assertion trouve un nouvel appui dans la présence du tombeau de Lazare à El Azariéh (la Béthanie actuelle). On sait que la loi interdisait aux Juifs d'enterrer leurs morts dans l'enceinte de leurs cités, et comme, d'autre part, on ne peut douter de l'authenticité du tombeau de Lazare, on est obligé de chercher Béthanie ailleurs qu'à El-Azariéh !

Or nous voici en concordance avec l'Evangile qui d'ordinaire si sobre en détails topographiques, place Béthanie à quinze stades environ de Jérusalem.

Que le bourg de Béthanie ait descendu progressivement les pentes de la colline, le fait s'explique de lui-même, par le bruit que fit le miracle de la résurrection de Lazare.

On se groupa peu à peu autour du tombeau, témoin d'un miracle si éclatant ; le village prit bientôt le nom de Lazarium, transformé par les Arabes en El-Azariéh, nom sous lequel il est aujourd'hui connu. Nous voici donc dans ce pauvre village qui compte de nos jours trois cents habitants, tous musulmans.

Son histoire se résume pour nous dans le grand fait qui amena d'ailleurs sa fondation. Si le sépulcre de l'ami de Jésus ne devint pas aussi glorieux que celui de son Maître, son prestige suffit à attirer les foules et à grouper les habitations. C'est saint Jérôme qui, le premier, mentionne une église à cet endroit, et Nicéphore Callixte en attribue la fondation à sainte Hélène.

Au temps d'Arculphe, un monastère s'élevait auprès de la basilique, et les patriarches latins de Jérusalem, au XIIe siècle, aimaient à se faire ensevelir, nous dit Séwulf, auprès du tombeau du glorieux ressuscité. Les chanoines du Saint-Sépulcre en desservirent l'église jusqu'à l'époque où leur monastère fut donné aux Bénédictines de Sainte-Anne par Foulques d'Anjou et la reine Mélissende.

On construisit alors la *tour* dont nous voyons encore les ruines à l'entrée du village, pour protéger les religieuses contre les incursions des Bédouins. Après le départ des Croisés, l'église de Saint-Lazare resta aux mains des chrétiens jusqu'au XVIe siècle, date où les Musulmans la transformèrent en mosquée.

Grâce à l'escalier de vingt-six marches, pratiqué à l'est de l'église, par le gardien du Mont Sion au XVII<sup>e</sup> siècle, on peut encore aujourd'hui visiter le tombeau de Lazare. L'ancienne entrée se trouvait au sens opposé et au niveau même du tombeau.

Je revois cet escalier noir et glissant, et notre entrée dans la sombre grotte, composée d'un vestibule et d'une seconde chambre.

Le loculus où fut déposé le cadavre devait être creusé dans le sol de cette seconde chambre, car il était fermé horizontalement par une large dalle.

Quel sombre théâtre pour un miracle aussi éclatant !

C'était une grotte, et une pierre était placée à l'entrée. Jésus dit : « Otez la pierre. » Marthe, la sœur du mort, lui dit : « Seigneur, il sent déjà mauvais, car il y a quatre jours qu'il est là. »

Jésus lui dit : « Ne t'ai-je pas dit que, si tu crois, tu verras la gloire de Dieu ? » Ils enlevèrent donc la pierre. Et Jésus, levant les yeux en haut, dit : « Père, je vous rends grâces de ce que vous m'avez écouté. Pour moi, je savais que vous m'écoutez toujours ; mais je parle ainsi à cause du peuple qui m'entoure, afin qu'ils croient que c'est vous qui m'avez envoyé ». Ayant dit cela, il cria d'une voix forte : « Lazare, viens dehors ! » Et aussitôt le mort sortit, ayant les pieds et les mains liés de bandes et le visage enveloppé d'un suaire. Jésus leur dit : « Déliez-le et laissez-le aller. » (Saint Jean, XI, 29).

Après le tombeau de Lazare, c'est encore le Mont des Oliviers vu et revu jusqu'au retour à Jérusalem.

C'est le Christ suivi dans tous ces pas dont l'Evangile nous garde la trace ; ce sont, l'un après l'autre, les épisodes qui revivent.

# CHAPITRE SEIZIÈME

APRÈS-MIDI, détente complète dans l'excursion fraîche et riante d'Aïn-Karim (Saint-Jean de la Montagne). On y arrive en quarante minutes de voiture. La route, qui se confond d'abord avec celle de Jaffa, oblique à l'ouest au bout de deux kilomètres et demi.

C'est tout d'abord la campagne aride, pierreuse, mais bientôt, et par une échancrure à travers les collines, on aperçoit le couvent de Sainte-Croix où fut, *dit-on*, pris l'arbre qui servit à faire la croix de Notre-Seigneur. Enfin la montagne apparaît dans ses charmants contrastes : des roches entre lesquelles poussent des herbes, puis des vallées profondes et des descentes presque à pic. A peine a-t-on quitté le dernier plateau, d'où la vue se promène sur un horizon qui fait penser à la Suisse, qu'on découvre, au fond des terrasses superposées qui l'encadrent, la ravissante bourgade d'Aïn-Karim. Même sans les souvenirs qu'on y vénère, l'excursion serait à conseiller comme la plus fraîche des détentes. Les terres sont cultivées et paraissent fertiles. Çà et là, dans la campagne, s'élèvent des tours rondes ou carrées, pour garder les récoltes, et des murs très bas enserrent les propriétés.

La route s'agrémente de rencontres pittoresques : des femmes qui portent sur leur tête des balles de légumes d'un poids invraisemblable, et elles le font avec une aisance et une grâce que la meilleure actrice envierait. Si ces créatures, qui savent parer leurs haillons, étaient elles-mêmes parées avec art, leur charme serait irrésistible.

Le malheur est que la population est ici, comme dans tout l'Orient, d'une malpropreté repoussante, et c'est le cadre qui fait oublier le tableau. Nous ne sommes qu'à sept kilomètres et demi de Jérusalem, mais quel contraste ! C'est la fraîcheur, le sourire, la nature qui continue sa vie, si près des grandes ruines qu'aucune main humaine ne relèvera d'une façon durable.

Aïn-Karim (Kérem du livre de Josué) ne compte guère que 1200 habitants, la plupart Musulmans, puisqu'il n'y a qu'une centaine de Latins et autant de Grecs , schismatiques.

Le village arabe se groupe autour du couvent franciscain de la *Nativité de Saint-Jean*. Bien que l'endroit de cette naissance soit fort discuté, c'est là que les pèlerins la vénèrent aujourd'hui. Vers le XIIe siècle, on y montrait à la fois le lieu de la naissance du Précurseur et celui de la Visitation, et, sur la montagne opposée, le rocher qui s'était entr'ouvert, disait-on, pour dérober Jean-Baptiste aux perquisitions des soldats d'Hérode, lors du massacre des Innocents : de ce dernier endroit on a fait dans la suite le lieu de la *Visitation*. L'église actuelle

de Saint-Jean date du XVIIIe siècle, et n'offre guère d'intéressant qu'un tableau de saint Jean au désert attribué
à Murillo.

Le sanctuaire de la *Visitation*, situé à l'autre extrémité
du village, est une grotte qui paraît avoir été la crypte de

*Aïn Karim — Eglise du Magnificat et Casa Nova* (CL. P.).

l'ancien sanctuaire Devant la grotte, une source, mentionnée par les anciens pèlerins, est la bienvenue pour
les nouveaux. Après avoir chanté le *Magnificat*, redit le
*Benedictus*, remémoré tous ces grands événements dont
Aïn-Karim fut très probablement le théâtre : naissance miraculeuse du Précurseur, et séjour de Marie
chez sa cousine Elisabeth, nous goûtons avec entrain à
l'eau doublement bienfaisante de la source. En sortant
du sanctuaire nous apercevons tout à côté les ruines

d'un vieux couvent et, au-dessus, les arasements d'une église de l'époque des Croisades.

Tout autour de nous des béguinages russes piquent de points blancs et roses la montagne verte, d'où s'élance aussi le gracieux clocher de la Visitation. Il faut revenir sur ses pas pour arriver au couvent des Dames de Sion. Nous traversons le village en passant devant la *Fontaine de la Vierge*, source abondante du pays, ainsi nommée en souvenir du séjour de Marie chez sa cousine Elisabeth. Faut-il parler des rencontres du trajet ? ânes chargés, chameaux qui menacent de vous entraîner dans un de leurs balancements rhythmés, enfants qui vous assaillent au cri répété de bakchich : c'est, et sans aucune variante, toujours la même chose. Les coups de matraque ont beau pleuvoir et se multiplier, l'enfant revient toujours plus insistant. La petite pièce si convoitée sera le dédommagement sans pareil de tant de peines et d'efforts ; mais il faut la décrocher, et le pèlerin est déjà quelque peu endurci depuis son séjour à Jérusalem.

Nous voici au nord du village sur une colline magnifiquement plantée d'arbres. C'est là que les religieuses de Notre-Dame-de-Sion ont établi un orphelinat de jeunes filles. Elles savent notre visite et nous ont préparé une réception grandiose. Après avoir traversé le jardin en admirant les roses, les géraniums et surtout les splendides clématites qui reproduisent tous les instruments de la Passion, nous sommes en présence des jeunes orphelines. Leur tenue est parfaite, leurs allures franches, et leur physionomie éclairée d'un sourire particulièrement sympathique. Au signal donné, elles entonnent le *Salve Regina* en Arabe, et le chantent jusqu'à la fin dans un merveilleux ensemble. Quel épanouissement total sur ces jeunes visages ! On sent que tout ce

qui a nom français garde là-bas un prestige qui n'existe
plus guère pour nous à l'étranger.

Rien de plus gracieux que l'origine même de cet établissement des Dames de Sion à Aïn-Karim : c'est une
fleur de poésie dans la vie de leur pieux fondateur. Le
P. Marie de Ratisbonne, désireux de procurer aux reli-

*Aïn-Karim. — Etablissement des Dames de Sion* (CL. P.).

gieuses et aux enfants de son couvent de l'*Ecce Homo*
une villégiature qui leur devint le meilleur des fébri-
fuges, loua une petite maison auprès du sanctuaire de
la Visitation. Un jour que des terrasses de sa demeure
provisoire, il explorait l'horizon, il vit apparaître un
magnifique arc-en-ciel dont la courbe commençait au-
dessus de la Fontaine de la Vierge, s'abaissait ensuite
vers la vallée du Térébinthe, pour se terminer non loin

du sanctuaire de la Nativité de saint Jean, comme s'il eût voulu dans sa courbe embrasser tous les mystères vénérés au pays : c'était le 29 janvier 1861.

Le plateau, désigné sur l'heure « terrain de l'arc-en-ciel », devint l'objet fixe des convoitises du Père, qui voulait faire là son orphelinat central de Terre Sainte. Les Musulmans lui opposèrent d'abord une hostilité qui fondit tout à coup, au point qu'ils offrirent d'eux-mêmes plusieurs terres attenantes à la principale. Diverses adjonctions portèrent dans la suite jusqu'à douze hectares la contenance totale de la propriété, laquelle forme aujourd'hui, pour rappeller la parole du père Ratisbonne « un arc-en-ciel en terre et horizontal ».

Les jeunes orphelines avaient si franchement conquis nos sympathies que nous prenions intérêt à connaître les débuts de l'œuvre à laquelle elles font honneur.

On nous offre de visiter la petite maison du P. Marie de Ratisbonne, et nous voici dans cette humble construction qui ne mesure pas plus de 4 mètres en hauteur sur 7 de façade et 14.50 de profondeur. C'est d'ailleurs un simple rez-de-chaussée, terminé en terrasse, comme presque toutes les constructions du pays. Une frêle charpente de bois recouverte de vigne et de passiflores fait de l'entrée un coquet berceau. On arrive dans une première pièce assez grande : deux divans et un fauteuil en composent l'ameublement... c'était la salle de réception du P. Alphonse-Marie de Ratisbonne; c'est là aussi qu'il rendit le dernier soupir. Une seconde pièce, moins grande, fait suite à celle-ci ; elle était la chambre de l'hospitalité pour les prêtres de son institut Saint-Pierre (fondation pour les garçons analogue à celle qui existe pour les filles à Jérusalem) et pour les ecclésiastiques, pèlerins de passage en Terre Sainte.

Enfin la petite chambre du Père, longue de 4 mètres,

large de 5. occupe le dernier plan et est devenu comme
un reliquaire de famille. Chaque objet parle de l'absent
et semble attendre son retour : sa barrette, ses albums,
la statue de la sainte Vierge, avec un cierge bénit le jour
de la Purification, un calendrier soulignant la date de
sa mort, 6 mai 1884... tout cela sur la table en bois peint,
recouverte d'un vieux tapis A gauche, la table de toilette et le porte-manteau auquel restent appendus une
houppelande, un burnous aux nombreuses pièces et
une canne. A droite, le lit, se composant d'une paillasse
et d'un oreiller de crin. Et enfin, pour compléter le
mobilier, deux chaises et un fauteuil.

Tous ces souvenirs de vie sont à deux pas de la dé-
pouille mortelle du Religieux qui repose là au milieu
des siens. Pas de mausolée, mais une simple dalle en
pierre du pays, légèrement exhaussée, et qui porte en
relief le cachet de Sion : « Sur ma tombe, avait recom-
mandé l'humble prêtre, vous ne mettrez que ces deux
mots : Père Marie. Le premier dira le pécheur que j'ai
été ; le second les miséricordes de la sainte Vierge envers moi. Cela renferme tout : le bien et le mal. » Ce
désir a été respecté, et on n'a ajouté au nom que la date
du 6 mai 1884. Mais au-dessus de la tombe et la dominant, pour perpétuer l'heure du miracle qui fit de
l'homme un saint, une statue de la sainte Vierge, telle
que la représente la médaille miraculeuse, est posée sur
un socle en pierre, au-dessus duquel les vigoureuses
fleurs d'un laurier blanc s'entrecroisent avec la fine dentelle du tamaris. Le socle porte cette parole, gravée en
gros caractères : « O Marie, souvenez-vous de votre
enfant, qui est la douce et glorieuse conquête de votre
amour. »

Cueillir là quelques fleurs était une tentation suivie
bientôt du pieux larcin dont la punition fut amère. Desti

nées aux Dames de Sion de la rue Notre-Dame-des-Champs, elles furent méconnues par les Mousses en un jour d'implacable mal de mer, et jetées au fond de la Méditerranée... d'où elles ne revinrent pas miraculeuse-ment.

A une lieue d'Aïn Karim, du côté ouest, en face du

Aïn-Karim (CL. P.)

hameau de Sataf, et sur la pente méridionale du torrent de Sorec, on montre depuis trois ou quatre siècles la *grotte de saint Jean-Baptiste*. C'est là que le Précurseur aurait vécu en ermite, se nourrissant de sauterelles et de miel sauvage, jusqu'au jour de sa prédication dans le grand désert, sur les bords du Jourdain. Près de là une source limpide jaillit du rocher et se déverse dans un bassin, et, un peu plus haut, sur la montagne, apparaît une *Retraite* ou *Tombeau de sainte Elisabeth*. Tout cet ensemble appartient au patriarcat latin de Jérusalem, et domine au loin la vallée du Térébinthe, illustrée par le duel de David et de Goliath. L'humble berger dédaigne les armes du combat et l'aide de ses frères ; il n'a que sa fronde, quelques pierres et la foi intrépide qui met à son service la force du ciel.

— Me prends-tu pour un chien ? lui crie Goliath, froissé d'une telle assurance. Et lui de répondre : Tu as ton épée, ta lance, ton bouclier ; moi j'ai le Dieu d'Israël que tu blasphèmes, et je vais te couper la tête.

Mesurer les deux forces, c'était décider de la victoire. En un clin d'œil, la fronde est armée, la pierre atteint Goliath au front ; David fond sur lui et lui tranche la tête. Israël est sauvé, et le vainqueur porté en triomphe, tandis que l'épée du vaincu est placée, comme un trophée, dans le tabernacle, à Nobé, où David la retrouvera quand il fuira la colère de Saül.

La vision du combat est rapide, et l'œil s'attarderait plus volontiers sur la fraîche vallée aves ses caroubiers aux gousses allongées, ses térébinthes vigoureux, sa vigne en coteaux, et toute sa douce et fine verdure ; mais les groupes sont déjà en branle pour le retour, et chacun doit retrouver sa voiture.

A peine avions-nous quitté la jolie bourgade, qu'un incident fâcheux suspendit un instant l'épanouissement de la caravane.

Le Père qui nous accompagne, renversé au passage par un âne trop chargé, et qui n'a cure de son exploit, est acculé contre un mur. Le sauter précipitamment est l'affaire d'une seconde, mais l'autre côté était un sol pierreux, accidenté, si bien que le pauvre Père ne retomba pas sur ses pieds. On le crut mort, et la commotion électrique se communiquant de proche en proche produisit la plus pénible impression. La figure était ensanglantée, les membres endoloris, mais les contusions heureusement sans gravité.

Un pansement improvisé lui permit le retour à Jérusalem, suivi bientôt d'ovations enthousiastes : condoléances, félicitations, c'était un croisement de sympathies qui put un instant donner au blessé l'illusion d'une résurrection.... et ainsi fut clos l'incident.

# CHAPITRE DIX-SEPTIÈME

'EST notre dernier jour à Jérusalem, pensée qui teinte le réveil d'une mélancolie qui s'accentuera toujours. De grand matin nous nous rendons au Mont Sion, et nous aurons tout près du Cénacle la messe solennelle de la Pentecôte.

Après un parcours sans incident à travers des rues et des ruelles toujours plus malpropres, nous sortons de la ville par la porte de Sion.

A 130 mètres environ au sud, au milieu d'un groupe de maisons que les Musulmans appellent Nébi-Daoud (le prophète David), nous irons visiter le Cénacle sans pouvoir y prier ostensiblement, car le Cénacle est aujourd'hui une Mosquée. Les Musulmans la détiennent avec jalousie parce qu'elle renferme, *croient-ils*, le tombeau de David.

A défaut du sanctuaire, lieu traditionnel de la Cène et de la Descente du Saint-Esprit sur les Apôtres, nous aurons un autel improvisé sous une vaste tente qui abritera tous les pèlerins, en n'atténuant que faiblement les brûlantes ardeurs du soleil. L'autel garni de fleurs s'abrite sous des faisceaux de drapeaux français... oh ! ce drapeau, toujours si près de nos grands mystères et des manifestations de notre foi, quel bon passé à revivre ! La messe du pèlerinage est profondément recueillie, les communions nombreuses. L'âme est deux fois saisie du mystère d'amour, si près de l'endroit où il fut institué. et le chant du *Veni Creator* a des vibrations plus graves au lieu même où le Saint Esprit fit de chrétiens vulgaires des hommes nouveaux. Ces faits, toujours solennels, se font ici plus pénétrants.

C'est d'abord la dernière Cène, et comme le testament du Sauveur : « Allez me préparer la Pâque, afin que nous la mangions. » C'est le soir, la dernière fois que Jésus accomplira avec ses disciples le rite prescrit par Moïse, aussi le cœur du Maître se fond de tendresse, et les adieux, si tristes pour les hommes qui ne peuvent plus que cela, se perdront dans la promesse consolante d'une présence invisible, mais à jamais perpétuelle. « J'ai désiré d'un grand désir manger cette pâque avec vous avant de souffrir, car je ne la mangerai plus jusqu'à ce qu'elle s'accomplisse dans le royaume de Dieu. »

C'en est fait de l'ancienne pâque, mais une autre lui succèdera et ce sera « la nouvelle alliance en mon sang ». Il prit du pain, et rendant grâces, il le rompit, et le leur donna en disant : « Ceci est mon corps qui est livré pour vous ; faites ceci en mémoire de moi. » Il prit de même la coupe et la leur donna en disant : « Cette coupe est la nouvelle alliance en mon sang qui est répandu pour vous. »

Les apôtres comprennent-ils les grands événements qui viennent de s'accomplir sous leurs yeux de chair ? le premier sacrifice eucharistique, la première commu-

nion, le premier sacrilège aussi... Jésus l'avait prédit :
« Vous êtes purs, mais non pas tous. » « L'un de vous
me trahira. » Et Judas est sorti, il a vendu son maître, et
Pierre reste là, protestant de son amour, tandis qu'il va
le renier trois fois à la parole d'une servante. Que tous
ces hommes sont faibles, et que leur esprit est grossier !

« Il est venu au milieu des siens, et les siens ne l'ont
pas connu. » Il faut donc qu'Il s'en aille, qu'Il achève son
sacrifice, et quand Il sera retourné à son Père, Il leur
enverra le Consolateur, l'Esprit de vérité qui leur enseignera toutes choses. « Mes petits enfants, je ne suis
plus que pour peu de temps avec vous. » Et les apôtres
s'attristent, car leur cœur était pris de cette grande présence qui enveloppait toute leur vie. Aussi Jésus les console : « Je ne vous laisserai pas orphelins », comme s'il
leur eût dit : vous ne me verrez plus de vos yeux de chair,
mais la foi, dont vous recevrez la plénitude quand je
vous enverrai mon *Esprit*, vous donnera de ma présence
une vision plus intime, plus pénétrante, qui vous aidera
dans les ardeurs du combat. Vous souffrirez pour mon
nom ; le disciple n'est pas au-dessus du Maître, mais
avec la force que je vous laisserai dans mon sacrement
vous vaincrez.

Ne vous scandalisez pas à mon sujet, car la puissance
des ténèbres aura son heure ; il faut que toute justice
s'accomplisse, et je suis venu pour racheter le monde au
prix de mon sang. Et l'entretien du Maître et de ses
apôtres dut se continuer dans des épanchements tendres,
graves, sublimes jusque sur la route de Gethsémani.
pour la veillée suprême.

Plus tard le Cénacle restera le lieu de réunion des
Apôtres : c'est là que le soir de la Résurrection, Notre-
Seigneur leur apparaîtra, les portes closes, leur confiant
le pouvoir de remettre les péchés ; là, que huit jours

après, l'incrédule Thomas est témoin d'une seconde apparition du Maître; là enfin que, après l'élection de saint Mathias, s'accomplit le grand miracle de la Pentecôte. Le miracle est instantané, Jésus l'avait prédit : « Je vous enverrai mon Esprit, il vous enseignera toutes choses. » Et la conviction des élus se fait si pressante que, du premier coup, saint Pierre convertit trois mille Juifs de la dispersion, accourus de partout pour la fête.

La tradition qui localise la descente du Saint-Esprit au mont Sion est fort ancienne. Saint Epiphane (IVᵉ siècle), affirme qu'en l'année 135, Adrien, venant d'E-gypte, trouva encore en ruines la ville détruite par Ti-tus, exception faite de quelques maisons et de la « petite église au premier étage de laquelle les Apôtres étaient réunis » le jour de la Pentecôte. Ce premier étage n'était autre que la « salle haute » à peine transformée, le Cé-nacle par conséquent.

Vers 350, saint Cyrille de Jérusalem connaît l'église supérieure des Apôtres où le Saint-Esprit est descendu; sainte Sylvie (385) en parle à plusieurs reprises.

Quant au lieu de la Cène eucharistique à l'église du Cénacle, il nous est indiqué par un texte de Pierre de Sébaste (mort en 392), frère de saint Basile le Grand, et ce texte important nous a été découvert en 1902 par Dom J. Marta, prêtre du patriarcat latin de Jérusalem. Le voici : « L'église de la sainte montagne de Sion té-moigne que le Messie a mangé la Pâque légale dans la salle haute le jour de la Pâque des Juifs. « Ce texte, joint à celui d'Hésychius de Jérusalem (mort en 438), suffit à résoudre les difficultés créées par le silence de nombreux pèlerins à cette époque (1).

_______________

(1) Consulter à ce sujet le *Guide de Palestine* par des professeurs de Notre-Dame de France.

En 670, Saint-Arculfe vénère le lieu de la cène dans la grande basilique de la Pentecôte, et, après lui, les témoignages des pèlerins sont unanimes en faveur de l'identification des deux cénacles.

C'est encore au mont Sion que, après l'Ascension et la Pentecôte, la Sainte Vierge vécut à côté des apôtres,

*Entrée du Cénacle.* (c. p.)

de saint Jean surtout, et c'est là que, suivant le témoignage de saint Modeste, patriarche de Jérusalem (611-634), de saint Sophrone, son successeur, et de tant d'autres, elle mourut.

Quant à l'église du Cénacle, que nous visitons avec une émotion refoulée au dedans, puisque les signes extérieurs de piété sont interdits, le pèlerin Séwulf (1102) nous apprend que, détruite par les Sarrasins, elle avait été relevée par les Croisés.

Une fausse opinion, accréditée par les Juifs au XIIe siècle, et reçue dans la suite par les chrétiens et les musulmans, plaçait le *tombeau de David* sous cette basilique, et cette fausse opinion, démentie par l'Ecriture, qui indique ce tombeau *au sud du Temple, dans la cité de David* (1), éveilla plus tard les convoitises des Mahométans et causa la perte du Cénacle.

La partie supérieure du monument, la seule accessible aux chrétiens, est restée ce qu'elle était au XIVe siècle, éclairée par trois fenêtres qui regardent le midi.

Une porte donne accès du côté de l'est dans une seconde salle de niveau plus élevé, où les Musulmans montrent le faux cénotaphe de David. Aux initiés on en fait vénérer un autre, qui n'est pas plus authentique, au rez-de-chaussée.

Le mystère plane donc encore sur les restes de David, bien qu'on soit sûr qu'ils sont au Mont Sion.

Les trois nefs de l'église des Croisés, élevée à l'endroit du Cénacle, s'étendaient en partie à l'ouest sur le terrain dit de la *Dormition*, terrain de forme irrégulière, enclavé entre le cénacle à l'est et les cimetières chrétiens à l'ouest, et qui est devenu la propriété du Germain. Ici c'est autant la fibre patriotique que le sentiment religieux qui s'émeut douloureusement. A côté de l'œuvre des Croisés détruite, du Cénacle converti en Mosquée, c'est l'Allemand qui nous supplante, et nous inflige un double supplice : c'est l'empereur protestant Guillaume qui concède aux catholiques de sa nation le terrain qui lui a été donné par le sultan, lors de son dernier voyage en Orient (1898).

Les Bénédictins de Beuron y établiront un monastère dont la première pierre a été posée en automne 1900.

(1) Esd. III, 16

Le nouveau sanctuaire de style roman comprend une crypte monumentale, où sept autels seront dédiés aux sept douleurs de la sainte Vierge, et l'église proprement dite, avec sept autels en l'honneur des joies de Marie.

La coupole doit s'élever à plus de 35 mètres. Tout près, fort heureusement, nous nous retrouvons sur la terre française, les Augustins de l'Assomption ayant acheté le vaste terrain de saint Pierre *in Gallicantu* (chant du coq). Pauvre saint Pierre ! le souvenir de sa trahison devait survivre à toutes les ruines. C'est au sud de ce terrain que se trouve le caveau des pèlerins, et il est rare qu'un grand pèlerinage n'y laisse pas quelque pieuse victime.

Ce soir même, nous y conduirons M^lle Rosalie Pougiat, dont le rêve était de mourir en Terre Sainte.

Physionomie sympathique, enjouée, plus résistante que tous au mal de mer, elle portait allègrement ses 73 ans, faisant honte aux jeunes et aux mûrs par une vaillance que rien ne démontait.

A peine débarquée à Jérusalem, sa physionomie s'altère ; elle veut néanmoins suivre tous les programmes, et même faire le chemin de Croix du vendredi, exercice long et fatigant dans les rues de Jérusalem.

Je revois encore son air accablé sur le pliant qu'elle portait de station en station. — Vous avez l'air fatigué, lui dis-je. — « Oh ! oui, c'est drôle, j'ai le mal de mer sur terre. » C'était le prélude de la fin ; le soir elle s'alitait ; une pneumonie se déclarait, et, en quelques jours, tout était fini.

On la connaissait à Notre-Dame de France ; elle y revenait pour la troisième fois. Ancienne élève de l'école normale, elle avait perdu sa position pour avoir arboré trop franchement son drapeau. C'était une convaincue, une ardente sous un voile de réserve qui nuançait de distinction la plus franche simplicité.

De la Jérusalem terrestre qu'elle aimait, elle est partie pour la Jérusalem céleste qu'elle désirait : pouvait-elle espérer meilleur couronnement de carrière ?

De ce terrain des Pères de l'Assomption. on a un coup d'œil complet sur l'emplacement de l'ancienne ville

L'Ophel qui s'élève devant le village de Siloé, marqué au sud par le petit minaret de la piscine d'Ezéchias, et prolongé au nord par la grande esplanade et les grandes mosquées : voilà la cité des rois de Juda. Puis, plus près, le petit ravin de la Géhenne, comblé aux trois quarts ; et enfin, la colline occidentale où l'on se trouve, qui porta la ville d'Hérode, contemporaine de Notre-Seigneur.

Dans le jardin lui-même, de patientes fouilles pratiquées par le P. Germer-Durand et le D$^r$ Bliss ont exhumé tout un quartier de la ville : la partie ouest de la longue voie bordée de colonnades qui partait de la porte de Damas et divisait la ville en deux, le long du tracé actuel de la rue du Bazar. Un peu plus bas, on suit sur une étendue de cinquante mètres, une voie parallèle, pavée de larges dalles et bordée de nombreuses citernes.

Dans l'angle Sud-Ouest de l'enclos, entre les deux grandes voies, apparaît une cour intérieure de maisons romaines, et plus bas, une petite construction abrite le pavage en mosaïque d'une salle de bain. Près de la salle de bain, on lit sur un linteau de porte le mot hébreu « Quorben », ou trésor sacré. Est-ce la porte du trésor sacré du grand prêtre ? En tout cas la maison de Caïphe devait être près d'ici.

Si intéressantes que soient les fouilles, elles n'ont pas encore donné le résultat qu'on espérait, c'est-à-dire la découverte de l'*ancienne basilique des Larmes de Saint-*

*Pierre ou de Saint-Pierre in Galli cantu*, élevée dès les premiers temps, sur l'emplacement du palais de Caïphe, bien qu'une tradition ancienne et suivie la place en cet endroit. L'église Saint-Pierre était dépendante d'un couvent arménien fondé dès le Ve siècle par le roi Terdate.

Est-ce inconsciemment ou non que les Arméniens, dépossédés de l'endroit, ont transporté le souvenir du palais de Caïphe dans un gracieux cloître du Moyen-Age qu'on peut visiter à côté de la porte Nébi-Daoud ? On y verra également les tombeaux des patriarches arméniens, auprès d'une chapelle qui aurait remplacé la salle où se réunit le Sanhédrin pour condamner Jésus ; puis au-delà de la porte, dans l'enceinte de la ville, toute la colonie arménienne, dominée par la caserne turque au pied de la citadelle de Sion, et vraisemblablement le lieu où s'élevait le palais d'Hérode

« Les trois tours d'Hippicus, de Phasaël et de Marianne formaient au nord l'enceinte du palais royal, dont la magnificence défie toute description. Une muraille spéciale, haute de trente coudées, l'entourait de toutes parts. On y voyait d'immenses salles capables de tenir cent lits de convives, et où brillaient les pierres les plus variées, les objets les plus rares et une merveilleuse ornementation. Les jardins étaient couverts de vastes pelouses et de bosquets touffus, pourvus d'agréables promenades et de fontaines aux bassins d'airain (1). »

Ces beautés qui virent passer l'humble Sauveur disparurent en l'an 70, sous la torche des incendiaires, comme si celles-ci eussent été allumées par le feu des vengeances divines, avant même que Titus eût pu se rendre maître du palais.

Hérode Agrippa, qui aimait à résider à Jérusalem, dut

_______________

(1) JOSÈPHE, *Guerre de Judée*, IV, c. IV.

y habiter comme son aïeul, et c'est tout près que se trouvait la prison où fut enfermé saint Pierre, et d'où saint Jacques, le premier apôtre martyr, alla à la mort.

L'église Saint-Jacques est celle du patriarcat arménien ; elle a été bâtie sur l'emplacement du martyre de saint Jacques-le-Majeur, dont les reliques ont été dans la suite transportées à Compostelle.

Le sanctuaire actuel, à trois nefs, avec coupole centrale, paraît dater des Croisades. Doté par les rois d'Espagne, à une époque où les Arméniens étaient unis à Rome, les armes des rois catholiques en décorèrent l'entrée jusqu'au XVIe siècle. Jusqu'à ces dernières années, les Latins avaient la permission d'y célébrer la fête de saint Jacques, et à chaque anniversaire encore, les Pères Franciscains adressent aux Arméniens une protestation déposée ensuite au Consulat de France. La communauté arménienne occupe un grand espace isolé sur le Mont Sion, depuis la caserne turque, voisine de la Tour de David, jusqu'à la porte Nébi Daoud : c'est le quartier arménien sous la juridiction spirituelle du patriarche, assisté d'un ou deux évêques et d'un Synode, qui, nommé pour quatre ans par les moines, prêtres et diacres, veille à l'administration du couvent. La communauté possède d'importantes propriétés, dont les revenus servent à rétribuer les prêtres. Le séminaire compte une trentaine d'élèves, et l'on apprend surtout le chant, la liturgie et les langues : arménien, turc, arabe et français. Le clergé arménien à Jérusalem, ne comprenant que des moines, n'a pas de prêtres mariés. Il y a aussi un petit couvent de femmes, la Congrégation des Saints-Anges, dont les membres sont logés à la maison dite d'Anne le Grand-Prêtre, environ trente à quarante familles arméniennes, et une hôtellerie pour les pèlerins. La visite du Mont Sion était donc d'un haut intérêt. De là surtout, et en

un simple coup d'œil, on embrasse le trajet accompli par
le Christ au dernier soir : d'abord du Cénacle à Gethsé-

*Façade du Saint Sépulcre*

mani, puis de Gethsémani au palais d'Anne et de Caïphe.
Et c'est ainsi que du Mont Sion toute la scène douloureuse des dernières heures, revit. Pouvions nous

mieux terminer notre pèlerinage à Jérusalem que par cette sombre vision du Vendredi-Saint ? Et pourtant nous n'avons pas fini. C'est en vain que nos grands bagages sont déjà partis pour Jaffa et nos valises préparées pour la Samarie. La première visite, qui s'imposait en arrivant, s'impose plus impérieuse en partant : il faut faire nos adieux au Saint-Sépulcre.

Grise cette journée, et d'un gris qui se fonce. C'est tout à l'heure le service pour M{^lle} Pougiat ; puis son enterrement et le long cortège au caveau des Pèlerins. Qu'est devenue le bel entrain pour la Samarie ? car partir pour la Samarie, c est quitter Jérusalem.

Quelques heures encore, une nuit, et c'est le départ définitif... mais dans quelle direction ? Le service était à peine terminé que le Docteur du pèlerinage s'avance :

— Figurez-vous que j'ai 40°5, de fièvre.

— Mais alors on ne partira pas demain.

— Pourquoi pas ? Ce sera peut-être passé ; et puis on peut me remplacer.

— Qui ?...

Et le bon Docteur avale une dose insensée de quinine, pendant que tous délibèrent pour le lendemain.

Ce sont des supplications multiples pour qu'on renonce à Samarie : les *évincées* par ordre supérieur ; les *timides* qui ont pesé le pour et le contre et ont décidé *contre* à la forte majorité ; les *prudents* du siècle et de la bourse, ceux qui sourient de l'enthousiasme et professent surtout le respect du coffre-fort ; les *doux* qui vraiment craignent pour la santé de ceux auxquels ils s'intéressent, et enfin ceux qui, à regret, ne peuvent pas pour une raison ou l'autre, tous conseillent l'abstention. Les autorités s'en mêlent : le supérieur de Notre-Dame de France ne sera tranquille qu'à notre retour. « A cela près », dit-on tout bas. La sœur Camomille, l'infirmière

émérite, intervient : « Je vous défends d'aller en Samarie. » Mais quelle autorité a-t-elle pour cela ? La seule
autorité compétente n'a pas mis son veto, et nous attendons. Vingt braves seulement, dont trois dames, sur
cent quatre-vingts pèlerins, se sont fait inscrire. Toutefois les dames, qui, en fait de prudence, valent mieux
que leur réputation, ont promis de ne partir que sous
l'égide de la Faculté. Les protecteurs ne manqueraient
pas ; mais ils sont de ceux à qui on peut tout confier,
sauf la santé.

Les heures passent et s'enveloppent d'une brume mélancolique.

Est-ce en me rappelant ces dernières heures à Jérusalem que j'évoque avec serrement de cœur le souvenir
de celle que j'appelais l'ange gardien de mon pèlerinage,
la douce Mlle Wateau ? Un sympathique courant nous
avait rapprochées à Marseille, et nous ne devions pas
plus nous quitter à bord qu'en Terre Sainte.

Pouvais-je penser que je la reverrais un an après sur
son lit de mort, calme, résignée à la souffrance, souriante
à la mort, quand elle se sentait si heureuse de vivre ?

Que sa mère me pardonne de citer ici ses propres paroles : « Elle est morte dans mes bras avec un sourire
d'ange que je n'oublierai jamais ! »

Ce sourire d'ange, il a été toute sa vie ; il est resté le
mot de sa mort.

Heureuse et inconsolable mère, suivant que son regard
se fixe en haut ou s'abaisse sur ce grand vide que rien ne
comblera.

Je ne crois rien exagérer en disant que tous ceux qui
ont approché Mlle Wateau en garderont le souvenir :
douceur, amabilité, oubli d'elle-même et piété s'harmo-
nisaient dans sa gracieuse personne en un charme qui
lui était personnel, et la rendait toujours plus atta-

chante. Elle a bien joui de son pèlerinage, et Dieu l'a rappelée trop tôt dans la Jérusalem d'où l'on ne revient pas. De là haut, et tout à côté de sa famille, elle accordera, je l'espère, un souvenir à ces compagnons d'icibas, aux pèlerins qui n'ont pas fini leur course.

C'est avec elle que j'ai fait mes adieux au Saint-Sépulcre. Nous avons pu prier longuement et sans témoin, tout contre le marbre sacré, revivant les jours précédents, remerciant de ce quelque chose d'ajouté à la vie qu'est un pèlerinage à Jérusalem, et laissant là aussi quelques larmes du cœur, un adieu à ce qui tombe déjà dans le passé, et ne revient plus.

Le soir, c'était le dernier repas, avec des sourires un peu contraints, la cantate des adieux, qui faisait monter à la gorge et plus haut, des larmes toujours refoulées, et puis la dernière nuit courte en vue du départ de demain, car rien ne prouve qu'on ne parte pas pour la Samarie.

# CHAPITRE DIX-HUITIÈME



*27 Mai.*

CINQ heures tout le monde est debout. C'est la messe d'adieu à Notre-Dame de France, les derniers quarts d'heure à Jérusalem, le grand départ pour tous : ceux qui n'auront pas voulu de la Samarie s'embarqueront pour Caïffa, et nous les rejoindrons à Tibériade. La grande question est de savoir si le vaillant groupe sera au complet, et le regard interroge moins la foule que les élus. Le trio féminin surtout est un peu anxieux. Qu'il se rassure. Une longue et fine silhouette se profile dans les derniers rangs de la chapelle : les yeux sont un peu creux, mais un bon sourire nous fait comprendre que la fièvre est en fuite. Nous partirons, car le Docteur est là. Les prières des dernières minutes sont sans paroles, et c'est toute l'âme qui, en se répandant devant Dieu, sait surtout lui dire merci :

La messe est terminée; les voitures se pressent à la porte de Notre-Dame de France. Les poignées de main sont cordiales et répétées en se séparant, et les exhortations à la prudence, à 40° au moins. Décidément il fallait être ferme dans son vouloir pour s'embarquer. Le spectre de la pauvre dame, d'une autre caravane, foudroyée quelques jours auparavant, sur son cheval, au cœur même de la Samarie, avait manqué ses effets oratoires, et nous voilà partis.

La Providence a d'ailleurs des sollicitudes toutes spéciales pour les faibles. Voyez plutôt la composition de notre voiture : M^{lle} Wateau, c'est-à-dire un Ange gardien, le Docteur et sa pharmacie, le P. Mamers et les saintes huiles... qui eût osé rêver pareille escorte ?

Un long regard sur tout ce qu'on quitte, sur ces sites désolés et parlants que l'âme n'oubliera plus, et nous voici sur le Scopus, d'où l'on domine Jérusalem. Les yeux s'ouvrent très grands, et restent fixés sur le dernier petit point de la cité qui a si bien su nous conquérir, et, quand on ne voit plus rien, on se retourne encore, comme si quelque chose d'indécouvert jusqu'ici allait soudain apparaître.

Cette émotion en quittant Jérusalem est habituelle aux pèlerins, lors même qu'ils ne seraient pas de grands chrétiens. Je tiens d'un des témoins du fait que Larroumet subit plus que personne ce charme mélancolique du départ, en s'éloignant de la mystérieuse cité. Il se retournait sans cesse les yeux pleins de larmes. Qui dira tout ce qu'il y a de passé dans ces larmes ? Souvenirs de la première enfance, des paroles d'une mère, des émotions qui ont fui..., pourquoi ? qui sont revenues..., comment ? et qu'on regrette de ne pouvoir retrouver intactes. C'est la vie qui est venue, donnant tant de choses, en emportant tant d'autres, et, quand on se retourne, on

trouve que le meilleur encore c'était cette foi qui recommence tout, quand tout est fini, qui rend tout, quand
tout était perdu !

Immobilité, silence, émotion étrange, spéciale, encore
inattendue et toujours plus vivace, c'est tout cela qu'on
voudrait prolonger ; mais les chevaux marchent, et c'en

*Panorama de Jérusalem. — Saint-Etienne. — Le Scopus.*

est fini d'El Kouds (la Sainte), comme disent les Musulmans, de Jérusalem, comme disent et redisent les chrétiens !

Le Scopus que nous gravissons a son histoire. C'est
là que les grands conquérants, venus du nord pour
s'emparer des richesses de Jébus, durent camper et
organiser leurs batteries de siège : Salmanasar, Senna-
chérib, Nabuchodonosor et, plus tard, Alexandre le
Grand. On revoit le grand-prêtre Jaddus, accompagné
d'une foule immense, se rendant au-devant d'Alexandre

pour fléchir sa colère, et Alexandre, frappé de la majesté du spectacle, s'inclinant devant le pontife, promettant aux Juifs d'épargner leur capitale, puis allant au Temple, pour offrir un sacrifice à l'Eternel. Au début de notre ère, c'est Titus, instrument inconscient des vengeances divines, plus tard Godefroy de Bouillon, Tancrède, Amaury et tous ces héros des Croisades qui ont dû, de ces hauteurs, combiner leur plan d'attaque. Le premier village qu'on aperçoit sur la route, c'est Chafat (200 âmes), entièrement musulman. Parmi les ruines avoisinantes, on distingue les débris d'une église et d'un monastère, que les habitants nomment encore le couvent brûlé. Les souvenirs bibliques se soulèvent à chaque pas ; il faudrait les relire sur place. Voici Gabaa de Saül (Tell-el-Foul) tristement célèbre par le crime commis dans ses murs sur la femme du lévite d'Ephraïm, crime qui eut pour épilogue l'histoire, rééditée depuis, de la femme coupée en morceaux. C'est encore à Gabaa que Saül reçut les envoyés de Jabès Galaad, venus pour solliciter son appui contre les Ammonites. Au récit des outrages dont Jabès est menacé, Saül s'enflamme de colère ; il prend une paire de bœufs et les coupe en morceaux qu'il envoie par des messagers dans tout le territoire d'Israël en disant : « Quiconque ne marchera pas à la suite de Saül et de Samuel aura ses bœufs traités de la même façon. » Cette proclamation brutale eut son effet : le peuple, saisi de crainte, se lève comme un seul homme, marche contre les Ammonites et les taille en pièces.

Plus tard Gabaa vit Saül prévaricateur se réfugier sous ses murs, quand Samuel eut prononcé contre lui sa sentence de réprobation, et c'est là que les habitants de Ziph vinrent lui découvrir la retraite de David.

Du haut de Gabaa, on jouit d'un merveilleux coup

d'œil sur le versant oriental des montagnes d'Ephraïm, dont les croupes arrondies se succèdent en s'abaissant jusqu'à la vallée du Jourdain. Au premier plan, l'œil distingue Anathoth (Anata) qui doit surtout sa célébrité au plus illustre de ses enfants, Jérémie. Sans cesse honni et maltraité par ses compatriotes, le prophète les menace des châtiments divins :

> Ainsi parle le Seigneur des armées :
>   Voici, je vais les châtier ;
> Les jeunes hommes mourront par l'épée,
> Leurs fils et leurs filles mourront par la famine.
>   Aucun d'eux n'échappera ;
> Car je ferai venir le malheur sur les gens d'Anathoth
> L'année où je les châtierai (*Jér.* 21, 23).

Ces terribles prédictions ne tardent pas à s'accomplir ; les habitants d'Anathoth sont emmenés en captivité sur les bords de l'Euphrate, lors de l'invasion des Chaldéens.

De l'antique Anathoth il reste des débris informes : colonnes tronquées, blocs équarris, anciennes citernes. Des fouilles, pratiquées à l'entrée du village en 1874, ont mis à jour le pavé en mosaïques d'une ancienne église, dédiée sans doute à Saint-Jérémie. Ces ruines sont aujourd'hui la propriété des Russes.

Au nord d'Anathoth, c'est Asmaseth (Hisméh) dont les gourbis abritent une population de deux cents âmes, tout au moins de deux cents corps.

Et enfin, plus au nord, on entrevoit sur un point culminant la silhouette d'une forteresse délabrée, autour de laquelle s'est tapie dans les ruines une population grouillante, c'est Gabaa de Benjamin ou Djéba, théâtre d'une bataille fameuse entre Saül et les Philistins.

Une gorge abrupte et profonde, qui n'est autre que

l'Ouadi Souénit, la sépare de Michmas, importante au temps des Machabées, et encore florissante à l'époque d'Eusèbe et de saint Jérôme. Ce n'est plus aujourd'hui qu'un misérable petit village, construit avec des blocs de pierre ayant appartenu à d'anciens monuments, églises ou monastères.

Nous continuons notre marche vers le nord. Contre toute attente, la température est fraîche ; les châles de laine se supportent, et la bonne humeur s'en accroît.

A nous le beau rôle. Nous respirons joyeusement, tandis que les mieux avisés de nos compagnons de pèlerinage sont sans doute aux prises avec le mal de mer. Parmi les contentements de cette heure, celui d'échapper à la traversée de Jaffa à Caïffa n'est pas le moindre ; il double, à coup sûr, la jouissance des sites et de l'histoire redite sur place par notre pieux guide. Nous en étions là quand l'ouverture inattendue d'une boîte mystérieuse nous fut un réfrigérant de quelques secondes. La boîte renfermait un flacon et le flacon contenait... oh! que nous y pensions peu! les saintes Huiles. Si honorable que soit la compagnie, nous souhaitons fermement qu'elle reste à l'arrière-plan.

Notre attention est d'ailleurs bientôt distraite du sombre objet par des flots mouvants que nous apercevons à distance ; c'est une caravane sans prestige pour l'œil, mais qui donne un petit choc à l'âme. Une soixantaine de pèlerins russes, venant des confins de l'Asie ou de la Baltique, se rendent à Jérusalem ; leur marche trahit la fatigue, mais leurs yeux brillent de l'espoir qui touche au but. Vieilles têtes de moujiks à barbes grises sortant de calottes fourrées, femmes en guenilles qui s'appuient sur leur meilleur compagnon de route, un vieux parapluie, rongé de soleil et battu d'averses ; ânes qui portent les provisions ou les éclopés, et paraissent eux-mêmes fourbus... évidemment le voyage remonte à plusieurs mois.

Tous les ans les navires russes ont des services spéciaux de la mer Noire à Jaffa pour les pèlerins de Terre Sainte. Ceux-ci traversent la Palestine, hébergés gratuitement par les couvents grecs ; quelques-uns meurent

*Chevauchée en Samarie.*

en route, et ce sont peut-être les moins à plaindre. Peu s'en faut que dans leur famille on ne les considère comme des martyrs, et de fait leur voyage à Jérusalem est un grand acte de foi, sous l'escorte du sacrifice en permanence. Quel abîme entre eux et nous ! nous que dans quelques jours, au Carmel, on va proclamer le groupe de héros... et surtout d'héroïnes.

En attendant, et sans souci d'héroïsme, nous continuons notre route. Là-bas, sur une colline rocheuse, c'est Rama (Er Ram), rendez-vous des prisonniers juifs sous Nabuchodonosor, au dire de Jérémie. Le même prophète nous montre Rachel pleurant ses fils à Rama, lorsque les dix tribus sont emmenées captives : « On entend des cris à Rama, des lamentations, Rachel pleure ses enfants, et elle refuse d'être consolée à leur sujet, car ils ne sont plus. »

C'est entre Rama et Béthel, dans la montagne d'Ephraïm, que la prophétesse Débora, assise sous un palmier, jugeait les enfants d'Israël. C'est à Rama que Samuel avait sa maison, et de là jugeait le peuple de Dieu.

Un peu plus loin *El Biréh*, l'ancienne Maspha de Benjamin, évoque le souvenir de Saül qui y fut proclamé roi dans une assemblée générale présidée par Samuel. Mais ce souvenir s'efface devant celui que les chrétiens y vénèrent depuis nombre de siècles. C'est là, au dire des premiers pèlerins, que Marie et Joseph s'aperçurent de la disparition de Jésus, le premier soir du retour à Nazareth. Aussi les Croisés colonisèrent la station d'El Biréh, qu'ils appelaient la grande Mahomerie, et les ruines du caravansérail ou khan qui remonte à cette époque sont, avec celles de l'église bâtie par les chanoines du Saint-Sépulcre, une des attractions de cette halte, à mi-chemin de Jérusalem à Sindjil.

Ajoutons-y la séduction d'une fontaine abondante, rendez-vous des femmes qui viennent y remplir leur cruche de terre ou laver leurs linges, des moukres qui y font boire leurs chevaux, et des pèlerins à qui le breuvage envié reste interdit, et nous aurons tout dit sur ce petit village qui compte actuellement mille habitants, tous musulmans

Nous suivons pendant quelques minutes au nord d'El Biréh le tracé de la voie romaine de Naplouse,

Fontaine à El-Bireh.

laissant à droite, le pauvre village musulman de Beïtin l'antique Béthel, si riche en souvenirs bibliques.

C'est là qu'Abraham avait fixé sa tente, quand éclatèrent entre ses bergers et ceux de Loth des querelles qui aboutirent à une séparation, ce qui prouve que, dès les temps les plus reculés, l'indépendance de chacun fut toujours la base de l'entente entre tous. « Qu'il n'y ait point, je te prie, dit Abraham à Loth, de dispute entre moi et toi, ni entre mes bergers et tes bergers, car nous sommes frères. Tout le pays n'est-il pas devant toi ? Sépare-toi donc de moi : si tu vas à gauche, j'irai à droite ; si tu vas à droite j'irai à gauche. » Loth choisit la plaine du Jourdain, et Abraham resta dans les montagnes de Chanaan.

C'est à Béthel que Jacob fuyant devant Esaü vit en songe cette échelle mystérieuse qui était appuyée sur la terre et dont le sommet touchait au ciel : de là le nom donné au pays qui s'appelait auparavant Louz et que Jacob appela Beth-El (maison de Dieu).

C'est là que mourut la nourrice de Rébecca, et on l'enterra au bas de la ville, sous un chêne, qu'on appela le chêne des pleurs. Et, en tournant quelques feuillets de la Bible, nous voyons l'Arche d'Alliance déposée à Béthel un certain temps, Samuel y jugeant annuellement, et Jéroboam y bâtissant un temple au veau d'or. C'est alors que les prophètes Osée et Amos changent le nom de Béthel en celui de Bet-Aven (maison des idoles).

Des hauteurs de Béthel on entrevoit le village chrétien de *Taïbéh*, bâti sur un des points les plus élevés de la Palestine. C'est l'antique *Ephron* du livre de Josué, citée comme voisine de Béthel.

C'est probablement encore l'*Ephrem* évangélique, et ce serait son plus grand titre à notre vénération. C'est là que Jésus se serait réfugié après la résurrection de

Lazare, quand les Juifs le cherchaient pour le faire périr.

A quelques centaines de mètres, au sud-est du village, des fouilles récentes ont mis à jour une église à trois nefs, destinée sans doute à rappeler ce souvenir, d'autant mieux gardé que tous les habitants du village sont chrétiens : six cents Grecs schismatiques, trois cents Latins et quelques Grecs Melchites.

Au milieu des ruines de cette église, les Croisés élevèrent une chapelle dédiée à saint Georges, et dont l'unique abside est en partie debout.

Près d'Ephrem, la haute colline de Baal-Azor (Tel Açoun) permet d'embrasser d'un coup-d'œil l'horizon de la Terre Promise. Cette montagne, où Baal dut avoir un haut lieu, fut le théâtre d'un terrible drame de famille sous le règne de David. Absalon, qui possédait à Baal-Azor un grand domaine et de nombreux troupeaux, y mit à mort dans un festin son frère Ammon, pour venger l'outrage fait à sa sœur Thamar.

Après une série de courbes qui nous permettent de contourner le pied des monts, la route débouche dans une vallée fertile, plantée de figuiers et de vignes, et à gauche, sur les premières pentes d'une colline, *Gifnéh*, ancienne Gophna, ville autrefois aussi importante qu'Emmaüs et Lydda, étage ses maisons blanches dans un cadre de verdure. Titus s'y arrêta la nuit qui précéda le siège de Jérusalem ; il y trouva la garnison laissée par son père Vespasien.

De Gifnéh, nous sommes en trente minutes au petit village d'Aïn-Sinia, vraisemblablement l'antique *Jésana*, où Abia, roi de Juda, vainquit Jéroboam et l'armée du royaume schismatique d'Israël.

C'est à quelques pas de là que nous laissons à gauche dans la vallée et nos voitures et la route en construction qui doit relier Jérusalem à Naplouse, puis à Nazareth.

Nous voici gravissant une colline à pente raide et plantée d'oliviers trop clair-semés pour nous protéger du soleil. Mais bientôt le ouadi El-Haramiéh (vallée des voleurs) nous donne une illusion de fraîcheur dans l'ombre de ses arbres fruitiers ; le mince filet d'eau qui s'échappe des flancs rocheux de la montagne avoisinante

*Halte avant Naplouse.* (CL. H.).

est tari, et le khan tout proche de la source ruiné. Quand le vallon s'élargit, il n'offre plus que des pierres brûlées de soleil et un sol hérissé d'aspérités. Il faut compter trente à quarante minutes de marche pénible dans ces circuits multiples, avant d'arriver dans la plaine arabe, dominée par l'important village de Sindgil. C'est là que nous ferons notre première étape ; là aussi, moment critique, que nous trouverons nos montures

# CHAPITRE DIX-NEUVIÈME



OUT est nouveau pour nous : le premier déjeuner en Samarie, la sieste déjà bénie à distance, et puis la chevauchée jusqu'à Naplouse. Les drogmans se sont mis en frais, et ils ont choisi leur endroit. Deux immenses grottes remplaçant les tentes vont nous abriter, et celle des Dames sera garnie d'un grand tapis, aussi elles en feront les honneurs, en regrettant que tous ne puissent y prendre place. Le premier sac s'ouvre, et quelle surprise ! fourchettes, cuillers, timbales, c'est presque trop. Ah ! les Dames, pour elles les soins, les attentions, le grand confort. Si le menu est uniforme : œufs durs, viande froide, fromage, genre gruyère, raisins de caisse,.. tout ce qui est destiné aux dames est choisi : morceaux artistement coupés, raisin trié ; la boisson seule est un peu chaude, mais le mal sera sans remède jusqu'à la fin.

L'appétit s'aiguise sous la sombre voûte, et en chœur, on vote une adresse de félicitations au drogman qui a si bien choisi son endroit. Décidément les solitaires

étaient les seuls gens pratiques en Palestine. Après le
déjeuner, c'est la sieste, oh ! combien douce, non à cause
du sommeil qu'on appelle sans qu'il ait le temps d'arriver, mais parce que c'est le repos à l'abri du soleil. Et
le sommeil viendrait, si l'impitoyable trompe ne le mettait en fuite. Les yeux sont déjà appesantis, le vague
commence ses enveloppements très doux, la réalité a
perdu tous ses heurts, et on est parti pour le pays des

*Halte en Samarie.* (CL. H.).

rêves, quand le grand chef sonne le boute-selle. Les
pauvres bêtes sont là en plein soleil, et chacun se presse
pour choisir sa monture. C'est le revers de la médaille
pour l'élément féminin, et, pour la première fois, je déplore mon partage : le plus mauvais cheval, et quelle
selle ! dure et tournante à plaisir. Aussi je déposerai
plainte avant peu.

Enfin nous voilà hissées, et nous partons avec un renouveau d'entrain.

Bientôt, sur la droite, un amas de blancs gourbis

nous indique *Tournous-Aga*. Encore quelques minutes et nous serons à *Silo* qui tient une place de premier ordre dans l'histoire d'Israël, puisqu'elle garda pendant trois siècles le Tabernacle et l'Arche d'alliance, et fut pendant cette longue période le centre de la vie politique et religieuse du peuple hébreu.

C'est à Silo que, après la conquête de la *Terre Promise,* se fit le partage du territoire entre les douze tribus.

C'est encore à Silo qu'Anne, femme d'Elcana, vint supplier le Seigneur de lui donner un fils. Exaucée dans sa prière, elle nomma son fils Samuel. Celui-ci grandit à Silo où il entendit les menaces fulminées contre la maison d'Héli, menaces qui ne tardèrent pas à se réaliser. Au cours d'un combat, l'Arche d'alliance tombait aux mains des Philistins, et les deux fils d'Héli, Ophni et Phinées, étaient frappés de mort. A cette nouvelle, Héli pâlit, s'affaissa sur son siège et se brisa la tête en tombant. Il fut enseveli avec ses deux fils à Silo.

Du jour où l'Arche ne résida plus à Silo, la ville décrut jusqu'à sa chute finale. Elle n'est plus aujourd'hui qu'un amas de ruines, tandis que la nécropole de la cité a mieux résisté à la destruction du temps.

Une longue série de tombeaux, creusés dans le roc, s'ouvrent au flanc de la vallée, la plupart précédés d'un vestibule cintré qui communique par une porte basse à la chambre sépulcrale. Mais, comme aspect général, une ancienne synagogue convertie en forteresse, et, près d'un magnifique chêne vert, une mosquée coiffée d'une blanche coupole, voilà, avec quelques fûts de colonnes, toute l'ancienne Silo, revivant dans la moderne Scilonne. Le Tabernacle était probablement dressé de ce côté, au sommet de la colline.

Nous traversons ensuite une vallée profonde que do-

mine à l'occident *Loubban*, l'ancienne *Lésbone*, dont il est
fait mention au livre de Josué.

Une source abondante coule en avant du village, près
d'un khan éboulé.

Puis c'est une voie romaine dans laquelle on s'enfonce
résolûment, et, pour gagner les hauteurs qui vont nous
permettre d'apercevoir les premiers contreforts du

*Une arrière-garde en Samarie* (CL. H.).

Garizim et les sommets neigeux du grand Hermon, il
nous faut gravir des pentes rudes et pierreuses.

La fatigue commence à se faire sentir, et la tentation
grandit d'avoir recours au *palanquin-remorqueur*. En toute
prudence, nous l'avions retenu, et il marche à vide, à
côté du palanquin d'ambulance.

Il faut avouer que cette « cellule flottante » n'a rien
d'engageant. C'est une sorte de chaise à porteur que de
longs brancards à l'avant et à l'arrière permettent de his-
ser entre deux mulets ; des moukres l'escortent de

chaque côté. Elle n'a pas plus de roues que de marche-pied, et c'est en passant sur le dos des moukres, qu'on peut y avoir accès. Ajoutons que ceux-ci se prêtent à la chose avec une merveilleuse souplesse, ce qui double peut-être l'hésitation d'avoir recours à l'inévitable assistance. Une fois casé, les agréments de la situation se dessinent et varient, toujours dans le même ton : secousses imprimées par les caprices des bêtes, les pierres du chemin et la position plus ou moins critique du voyageur, qui doit incliner à droite quand la route descend vers la gauche. C'est une voltige perpétuelle qui réédite quelques effets du bateau, sans la compensation des horizons, car les ouvertures du palanquin mesurent avec parcimonie une vue dont on ne voudrait rien perdre, et le premier plan qu'il vous offre est un masque sans poésie.

En n'oubliant pas le siège très dur, nous aurons au complet les avantages *réels* du palanquin. A côté de cela, il garde, pour ceux qui savent s'abstraire des exigences matérielles, une poésie que Mathilde Serao a supérieurement décrite, et un charme qu'un bon abbé de nos compagnons a goûté dans sa plénitude, à l'abri du soleil et en compagnie de son bréviaire ! A cheval ou en palanquin, la caravane avance, mais le palanquin est à l'arrière garde et assez loin du peloton, autre inconvénient ajouté à la série des *contre* !

Mon regard plongeait encore dans la direction du puits de Jacob, quand le son joyeux de la trompette m'avertit que Naplouse est tout près.

C'est le groupe des vaillants qui vient d'être salué par la population, enthousiaste surtout quand les femmes font partie du cortège... la femme arabe étant tenue si à l'écart de tout !

Au passage du palanquin, même ovation devant la caserne, et un peu plus loin des enfants se mettent à genoux. C'était à donner sa bénédiction, si le geste respectueux ne s'était trahi de suite, comme la forme la plus expressive du bakchich.

Me voici débarquée, avec la plus agréable impression de la ville.

*Naplouse* (CL. C).

Au fond d'un amphitéâtre naturel, formé par l'Ebal et le Garizim qui se font face, Naplouse apparaît coquette et radieuse dans son manteau de verdure, tout semé de fleurs ou de fruits, suivant la saison. C'est l'oranger, le citronnier, le figuier, la vigne, la rose et le jasmin, le palmier, qui se disputent la prééminence dans cette fête de la nature à laquelle tout l'être s'associe !

Mais il eût fallu en rester là, et le contraste sera d'autant plus amer que, dès les premiers pas, nous retrouverons, et avec renfort, tous les écœurements de Jérusalem.

Etant peu nombreux, nous logeons chez le particulier ;
la maison qui nous abrite fait face à l'Ebal, dont les
flancs méridionaux apparaissent surtout garnis de cactus ou figues de Barbarie, beaucoup de vignes ayant été
supprimées pour empêcher jusqu'à la tentation même
de l'ivrognerie chez les Musulmans. Les pensées se
pressent au prime regard sur l'Ebal et le Garizim : de la
Bible à Rostand, de Jacob à tant de voix éloquentes
parlant de la Samaritanie, du Pentateuque à notre Christ,
quelle ample vision d'humain et de divin !

Une visite nous réclame tout d'abord avec son im-
périeux droit d'aînesse, c'est celle du Pentateuque. Mais
pour aller le voir, nous laissons loin les sources abondantes qui jaillissent des monts et les bosquets aux es-
sences variées, plaisir des yeux et de l'odorat qui devait
être chèrement expié par l'étude des dessous.

Le quartier de Naplouse que nous traversons n'a certainement pas son rival à Jérusalem.

Des rues sombres, tortueuses, nauséabondes, plutôt
des caves ou des tunnels. A certains endroits, il nous a
fallu frotter des allumettes, et alors quelle surprise de
voir des yeux qui luisent et des dents qui brillent au
milieu de taudis qu'il faut renoncer à décrire : La population croupit là dans des antres dont on se détourne
avec horreur. Des eaux épaisses et jaunes, des marchandises chargées de puces et de mouches, des bêtes cre-
vées, dont il reste des squelettes entiers, et, traversant
tout cela, des êtres en guenilles qui implorent le bakchich avec une insistance menaçante, voilà les agréments de la route jusqu'à la synagogue qui possède le
vénérable Pentateuque. Enfin nous y sommes. La synagogue est une simple salle rectangulaire, blanchie à la
chaux, mais qui renferme, écrite en caractères phéni-
ciens, la relique à nulle autre comparable.

D'après ses heureux propriétaires, le Pentateuque aurait été écrit par un arrière-petit-fils d'Aaron, frère de Moïse, et compterait, par conséquent, plus de 3000 ans d'existence. De savants orientalistes après mûr examen, disent que ce serait se hasarder beaucoup de faire remonter l'origine de ce manuscrit à plus de mille ans. Mais de quel respect il est entouré ! Roulé sur des bâtons d'argent dont l'extrémité est finement sculptée, le parchemin repose dans un étui de cuivre aux élégantes ciselures. On ne l'en sort qu'avec un luxe de précautions qui indique tout le culte dont il est l'objet, et ce n'est pas une des moindres surprises de voir ce noyau de peuple, si fermé à tout, consentir à exposer aux regards profanes la relique qui est toute sa vie.

Les Samaritains sont des monothéistes purs, qui n'ont adopté de la Bible que le Pentateuque ; ils forment une branche à part dans la grande famille humaine. Au nombre de deux cents environ, ils s'étiolent, agonisent, dans une fidélité touchante à une loi morte. Descendants des colons assyriens que Salmanasar installa dans le pays pour y remplacer les Juifs qu'il emmenait en captivité, ils perdirent leur nationalité sans pouvoir se fondre avec les Juifs, qui les traitèrent toujours en ennemis.

C'est en vain qu'au retour de la grande captivité ils offrirent leur concours aux Juifs pour la reconstruction du Temple, ceux-ci refusèrent toute intervention de leur part.

Éconduits par les Juifs, les Samaritains construisirent alors sur le Garizim un temple rival de celui de Jérusalem. Bâti plusieurs siècles avant Jésus-Christ, par Sanaballète, il fut détruit par Jean Hyrcan. et, aujourd'hui, une roche nue, entourée de ruines byzantines, en marque l'emplacement.

C'est là que les Samaritains viennent tous les ans

célébrer les fêtes de la Pâque, de la Pentecôte et des Tabernacles. Ils n'ont adopté du culte d'Israël que les cérémonies mentionnées dans le Pentateuque.

Ainsi que les Juifs, ils attendent le Messie, observent le Sabbat, et ne se marient qu'entre eux.

La dignité de grand prêtre était héréditaire dans une famille qu'on disait descendre en ligne directe d'Aaron. Ce grand prêtre était reconnaissable à ses longs cheveux rejetés en arrière, à son turban blanc et à sa large tunique de soie rouge, tandis que les autres Samaritains portent le turban rouge et le manteau blanc.

Jusqu'à ces dernières années ils accomplissaient sur le Garizim la manducation de l'agneau pascal. Mais cette famille sacerdotale vient de s'éteindre ; les Samaritains n'ont plus de grand-prêtre, et le sacrifice de l'agneau pascal a cessé.

Ce sont de beaux types en général : graves, distingués et tout différents des juifs. Est-ce en nous rappelant les miséricordieuses prédilections du Christ à leur égard que nous leur donnons nos sympathies ? Peut-être, et tout l'Evangile nous revient en mémoire : c'est le Samaritain donné en exemple aux prêtres et aux lévites, qui n'avaient pas su comprendre le grand précepte de la charité (parabole du bon Samaritain) ; c'est, entre les dix lépreux guéris à Djenin, un seul « et il était Samaritain » qui sait rendre grâces à Dieu ; c'est, par dessus tout, l'épisode divin du don fait à la femme coupable, mais dont le cœur s'*ouvre* sur l'heure à la lumière et à la charité du Christ.

Les Apôtres sont lents à croire ; le miracle ne leur désille pas les yeux ; ils doutent, ils hésitent : l'un renie, l'autre trahit son Maître, et cette pécheresse n'a pas plutôt entrevu le « don de Dieu » qu'elle le reçoit et le répand à flots sur ses compatriotes. Demain, au puits même de Jacob, nous revivrons la scène, mais déjà elle nous hante. Nous entendons le Christ, montrant de la main le Garizim, où nous sommes, redire à cette femme qui l'interroge dans la droiture de son âme : « Le temps est proche où l'on n'adorera plus ni sur cette montagne, ni à Jérusalem, mais en esprit et en vérité. »

Il n'y a pas de lieu pour la vérité, pas d'obstacle pour la charité. Du jour où on enlèverait à la religion du Christ la pierre où elle peut célébrer ses mystères, elle vivrait encore dans le cœur de ceux qui ont connu le don de Dieu, et bu à la source qui jaillira jusqu'à la vie éternelle.

Il est tard, et nous avons regagné notre petit hôtel de la mission ; nous y trouvons une chapelle catholique, refuge si bon et où on se sent plus frères encore dans la prière en commun ! Puis c'est le dîner dans une vaste salle, et avec un menu qui ne laisse pas de nous surprendre. Relevons-y des pigeons dans une couronne de tomates farcies, le tout préparé avec autant d'art que de goût. Où donc le drogman a-t-il trouvé son chef de cuisine ? Moins d'enthousiasme pour le lit qui, sous sa blancheur, cache de petits instruments de torture. Cherchez l'ennemi ; il est introuvable, et l'eau de Cologne à forte dose n'en aura pas raison ! Aussi c'est sans effort que, à trois heures du matin, nous sommes sur pied. Se réveiller ou même essayer de dormir à Naplouse, l'ancienne Sichem où Abraham séjourna, alors que la ville n'était pas encore fondée, c'est si peu banal qu'on excuse l'insolence des parasites qui comptent peut-être, dans leur généalogie, des ancêtres plus vieux qu'Abraham !

Après le séjour du père des patriarches à Sichem, c'est l'arrivée des fils de Jacob, qui massacrent tous les habitants de la cité, y compris le roi Sichem, fils d'Hénor, pour venger l'outrage fait à leur sœur Dina.

Puis Josué réunissant les douze tribus sur les pentes

du Garizim et de l'Ebal, pour leur faire proclamer les *bénédictions* et les *malédictions* qu'on lit dans le Deutéronome.

Six tribus montent sur le Garizim et six sur l'Ebal. Les prêtres, les lévites et l'Arche d'alliance restent entre les deux montagnes. C'est une réunion de 600.000 hommes, et la scène revit grandiose, à quelques pas de l'endroit où nous sommes.

Les lévites se tournent vers le Garizim, et récitent les bénédictions :

« Béni soit celui qui ne fera pas d'idole ! » et le peuple répond : Amen !

Ils se retournent ensuite vers l'Ebal, et récitent les malédictions :

« Maudit celui qui taillera des idoles! » et le peuple répond : Amen !

Et toute la loi se déroule ainsi, suivant que Moïse l'avait prescrit par l'ordre de Dieu.

Après la mort de Salomon, Israël s'assemble près de Sichem, pour offrir à Roboam la succession de son père. Celui-ci, malgré le conseil des sages, accabla le peuple d'impôts : « Mon père vous a battus avec des lanières, dit-il, mais je vous châtierai avec des fouets garnis de pointes. » Tant d'insolence provoque la scission du royaume d'Israël, annoncée par le prophète Ahias : deux tribus seulement, Benjamin et Juda restent fidèles à Roboam ; les dix autres se choisissent Jéroboam avec Sichem pour capitale.

Après trois siècles d'existence, le royaume d'Israël disparaît ; le culte samaritain se fonde, et plus tard Sichem reçoit l'Evangile de la bouche même du Christ ; la ville était alors plus rapprochée du puits de la Samaritaine.

Sous Vespasien, elle fut rebâtie un peu à l'ouest, et

s'appela alors Flavia Neapolis. La rapide extension de la foi chrétienne y nécessita la création d'un évêché, dont les titulaires se sont succédé jusqu'à l'invasion du kalife Omar (636). Saint Justin, martyr, le grand apologiste du deuxième siècle, est l'un des fils les plus illustres de cette Eglise. Au temps des Croisades, lorsque Godefroiy de Bouillon eut emporté Jérusalem d'assaut, Naplouse n'opposa aucune résistance. Saladin, qui avait déjà pillé la ville en 1184, l'emporta et la saccagea de nouveau trois ans plus tard après le désastre d'Hattin.

Au début du XIII^e siècle, elle fut désolée par un violent tremblement de terre. Retombée, en 1242, au pouvoir des Francs, elle leur échappa définitivement peu après.

En 1834, le cheik de Naplouse, Kassin Achmed, avec une armée de paysans, vint assiéger Ibrahim Pacha à Jérusalem sur le Mont Sion. Ibrahim éloigna son ennemi par des offres de paix, puis rompant soudain les traités, fondit à l'improviste sur Naplouse, à la tête de 16.000 soldats : la ville fut saccagée et son cheikh emmené à Damas, où il périt par le glaive avec ses quatre fils.

Depuis lors la cité musulmane n'a fait que se développer, grâce à sa belle position et à la merveilleuse fertilité de son territoire. Sur la limite de partage des eaux entre la Méditerranée et le Jourdain, elle compte des sources abondantes qui jaillissent des monts et forment des ruisseaux, la sillonnant en tout sens, ce qui n'empêche pas la malpropreté d'y trôner en reine et maîtresse.

Un peu plus de 20.000 habitants, dont 19.000 Musulmans, 500 Grecs schismatiques, 200 Juifs, 200 Samaritains et une centaine de catholiques se partagent la

ville. Cinq mosquées se détachent des autres constructions avec leurs gracieuses coupoles et leurs minarets en
aiguille ; l'une d'elles, ancienne église, rappelle par son
portail celle du Saint-Sépulcre. Pas d'autre commerce à
Naplouse que le coton, le savon et l'eau de rose, nom
qui semble ici un peu ironique !

# CHAPITRE VINGTIÈME



*28 Mai.*

**I**L est quatre heures du matin ; nous sommes partis pour le puits de Jacob. L'heure matinale rend la chevauchée moins pénible, et dans une heure nous serons à la porte de la propriété des Grecs. C'est en dehors de l'enceinte, et au milieu du va-et-vient d'une population indifférente que le Saint-Sacrifice se célèbre ; mais après la Messe nous irons au Puits, enfermé aujourd'hui dans la crypte d'une chapelle des Croisés, bâtie elle-même sur les ruines d'une église plus ancienne, dont on a retrouvé les débris épars.

Quand le prêtre grec met dans la serrure la clef qui doit ouvrir la porte de la crypte, toutes les pensées vont au même but.

Juifs, chrétiens et musulmans ont en égale vénération
le puits qui, dans ses vingt-quatre mètres de profondeur,
contient une vieille histoire et des pages sublimes. Pour
les Juifs ce sont tous les souvenirs de la Bible : Abraham
fixant ici ses tentes, et y recevant la promesse que ce
pays serait donné à sa postérité ; Jacob achetant ce
champ pour cent agneaux, à son retour de la Mésopo-
tamie, et le léguant plus tard à Joseph, qui fait jurer à
ses frères d'y rapporter ses os. Et le serment est ob-
servé : à une faible distance du puits, on aperçoit le
tombeau de Joseph qui, dit-on, garde ses cendres. Il
occupe tout au moins l'emplacement de son caveau fu-
néraire : les plus anciennes traditions juives et chrétiennes confirment cette croyance.

Mais, par-dessus ces souvenirs, le chrétien en connaît
un qui efface tous les autres, et c'est avec une émotion
dont nul ne se défend, qu'on approche du puits mystérieux ; il est là avec son aspect de citerne, à sec une partie de l'été, et présentant sur son rebord deux dépres-
sions, endroits où l'on s'appuyait sans doute pour
puiser de l'eau, pour se reposer peut-être. Et tout de
suite la rencontre du Christ avec la femme de Samarie
revit dans son cadre si simple, si loin de tout ce qui est
bruit, éclat, si parlant pour l'esprit en quête de vérité, si
vibrant pour le cœur qui connaît d'autre supplice que la
soif vulgaire du plaisir, si suggestif surtout pour la foi,
pour cette foi humble et soumise, qui laisse derrière soi
les questions troublantes, les agitations vaines, les
nourritures creuses, l'eau qui donne encore soif.

Il faut relire tout au long, au chapitre IV de l'évangile
saint Jean, la scène sublime : le Christ fatigué, s'as-
seyant au bord du puits et disant à la femme qui vient y
puiser de l'eau : « Donnez-moi à boire », piège divin et
qui saisit au vif l'âme féminine.

Etre la supériorité par essence et demander un service à la créature faible, tombée et qui sait toutes ses hontes, n'est-ce pas la porte ouverte au bien dont elle reste capable? L'âme, surprise d'abord, s'ouvre, elle questionne, et tout dans le personnage qui lui parle l'étonne et l'attire ; c'est une humanité nouvelle, quelque chose qui prend le cœur et le garde en haut : une beauté qui émane du dedans et a son reflet sur l'être tout entier, une simplicité faite du dédain de tout ce qui parle aux sens, un regard qui pénètre plus loin que l'âme, dans toute la vie : — « Vous avez fort bien dit, je n'ai point de mari. Car vous en avez eu cinq, et celui que vous avez maintenant n'est pas le vôtre. » Et la femme ne se dérobe pas : « Seigneur, je vois que vous êtes un prophète. » Son humilité la conduit à la vérité ; elle questionne :

« Nos pères ont adoré sur cette montagne, et vous dites, vous autres, que le lieu où il faut adorer est Jérusalem. »

Le Christ voit la droiture de cette âme, et, d'un coup, il la pénètre de sa vraie lumière.

« Le temps va venir, et il est même venu, que les véritables adorateurs adoreront le Père en esprit et en vérité. Car c'est de tels adorateurs que cherche le Père. Dieu est Esprit, et ceux qui l'adorent, il faut qu'ils l'adorent en esprit et en vérité. Et la femme, déjà transformée, de répondre :

« Je sais que le Messie (ce qui signifie le Christ) est sur le point de venir : lors donc qu'il sera venu, il nous instruira de toutes choses.

« Jésus lui dit : « Je le suis, moi qui vous parle. » Quel moment ! C'est tout de suite la lumière éblouissante, la conversion radicale. « Alors la femme laissant sa cruche s'en alla dans la ville et dit aux habitants : « Venez voir

un homme qui m'a dit tout ce que j'ai jamais fait. N'est-
ce point le Christ ? »

Et la pécheresse est devenue un apôtre, et la scène du
puits de Jacob se renouvellera à travers les âges.

Il est doux de méditer ces pages d'un enseignement
toujours actuel à l'endroit même où le Christ les donna
pour les siècles.

Nous restons à loisir dans le recul de la crypte, sur
une borne de pierre tout près du puits, et, quand nous
en sortons, c'est pour recevoir des prêtres grecs l'accueil
le plus gracieux : roses offertes aux dames, sourires qui
ne paraissent pas menteurs, puisque toute permission
nous est donnée de séjourner dans la propriété, de revenir au puits, d'y rester le temps que nous voudrons.
Mais là encore le chronomètre nous dit que le vouloir
n'est pas le pouvoir, et nous avons bientôt retrouvé nos
montures. Par un privilège inattendu le temps est cou-
vert, et la chevauchée de Naplouse à Samarie ne sera
qu'une promenade de deux heures et demie.

C'est d'abord la route carrossable de Jaffa qui longe
la fertile vallée de Naplouse, et l'œil, moins surpris que
charmé de cette végétation qu'il va désapprendre, retrouve l'Hébal (950 m.) et le Garizim (870) avec leurs
terrasses de vigne, les haies de cactus, les bosquets d'o-
rangers, de citronniers, et tous ces imprévus d'horizons
que de la base au sommet ils ménagent ou prodiguent.

Puis des villages sans importance s'échelonnent sur
des collines à gauche du chemin, et c'est la pierre poin-
tue et la plaine saturée de soleil jusqu'à ce que le blanc
minaret de Sébaste ou Samarie apparaisse !

Nous voici dans l'ancienne capitale du royaume d'Israël, laissant sous leur soleil de plomb les *gourbis* qui
forment tout le village actuel, et trouvant sur les ruines
de la belle église de Saint-Jean-Baptiste abri et récon-

fort. Mais bientôt notre cercle s'élargit d'une avalanche de petits naturels qui nous font des offres multiples de bijoux, d'amulettes, de reliques *authentiques*, débris des grandeurs passées ! Légères et court vêtues les filles ont les membres surchargés de bijoux, anneaux au nez ou aux oreilles, bracelets aux pieds et aux coudes, mé-

*Église de saint Jean-Baptiste à Samarie.*

dailles ou monnaies autour de la tête ou en colliers ; les fables qu'elles nous débitent dans un langage incompréhensible pour nous sont accompagnées d'un geste uniforme : mains tendues au refrain de bakchich, bakchich.

Quelquefois, en étalant leurs marchandises, on saisira de leur langage u-ne franc, u-ne demi franc, et les offres rejetées n'empêcheront pas la récidive. Pour les éloigner nous lancerons une pluie de raisins de caisse, qu'ils imagineront tout autre, et nous recommencerons sans lasser leurs convoitises. Puis de nouveau à nos pensées, et mélancoliquement assis sur des ruines, nous réaliserons sans effort la prophétie de Michée :

Je ferai de Samarie un monceau de pierres dans les champs
    Un lieu pour planter la vigne.
    Je précipiterai les pierres dans la vallée.
    Je mettrai à nu ses fondements (1).

Et où s'élevaient jadis les élégants palais de marbre, nous verrons le fellah tracer des sillons, quelques m a-sures construites avec des matériaux provenant d'anciens édifices, les autres, pauvres huttes faites de boue et de paille hachée. La population de mille âmes environ vit là, entre ses haies de cactus, qui lui servent de fortifications, et ses fumiers, réceptacles d'immondices que le soleil aseptise, de façon à en faire presque un lieu de plaisance pour les vieux qui s'y reposent et les jeunes qui y prennent leurs ébats.

Mais tout ce présent semble fuir devant les tableaux d'histoire qui se déroulent là vivants ! C'est Achab élevant à Samarie un autel en l'honneur de Baal, et le prophète Elie punissant l'apostasie officielle de cette prophétie dont la température actuelle nous fait sentir la rigueur : « Il n'y aura ces années-ci ni rosée ni pluie, sinon à ma parole (2). »

Et la prophétie s'accomplit jusqu'au jour où la prière du Thesbite fait cesser le fléau. C'est Achab encore mourant percé d'une flèche à la porte de Samarie, comme le lui avait prédit le prophète Michée, tandis

(1) MICHÉE. 1-6.
(2) III Reg. XVII, 1.

qu'il avait consulté auparavant les quatre cents prêtres
de Baal qui lui avaient assuré la victoire.

Après Achab, c'est Ochozias qui, pour avoir fait consulter l'oracle des Philistins, entend la voix menaçante
d'Elie lui dire : « Tu ne descendras plus du lit sur lequel
tu es étendu, car tu mourras. » Furieux, le roi envoie par
trois fois cinquante hommes et un officier pour prendre
Elie : les deux premières troupes sont dévorées par le
feu du ciel, le chef de la troisième supplie le prophète
d'épargner ses jours. Il décide Elie à le suivre, mais
celui-ci réitère au roi sa prophétie qui se *réalise* pleine-
ment. Joram succède à Ochozias, et c'est sous son règne
qu'a lieu la famine dont les détails font horreur. Une
mère disant à une autre : « Mangeons votre fils aujour-
d'hui, demain nous mangerons le mien. »

Et le fléau ne cesse qu'à la parole d'Elisée : « Demain à
cette heure, on aura une mesure de fleur de farine pour
un sicle, et deux mesures d'orge pour un sicle à la porte
de Samarie. »

Et la prophétie se *vérifie* encore.

Puis c'est Jéhu, sacré roi d'Israël par un des disciples
d'Elisée, et qui extermine jusqu'au dernier des descendants d'Achab et brûle les statues de Baal. Ses successeurs couronnent d'ordinaire une vie de désordre et
d'impiété par une mort violente jusqu'à ce que, sous le
règne d'Osée, Salmanasar, roi d'Assyrie, s'empare de
Samarie et en expulse les habitants, qu'il remplace par
une colonie de Babyloniens vaincus. En 331, Samarie se
révolte contre Andromaque qu'Alexandre-le-Grand
avait fait gouverneur de Syrie ; pour punir les rebelles,
Alexandre les chasse de la ville et leur substitue des
Macédoniens, qui vivent en perpétuel désaccord avec
les Juifs ; ceux-ci finissent par les vaincre, et détruisent
la ville de fond en comble.

La vieille cité sort un peu de ses ruines sous Gabinus,
proconsul de Syrie, mais il était réservé à Hérode le
Grand de la fortifier et de l'embellir. Ce prince l'envi-
ronna de remparts magnifiques, et l'orna à l'intérieur
d'un temple grandiose, élevé en l'honneur d'Auguste.
Par flatterie pour le César romain, Hérode appela la
nouvelle cité Sébaste, nom grec qui signifie Auguste
(18 avant Jésus-Christ). C'est son moment de gloire,
et de ce passé de faste il reste les majestueux débris
d'une colonnade longue d'environ mille mètres, large de
quinze et qui traversait la ville de l'est à l'ouest, puis deux
autres séries de colonnes monolithes qui ornaient, sans
doute, les portiques d'un temple et d'un hippodrome.

Ensuite c'est la période chrétienne. Sébaste est évangé-
lisé par le diacre Philippe dont les miracles suscitent
bon nombre de conversions. Simon le Magicien, qui
était de ce pays, cède à l'influence de cet homme, dont
la parole est appuyée par des prodiges plus extraordinaires que les siens. Et tandis que Pierre et Jean s'em-
pressent d'imposer les mains aux convertis de Philippe, Simon voit le Saint-Esprit descendre visiblement
sur ceux-ci. Frappé du prodige, le Magicien offre de
l'argent aux apôtres et dit : « Accordez-moi aussi ce
pouvoir, afin que celui à qui j'imposerai les mains reçoive
également le Saint-Esprit. » Mais Pierre lui dit : « Que
ton argent périsse avec toi, qui crois que le don de Dieu
s'acquiert à prix d'argent », parole qui devait être gardée et redite par ses successeurs.

La sève chrétienne s'entretient à Samarie ; un évêché
s'y fonde, et son premier titulaire connu, Marinus,
assiste au concile de Nicée (325).

L'invasion musulmane arrive et plonge la ville dans
une torpeur où elle restera cinq siècles, jusqu'au temps
des Croisades. Des noms français figureront alors sur

les listes épiscopales du siège de Sébaste rétabli : les Baudoin, les Régnier, les Raoul. L'église de Saint-Jean-Baptiste, la plus belle que les Croisés aient élevée en Palestine après le Saint-Sépulcre, est leur cathédrale, et, c'est en en contemplant ses ruines, que nous déplorons la démolition de ce chef-d'œuvre.

Les piliers carrés qui séparent la nef centrale des deux

*Dans les ruines de Sébaste* (CL. H).

nefs latérales sont flanqués de colonnettes engagées ; les voûtes, en partie détruites, étaient ogivales, ainsi que les arcades et les fenêtres. L'abside de l'édifice a été transformée en un sanctuaire musulman, qui donne accès à une crypte très ancienne, et cette crypte comprend une chambre sépulcrale partagée en trois caveaux cintrés, construits avec de belles pierres ; ce seraient les tombes de saint Jean-Baptiste, d'Abdias et d'Elisée. « La tradition est à ce sujet fort ancienne. Depuis saint Jérôme, son premier et principal témoin, elle n'a pas varié.

Qu'Elisée soit mort à Samarie, et y ait été enseveli, la
Bible, il est vrai, ne nous dit rien de formel à ce sujet ;
mais la visite faite par Joas au prophète expirant porte
à croire qu'il mourut dans la capitale du royaume, où,
du reste, il avait une habitation.

« Le Précurseur, au dire de Josèphe, fut décapité à
Machéronte, au delà du Jourdain. Quand et par qui son
corps fut-il transporté à Sébaste ? L'histoire ne le dit
pas. Théodoret affirme que les reliques de saint Jean-
Baptiste furent brûlées et ses cendres jetées au vent,
sous le règne de Julien l'Apostat, en 361. Mais pour que
saint Jérôme pût dire, quelque trente ans après cette
date, qu'on vénérait encore à Sébaste des reliques de
saint Jean-Baptiste, il faut admettre qu'au moins certains ossements du Saint furent soustraits à la fureur
des infidèles, ou que les chrétiens recueillirent une partie de ses cendres (1). »

La halte est finie. Adieu les ruines et leurs évocations,
les cactus et leur ombrage, Samarie et son histoire...
c'est maintenant le sol rocailleux, la pierre qui heurte
le pied du cheval, le soleil qui brûle le cavalier, les collines blanches qui rétrécissent l'horizon sans reposer la
vue.

Le Directeur en chef se souvient de la plainte que j'ai
déposée ; c'est le moment de changer un cheval qui bute
tous les dix pas.

Mais quel égoïsme ! N'en plus vouloir, c'est l'imposer
à d'autres ; car il n'y a pas de relais pour les chevauchées
de Samarie.

Ma pensée ne va pas si loin, ou plutôt elle s'arrête en
route.

(1) Note du *Guide de la Palestine* par des professeurs de Notre-
Dame de France.

Et bientôt un effronté dialogue s'engage avec l'héritier de la malheureuse bête.

— Mais, mon Père, vous avez le plus mauvais cheval, qu'allez-vous devenir ?

— Que voulez-vous ? C'est la troisième fois que j'en

*Fontaine d'Aïn-Sidjéh*

change. Je suis sûr au moins que la prochaine fois, on ne pourra pas me donner plus mal.

Et la coupable baisse la tête, sans que la confusion fasse naître le remords. Et l'idéal de petit capucin, l'héritier du mauvais cheval, continue sa course avec une bonne humeur sans défaillance. La bonne humeur ! elle subit pourtant quelques accrocs chez plus d'un vaillant, et c'est avec une satisfaction achetée par deux heures, lourdes entre toutes, que la caravane atteint la fontaine d'Aïn-Sidjéh.

Là, halte bienfaisante, déjeuner à mi-côte de la petite colline plantée d'oliviers, de figuiers, de grenadiers, avec vue sur l'eau rafraîchissante et toute la vie des fontaines d Orient.

Les naturels vont et viennent, et nous les regardons, aussi charmés, qu'eux paraissent surpris de notre campement. La sieste bénie est plus courte que jamais, et quand chacun retrouve sa monture, je vise le palanquin à titre de rempart contre le soleil. Il ébréchera bien un peu l'horizon, mais en laissant encore la joie de quelques jolis tableaux, et, le tempérament s'y prêtant, il prolongerait même les bienfaits de la sieste.

La cellule flottante avance dans un ballottement accidenté. Bientôt ce n'est plus la colline souriante, la pierre dure, la verdure ou le chaos, c'est de l'or en fusion sous un saphir intense.

Çà et là ou rapprochées les unes des autres, des taches bleues, rouges, blanches, jaunes, forment des points mouvants et multicolores dans la plaine immobile, puis l'animation se précise : les hommes manient la serpe, les femmes recueillent les épis, d'autres lient les bottes, les chameaux reçoivent la charge et portent le fardeau, sans modifier l'allure de leurs pas ou le rhythme de leurs balancements... c'est la moisson en Samarie. Quelle aubaine !

— Drogman, je veux prendre la photographie.

Et le drogman commande ; le véhicule s'arrête ; les moukres tiennent les mulets et immobilisent le palanquin. L'appareil vise où il peut : le premier plan exagère quelque peu la brutalité des formes ; les autres sont légèrement confus... c'est égal ! c'est une petite image d'un grand tableau.

La caravane est depuis longtemps à Dothaïn (Tell Do-
than), et le palanquin y arrive avec ses trois quarts
d'heure de retard. Nous faisons halte près de l'endroit
où Joseph fut vendu par ses frères, dans une plaine fertile, et à l'ombre des térébinthes et des amandiers dont
les fruits se détachent de l'arbre sous la plus faible pres-

*Moisson en Samarie.*

sion. Une maison blanche, un moulin à vapeur et des
arbres fruitiers forment là une oasis traversée par une
source. Cueillir quelques amandes et boire à l'eau de la
source ne semblaient pas constituer un délit, et pourtant
le fait faillit avoir de graves conséquences. Le jardin
était propriété privée, et le propriétaire y apparut me-
naçant. Grâce à nos interprètes qui purent nous défendre,
et surtout justifier de nos pacifiques intentions, la paix

fut signée séance tenante, et tous ceux qui le désirèrent purent goûter les amandes de Dothaïn. C'est en ces contrées que les fils de Jacob faisaient paître leurs troupeaux, quand leur frère Joseph vint d'Hébron pour les rejoindre :

« Voici le faiseur de songes, se dirent-ils l'un à l'autre, en le voyant. Venez, tuons-le, et jetons-le dans une de ces citernes ; nous dirons qu'une bête féroce l'a dévoré, et nous verrons ce que deviendront ces songes. Ruben, en entendant ces paroles, voulut l'arracher de leurs mains. Il dit : « Ne lui ôtons pas la vie, ne répandez point de sang, jetez-le dans cette citerne qui est au désert, et ne mettez pas la main sur lui. » Il avait dessein de le délivrer de leurs mains pour le faire retourner vers son père. Lorsque Joseph fut arrivé auprès de ses frères, ils le dépouillèrent de sa tunique, de la tunique de plusieurs couleurs dont il était revêtu. Ils le prirent et le jetèrent dans la citerne. Cette citerne était vide : il n'y avait point d'eau. Ils s'assirent ensuite pour manger. Ayant levé les yeux, ils virent une caravane d'Ismaélites venant de Galaad ; leurs chameaux étaient chargés d'aromates, de baume et de myrrhe qu'ils transportaient en Egypte. Alors Juda dit à ses frères : « Que gagnerons-nous à tuer notre frère et à cacher son sang ? Venez, vendons-le aux Ismaélites, et ne mettons pas la main sur lui, car il est notre frère, notre chair. » Et ses frères l'écoutèrent. Au passage des marchands Madianites ils tirèrent Joseph hors de la citerne, et le vendirent pour vingt sicles d'argent aux Ismaélites, qui l'emmenèrent en Egypte. » (*Genèse XXXVII, 18-28*).

Adieu au palanquin. Je reprends mon cheval avec la satisfaction de retrouver des horizons bien ouverts. La route s'accidente en avançant vers Djénin, lieu du grand campement. Un peu au nord, on entrevoit l'antique

Béthulie (Cheikh-Sibel) qui doit sa célébrité au dévouement de Judith. Les ruines considérables qui jonchent
le sol nous révèlent l'importance de la ville qui s'éleva
jadis sur ses rochers escarpés.

Bien que certains auteurs inclinent à placer Béthulie
à Sanour, Cheikh-Sibel paraît mieux vérifier les conditions exigées par le texte sacré pour Béthulie. Abon-
damment pourvu d'eau, ce point fait face à la plaine
d'Esdrelon, est voisin de Dothaïn et commande les dé-
filés qui donnent accès en Samarie (1). Nous voyons
Holopherne, à la tête de ses 140.000 hommes, campant
où nous sommes, et l'armée d'Israël prête à capituler,
quand Judith, parée de ses plus beaux ornements, s'a-
vance dans le camp ennemi.

Elle gagne la confiance du général, et, après un grand
festin auquel elle est invitée, l'héroïne juive restée seule
avec Holopherne, lui tranche la tête, et emporte à Béthulie son lugubre trophée.

Le lendemain, au lever du jour, la tête du général
était suspendue aux remparts de la ville à la grande stupeur des ennemis, et il suffit aux assiégés d'une vigou-
reuse sortie pour changer le désordre qui s'en suivit en
complète déroute.

Cheikh-Sibel n'est qu'à huit kilomètres de Djénin.

La température se fait clémente, et le site devient
riant. Les plaines de la Samarie font place à la colline
ombragée de figuiers, d'oliviers, d'orangers et de grenadiers, au pied de laquelle Djenin balance ses palmiers et
étage ses maisons blanches. Les fines aiguilles des minarets percent d'épaisses touffes de verdure. Des haies
de cactus gigantesques enserrent la ville, et bientôt
nous passons dans les circuits de cette merveilleuse

(1) Voir Judith IV, 5, et VII.

forteresse. C'est une vraie griserie des yeux et le
meilleur des repos que cette entrée à Djenin. La ville
compte aujourd'hui 3.000 habitants, à peu près tous
musulmans. Les jardins qui l'entourent sont traversés
de petits ruisseaux, auxquels ils doivent sans doute leur
belle végétation. Nous logeons encore chez le particulier,

*Djenin* (CL. C).

dans une maison d'un confortable inédit. Notre chambre
a dans son voisinage un *salon* en terrasse auquel on accède par un pont : les lits de camp craquent au moindre
mouvement, et la nuit à Djénin est une réédition de
celle de Naplouse.

Mais avant la nuit, il y a le repas du soir, et combien
pittoresque !

La table est dressée en plein air, peu ferme sur ses

pieds, mais entourée d'arbres protecteurs. On pique des bougies un peu partout et dans n'importe quoi. La lumière suffit à notre bonheur, mais elle n'est pas précisément fixe. Il faut préserver ses assiettes et le reste des surprises qui n'en sont plus : les bougies tombent, vacillent, coulent, fument ou s'éteignent. En revanche le menu est succulent. On vient de tuer des poulets. Qui osera les attaquer ? C'est à n'y pas croire... En trois quarts d'heure, ils sont prêts, et avec un peu de bonne volonté, ils fondent sous la dent. Nous avions demandé des abricots, et voilà qu'un plat resté dans tous les souvenirs, du riz aux abricots, fait encore voter au drogman une adresse de félicitations.

Le lendemain de grand matin, une messe en plein air réunit le petit groupe qui, dans les accidents joyeux ou maussades, n'oublie pas son Evangile. Une tradition fort ancienne veut que Notre-Seigneur ait opéré la guérison des dix lépreux à Engannim, la Djénin actuelle. Son nom d'Engannim (source des jardins), ses jolis enclos, ses eaux abondantes rendent l'identification certaine. « Jésus, se rendant à Jérusalem, passa par les *confins de la Samarie et de la Galilée.* Comme il entrait dans un village, dix lépreux vinrent à sa rencontre. Se tenant à distance, ils élevèrent la voix et dirent : «Jésus, Maître, aie pitié de nous. » Dès qu'il les eût vus, il leur dit : « Allez vous montrer aux prêtres. » Et pendant qu'ils y allaient, voici qu'ils furent guéris. L'un d'eux, se voyant guéri, revint sur ses pas, glorifiant Dieu à haute voix. Il tomba sur sa face aux pieds de Jésus et lui rendit grâces ; c'était un Samaritain. Jésus, prenant la parole, dit : « Les dix n'ont-ils pas été guéris ? Et les neuf autres, où sont-ils ? Ne s'est-il trouvé que cet étranger pour revenir et donner gloire à Dieu ? » Puis il dit : « Lève-toi, va, ta foi t'a sauvé. » (*Luc XVII*).

La sainte Famille a dû certainement traverser à plusieurs reprises le village de Djénin pour se rendre de Nazareth à Jérusalem, ou inversement de Jérusalem à Nazareth ; car vers elle aboutissent la plupart des routes qui reliaient et relient encore la Judée à la Galilée.

Nous allons chevaucher en laissant sur notre gauche la plaine d'Esdrelon ou de Jesraël, la plus fertile de la Palestine, la Merdj ihn' Amir (prairie du fils de l'émir) des Arabes. Autrefois d'une fertilité merveilleuse, sa terre argileuse et noirâtre s'étend en triangle irrégugier de Djénin au Carmel, et touche par sa pointe au Thabor. Elle est aujourd'hui en grande partie sans culture ; au printemps, elle se couvre de fleurs et d'herbes géantes ; les Bédouins y font paître leurs troupeaux, et les gazelles aussi bien que les chacals y errent en liberté.

Toutefois d'importants chemins de transit sillonnent, comme par le passé, la plaine d'Esdrélon, la mettant ainsi en communication avec toutes les contrées de l'Orient, tandis que le chemin de fer que l'on y construit fera du port de Caïffa le débouché de toute la Syrie.

Bientôt les Monts de Gelboé apparaissent sur notre droite : de petits villages pointent çà et là aux flancs de leurs ravins ou sur la croupe de leurs plateaux. Quelques endroits accusent une certaine fertilité, mais l'ensemble n'offre aux regards que terres arides et désolées.

Le cantique de David nous revient en mémoire avec le récit des faits sanglants qui l'inspira. Ici Saül blessé dans un combat contre les Philistins s'achève de son épée, et Jonathas meurt dans la même bataille.

> « Montagnes de Gelboé !
> Qu'il n'y ait sur vous ni rosée ni pluie,
> Ni champs qui donnent des prémices pour les offrandes !
> Car là ont été jetés les boucliers des héros.

> Saül et Jonathas, aimables et chéris pendant leur vie,
>   N'ont point été séparés dans leur mort ;
>   Ils étaient plus légers que les aigles,
>   Ils étaient plus forts que les lions.
>
> . . . . . . . . . . . . . . . . . . .
>
>   Comment des héros sont-ils tombés ?
>   Comment leurs armes se sont-elles perdues ?(1)

En poursuivant notre marche vers le nord, c'est, à 11 kilomètres de Djénin, l'antique Jezraël (Zérin) résidence préférée d'Achab et de Jézabel. Où était la vigne tant convoitée par l'impie Achab, et que Naboth refusa de céder au roi, parce qu'elle était l'héritage de ses pères..? où le fameux palais d'où Jézabel fut précipitée par ordre de Jéhu, qui dit à ses eunuques : « Jetez-la en bas ! » « Ils la jetèrent, et il rejaillit de son sang sur la muraille « et sur les chevaux. Jéhu la foula aux pieds ; puis il « entra, mangea et but, et il dit : « Allez voir cette mau- « dite, et enterrez-la, car elle est fille de rois. » « Ils « allèrent pour l'enterrer ; mais ils ne trouvèrent d'elle « que le crâne, les pieds et les paumes des mains. Ils « retournèrent l'annoncer à Jéhu, qui dit : « C'est ce « qu'avait déclaré le Seigneur par son serviteur Elie le « Thesbite, en disant : Les chiens mangeront la chair « de Jézabel dans le champ de Jezraël ; et le cadavre de « Jézabel sera comme du fumier sur la face des champs, « dans le champ de Jezraël, de sorte qu'on ne pourra « dire : C'est Jézabel. » (*II, Reg. IX, 31-37*).

O impressions profondes de la prime jeunesse ! Toute la dramatique histoire revit pour moi dans ce songe d'Athalie tant et tant de fois récité et, avec lui, les premières initiations à cette poésie de Racine qui a pu vieillir sans perdre sa beauté.

(1) II, Reg. 17-27.

Tout en chevauchant, et avec un entrain doublé du prestige des lieux et des circonstances, je retrouve les vers intacts, l'accent du professeur qui, après avoir entendu Rachel dans le rôle d'Athalie, s'inspirait à la fois du poète et de l'artiste pour faire vibrer dans nos jeunes âmes cette corde de l'enthousiasme si intéressante dans son éveil au beau de la poésie et de l'art.

Et c'est ainsi qu'un bon recul dans le passé diminue le poids des années, rend le soleil moins brûlant, la plaine moins aride et le but plus proche. Tout près de Jezraël et du côté de l'Orient, c'est la *fontaine de Harad ou de Gédéon* (Aïn Djaloud), autour de laquelle Gédéon assembla son armée pour marcher contre les Madianites et les Amalécites, campés entre Gelboé et le petit Hermon.

C'est là que 300 braves seulement, sur 32.000 hommes, acceptèrent l'épreuve de boire sans plier le genou, et marchant à la suite de Gédéon, poursuivirent l'ennemi jusque sur les rives du Jourdain.

Au temps des Croisades, Saladin vint camper avec son armée près de l'Aïn Djaloud ; mais à l'approche des chrétiens, le héros musulman dût s'enfuir.

De Zérin encore on peut voir à l'est la large vallée d'où émerge l'ancienne Bethsan ou Scythopolis (ville des Scythes), intéressante pour les archéologues. Son hippodrome, en forme d'ellipse, ses anciens remparts et son théâtre sont bien conservés. Un pont ruiné, des tombeaux, quelques sarcophages mutilés, le réservoir d'El Hamman, des colonnes monolithes qui jonchent le sol ou restent debout sur leurs bases, encore couronnées de leurs chapiteaux corinthiens... il y a là pour les amateurs toute une attraction !

Nous suivons vers le nord le sentier qui se dirige en ligne droite sur Sunam (Soulem), et nous arrivons en trois quarts d'heure au merveilleux petit pays dont il faudrait retrancher les habitants et leurs demeures.

Les rues du village sont des sentiers entre deux haies de gigantesques cactus ; la place principale, une source abondante qui porte la fertilité partout, et les environs de ravissants jardins plantés de citronniers, d'orangers.

Oasis en Samarie

de grenadiers, de figuiers, avec des vignes en terrasse et des roses qui grimpent ou traînent, sans souci de ce que leurs épines accrochent. C'est, perdue dans cette splendeur, que végète, dans de misérables gourbis, une population plus misérable encore. Les habitants montrent dans l'un de ces réduits une chambre voûtée en plein cintre qu'ils appellent Beit Soulamiéh (chambre de la Sunamite). Il se peut d'ailleurs que cette habita-

tion, qui n'offre par elle-même aucun caractère d'antiquité, occupe l'emplacement de la maison où Elisée ressuscita le fils de la Sunamite, cette pieuse femme qui
offrit au prophète une cordiale hospitalité, lorsque celui-ci, quittant le Jourdain où Elie avait disparu dans un
char de feu, s'acheminait vers le Carmel.

La Bible mentionne Sunam comme le premier endroit
où campa l'armée des Philistins avant la bataille de
Gelboé, dans laquelle devaient périr Saül et Jonathas.

Sunam est aussi la patrie d'Abisag, la jeune fille qui
fut donnée à David pour le servir dans sa vieillesse, et
dont Salomon a tracé dans son cantique une si poétique
image. A partir de Sunam, le chemin oblique vers le
nord-ouest et, à une faible distance sur la gauche, on
aperçoit les deux villages d'Affouléh et d'El-Fouléh qui,
à côté des souvenirs des Croisés, rappellent la bravoure
de Kléber.

C'est entre ces deux villages que le général français,
avec une poignée de braves disposés en carré, osa attaquer une armée musulmane de 35.000 hommes.

Six heures durant, il tint en échec les forces enne-
mies que l'apparition de Bonaparte, débouchant soudain dans la plaine avec la division Bon, acheva de
déconcerter. Avant même l'arrivée des troupes de secours, El-Fouléh était enlevée à la baïonnette par l'armée de Kléber qui, grossie enfin des nouveaux renforts,
tailla l'ennemi en pièces et joncha de cadavres musulmans la place environnante. C'était le 16 avril 1799,
dans la bataille dite du Mont Thabor.

C'est qu'en effet le Thabor commence à dessiner sa
croupe arrondie, et en saluant au passage une glorieuse
page d'histoire contemporaine, nous ne perdons rien
des puissantes évocations évangéliques.

Nous voici, après avoir contourné la pointe occidentale du petit Hermon, au pauvre village de Naïm, si joliment situé en face du Thabor et au pied du petit Hermon. Sans les buissons de cactus, dont la verdure repose les yeux, Naïm ne serait qu'un triste amas de taudis délabrés. C'est à peu de distance de ces gourbis et dans un local attenant à la chapelle élevée par les Franciscains, sur l'emplacement de la maison où Notre-Seigneur dut accomplir son miracle, que nous déjeunerons. La salle est un abri suffisant, et là, nous verrons moudre le blé dans les moulins primitifs.

Naïm perpétue, à travers les âges, le nom de la ville où Jésus ressuscita le fils unique de la veuve. Eusèbe et saint Jérôme localisent la cité évangélique au sud du Thabor et dans le voisinage d'Endor, où habitait la fameuse pythonisse que Saül consulta avant d'engager contre les Philistins le combat dans lequel il devait trouver la mort.

Or Endor (Endour) est à trois quarts d'heure de Naïm, ne gardant de son passé que ses collines percées de grottes funéraires et son sol creusé de citernes.

Si nous ajoutons aux données de la tradition l'existence à Naïm d'une ou deux églises ruinées, nous n'avons plus de doute sur la situation de cette localité.

« Jésus alla dans une ville appelée Naïm ; plusieurs de ses disciples et une grande foule faisait route avec lui. Lorsqu'il fut près de la porte de la ville, on portait en terre un mort, fils unique de sa mère qui était veuve ; et il y avait avec elle beaucoup de gens de la ville. Le Seigneur l'ayant vue, fut ému de compassion pour elle et lui dit : « Ne pleure pas ! » Il s'approcha et toucha le « cercueil. Ceux qui le portaient s'arrêtèrent. Il dit : « jeune homme, je te le dis, lève-toi ! » « Et le mort s'assit « et se mit à parler. Jésus le rendit à sa mère. Tous

« furent saisis de crainte, et ils glorifièrent Dieu disant :
« Un grand prophète a paru parmi nous, et Dieu a vi-
« sité son peuple. » Cette parole sur Jésus se répandit
« dans toute la Judée et dans tout le pays d'alentour. »
(*Luc, VII, 11-17*).

De Naïm nous irons directement au Thabor, et nos

*Naïm — Le palanquin — le Thabor.*

yeux sont déjà saturés de la « Montagne sainte », comme
on l'appelait couramment au temps de Jésus, de la
« montagne par excellence » Djebel-el-Tour, comme
disent encore aujourd'hui les Arabes.

Sa forme gracieuse qui se détache comme une sphère
des collines environnantes, la teinte vaporeuse qui enveloppe ses contours, en laissant percer çà et là des
taches noires et des zigzags sombres, le grand souvenir

qui s'attache à ses flancs, la récompense pressentie du sommet, tout encourage à l'ascension pénible, bien qu'on la croie facile à distance. Fièrement campé dans son isolement superbe, le Thabor justifie sa réputation :

« Je jure par moi-même, dit le Seigneur, que Nabuchodonosor, quand il viendra, paraîtra comme le Thabor entre les montagnes. » Bien qu'il ait plus de 600 mètres d'élévation, ses pentes sont douces à l'œil ; on ne connaît leurs aspérités qu'en avançant toujours, et on les oublie en arrivant au sommet.

Tout au pied de la montagne, vers le nord-ouest nous laissons un petit village d'assez pauvre aspect, *Debouriéh*. C'est là que Jésus, avant de gravir le mont où il devait se transfigurer, laissa les apôtres faibles, timides, n'emmenant avec lui que les courageux, les ardents : Pierre, Jacques et Jean. C'est là aussi qu'il les retrouva entourés d'une foule de pharisiens et de scribes qui disputaient avec eux.

Les pauvres apôtres étaient un peu confus. On venait de leur amener un possédé ; ils n'avaient pas réussi à le guérir, et Jésus ayant demandé au père de l'enfant s'il avait la foi, celui-ci répondit avec un accent déchirant : « Je crois, Seigneur, mais venez au secours de mon incrédulité. » Et Jésus délivra le possédé ; puis il dit à ses apôtres, encore humiliés de leur impuissance : « Ce genre de démon ne peut être chassé que par la prière et le jeûne. »

Nous laissons Debouriéh à droite, et alors commence, non plus l'ascension, si accidentée soit-elle, mais une véritable escalade de rochers, ou un assaut de pentes si raides qu'on réclame la pierre pour arrêter le sabot du cheval. Vingt fois on est tenté de descendre, angoissé de vertiges ; mais où poser le pied en quittant sa monture ? C'est en vain qu'on cherche le moukre pour tenir la

bride, fixer la selle, encourager le cheval et maintenir
le cavalier... le moukre est loin, et la seconde de détresse
est souvent répétée.

Enfin le cri sauveur retentit : « Empoignez la crinière
de votre cheval ! »

Et de fait c'est la seule solution possible. Pauvre bête,

*Debouriéh et le Thabor* (CL. C).

c'est à croire qu'elle même en éprouve du soulagement,
tant elle accepte la chose de bonne grâce ; mais, vive le
bandeau sur l'avenir !

A peine arrivés à Nazareth, on nous apprenait
qu'un de nos malheureux chevaux de la Samarie et
du Thabor, réquisitionné à nouveau, était mort en
route.

La montée continue pénible, moins peut-être quand

nous pensons que les premiers chrétiens gravissaient le Thabor à l'aide d'un escalier monumental de 4.340 marches, et qui aurait été, dit-on, l'œuvre de sainte Hélène : c'est du moins ce qui ressort des récits d'Epiphane, d'Hagiopolite et de Nicéphore.

Encore quelques efforts, et l'œil se repose sur une végétation qu'il avait désapprise : des térébinthes, des caroubiers, des lentisques, des chênes-verts aux glands énormes, des styrax surtout aux fruits abondants et avec les noyaux desquels on fait des grains de chapelet. Puis c'est le petit sentier qui aboutit au plateau à peine incliné et entouré d'un mur. Deux portes donnent accès à l'enclos : nous laissons celle de gauche qui mène au couvent grec orthodoxe, et nous arrivons à la droite, précédée d'un fossé et bâtie comme une tour de forteresse avec herse et mâchicoulis. Elle donne accès dans la propriété des Franciscains, où se trouve le principal sanctuaire du pèlerinage.

C'est en vain que des objections contemporaines ont multiplié les doutes sur le lieu de la Transfiguration ; la tradition est ici pour nous : « Le Thabor est la montagne de Galilée sur laquelle le Christ s'est transfiguré. » Ainsi parlait Origène, vers l'an 230. Eusèbe de Césarée, saint Cyrille, patriarche de Jérusalem et saint Jérôme, vers 350, dans deux ou trois passages très clairs, fixent la Transfiguration sur le Thabor.

Il est vrai que le Mont n'est pas *nommément* mentionné dans l'Evangile ni dans le reste du Nouveau Testament ; mais il semble insinué dans le passage où saint Pierre parlant de la Transfiguration, s'exprime ainsi : « Quand nous étions avec lui sur la montagne sainte. » Or, le Thabor s'appelait communément à cette époque, au dire des rabbins et même de Josèphe, la Montagne Sainte, comme Jérusalem s'appelle la Ville Sainte. Main-

tenant encore les Arabes semblent consacrer la tradition chrétienne en appelant le Thabor le Djébel-el-Tour,
la « Montagne par excellence. » nom qui sert à désigner
aussi le Mont des Oliviers, le Garizim et le Sinaï, tous
ceux que consacrent de grands souvenirs.

La piété chrétienne, s'appuyant sur la tradition, avait
élevé une splendide basilique en l'honneur du mystère,
et ce sont les ruines de cette basilique et des constructions qui l'ont remplacée, que nous avons hâte de visiter.

Des décombres amoncelés entourent un autel rustique, fait de pierres ramassées dans les ruines : c'est
l'endroit où les pèlerins vénèrent le lieu de la Transfiguration. Borné presque partout par le rocher, cet endroit
est l'ancienne crypte de la grande basilique de la Transfiguration. La voûte qui la recouvrait s'est éboulée, celle
de l'église a été également détruite, et l'on serait tenté
de dire : Tant mieux ! C'est à ciel ouvert que nous revivrons le grand tableau dans son magnifique cadre.

Il faut avoir connu les chevauchées brûlantes, l'ascension pleine d'angoisses, la fatigue des nuits sans
sommeil et des journées sans repos, pour comprendre
la dilatation de tout l'être à ce sommet du Thabor.
Est-ce la puissance de la réaction qui double le prestige
du lieu ? mais la parole de saint Pierre monte d'instinct
aux lèvres : « Qu'il fait bon ici ! »

Dans quelques instants ce sera le coucher du soleil,
c'est-à-dire un panorama unique dans la féerie d'une lumière mourante. Déjà un transparent rose semble soulever l'horizon, accentuant à l'est la dépression du lac de
Tibériade, et s'abaissant en nuages plus denses sur le
Jourdain. Au sud, la vaste plaine d'Esdrélon se déroule
dans la magie des souvenirs bibliques ; le petit Hermon
s'en détache avec Naïm et Endor accrochés à ses flancs.
Plus loin ce sont les Monts de Gelboé avec les ombres

de Saül et de Jonathas ; Djénin, enfouie dans sa verdure,
au pied des Monts de Samarie. Puis, vers l'ouest, le Carmel qui pique sa longue pointe dans la scintillante Méditerranée. Enfin, au nord, et dominant de sa majestueuse blancheur tout l'horizon environnant, comme
l'Evangile domine tous les autres souvenirs, le grand
Hermon s'élève à 3000 mètres d'altitude, encerclé dans
les douces et parlantes collines de Galilée. On aperçoit
encore les voies diverses qui traversent la grande plaine
dans tous les sens : celle de Djénin ou de la vallée de
Dothaïn à Nazareth ; celle de Caïffa à la vallée du Jourdain, celle surtout qui, de Ladjoun, traverse en oblique
la grande plaine pour venir passer à l'est du Thabor...
c'est la grande route des caravanes d'Egypte à Damas.
Aucun endroit ne semble plus propice pour refaire. en
un coup d'œil, l'histoire des deux Testaments. On y refait aussi l'histoire de l'endroit, depuis la victoire de
Déborah et de Barach, avec ses dix mille Israélites, sur
Sisarah, chef des Chananéens, jusqu'à celle de Kléber et
de Napoléon qui y tuent six mille Arabes et capturent
cinq cents chameaux tandis que les Français n'avaient
perdu que huit cents hommes (15 avril 1799) ; depuis
Josèphe, gouverneur de la Judée, y organisant la défense au moment de l'insurrection des Juifs, sous le
règne de Néron, jusqu'à sainte Hélène et aux Croisés
y construisant des églises qui sont renversées par
les Turcs ; depuis les pieux pèlerins, saint Jérôme,
sainte Paule, saint Antonin et tant d'autres, venant
s'agenouiller, il y a plus de quinze siècles, à l'endroit
où nous sommes jusqu'aux Franciscains qui y ont
établi aujourd'hui leur demeure, que d'histoire sous
ces pierres ! Nous montons à droite et à gauche
dans des pans de murs qui s'élèvent sur une grande
hauteur, avec des débris d'escaliers engagés dans

l'épaisseur du blocage, et le cercle de l'horizon varie, se rétrécit à droite, s'étend à gauche, s'éclaire à certains endroits, se fonce à d'autres ; de petits nuages en flocons se détachent de la plaine et arrivent jusqu'à nos pieds où ils se divisent en colonnes qui nous enserrent de leur cadre vaporeux. Et là, à cette heure du soir, si loin de la terre qui a fini ses agitations du jour, si près du ciel qui va bientôt allumer ses feux, nous relisons l'Evangile. « Six jours après, Jésus prit Pierre,
« Jacques et Jean, et il les conduisit sur une haute
« montagne, seuls à l'écart, et il fut transfiguré devant
« eux. Ses vêtements devinrent resplendissants et
« blancs comme la neige, d'une blancheur telle qu'au-
« cun foulon sur la terre ne pourrait l'égaler. Et Elie
« leur apparut avec Moïse ; et ils s'entretenaient avec
« Jésus. Et Pierre dit à Jésus : « Il nous est bon d'être
« ici. Faisons trois tentes, une pour vous, une pour
« Moïse et une pour Elie. »

« Car ils ne savaient ce qu'ils disaient, parce qu'ils
« étaient saisis de crainte. Une nuée les couvrit de son
« ombre ; et il vint de la nuée une voix qui disait : « Ce-
« lui-ci est mon Fils bien-aimé ; écoutez-le. » Et aussi-
« tôt, regardant tout autour, ils ne virent plus personne,
« si ce n'est Jésus, seul avec eux. Mais lorsqu'ils des-
« cendaient de la montagne, il leur recommanda de ne
« parler à personne de ce qu'ils avaient vu, jusqu'à ce
« que le Fils de l'homme fût ressuscité d'entre les morts. »

A côté de la grande église dont nous étudions les ruines, et, en souvenir du mot de saint Pierre, on bâtit de bonne heure au Thabor deux petites chapelles sous le vocable de Moïse et d'Elie. On en reconnaît encore les vestiges à droite et à gauche de la grande porte qui descend à la crypte. Si l'on monte ensuite vers le sud, on arrive à une tour du Moyen-Age entourée de fossés profonds ;

c'était la principale tour de la forteresse, car le Thabor
a toujours été un lieu fortifié, et les moines armés durent
plus d'une fois repousser les Sarrasins du haut de leurs
terrasses.

Le sommet du Thabor est actuellement coupé en deux
parties par un mur qui sépare le couvent grec orthodoxe
du couvent latin des Franciscains. C'est chez ces derniers que nous recevrons une cordiale hospitalité... non
pas la tente rêvée par saint Pierre, mais un bon lit
tout blanc, enveloppé de moustiquaire. Le repas sera
plein d'entrain, avec un renouveau d'appétit et un
échange d'impressions qui relèguent à l'arrière-plan tout
le cortège des *envers*. Pas un malade, pas un écloppé, et
c'est une chance, car il est rare, nous assure-t-on, que
l'ascension du Thabor ne charge son dossier de quelque
jambe cassée ou fracture quelconque.

Aussi le champagne, qui devait être un remède, sera
une forme d'*ex-voto*, et quand le bouchon sautera discrètement, prélude du toast que le Docteur devait si joliment porter à nos hôtes et à la colonne confiée à sa garde,
nous sentirons encore une fois nos bonnes fatigues
vaincues.

# CHAPITRE VINGT-ET-UNIÈME

A nuit a été la continuation du repos. Au jour naissant, c'est la messe à l'autel de la Transfiguration, au milieu des ruines, dans le calme de la nature et la douceur des souvenirs. Le départ est fixé à sept heures, et c'est à pied que nous descendrons le plus raide de la pente.

Les zigzags sont déroutants, et bordent des ravins qui refoulent toute idée de regarder au-delà de ses pieds.

Enfin nous retrouvons nos montures, et la chevauchée va durer jusqu'à Tibériade. Le sentier passe au *Khan et Toudjar* ou khan des marchands, immense caravansérail fortifié, construit en 1487, et qui offre, à côté de belles ruines, une source d'eau potable. Mais bientôt nous entrons dans la région volcanique, et des blocs de basalte encombrent la route.

A l'extrémité d'un plateau assez fertile apparaît le vil-

·lage de Kefr-Sabt, habité par des Algériens qui ont quitté
·leur patrie avec Abd-el-Kader, en 1847. Le village est relativement prospère, et les champs bien cultivés de la
région, occupée également par des colonies d'émigrés,
Circassiens, Juifs ou Soudanais, contrastent avec ceux
des fellahs de Palestine.

*Au sommet du Thabor. — Autel de la Transfiguration.*

Puis la route s'engage à nouveau à travers les collines
pierreuses ; le pied des chevaux en est désagréablement
·heurté, faisant faire maints soubresauts au pauvre cavalier. Mon cheval tombe carrément et se relève avec la
même souplesse. Enfin c'est la halte bienfaisante en vue
du Kouroun Hattin (les cornes de Hattin) petite colline
rocheuse couronnée de deux mamelons assez rapprochés

qui, vus de loin, ressemblent à des cornes, d'où son nom.
Le Kouroun Hattin porte depuis quelques siècles le nom
de Mont des Béatitudes, parce que c'est là, que, entouré des
foules venant de tous les points de la Judée, de la Galilée,
de la Samarie, Jésus aurait donné au monde l'immortel
Discours sur la montagne, si loin des idées reçues et si
haut dans sa conception du bonheur qu'il dut rester
lettre morte pour les apôtres eux-mêmes. La tradition
qui localise ici cet enseignement de Jésus n'a pour
elle que deux ou trois siècles, et les versets qui précèdent ou suivent ces instructions dans saint Mathieu,
saint Marc et saint Luc semblent rapprocher la montagne sur laquelle parlait Jésus des bords mêmes du
lac de Tibériade, dans le voisinage immédiat de Capharnaüm, conditions qui manquent à Kouroun Hattin.
Mais, comme nous l'avons éprouvé tant de fois, dans la
Galilée aussi bien qu'en Samarie et à Jérusalem, une parole, un geste du Christ, rappelé dans le pays où il a vécu, c'est une fleur qu'on cueille au passage, sans trop s'ap-
pesantir sur le grain de sable qui la vit éclore. Et c'est
ainsi que la Palestine, si petite par son étendue, si ré-
duite dans sa vie, si écrasée dans sa foi et dominée,
semble-t-il, par ses ennemis, garde malgré tout un parfum de présence réelle qu'on respire par-dessus toute
autre influence.

Les ruines, la désolation, la vie arrêtée dans son cours,
c'est le cadre du tableau, et les souffrances de Celui
« qui est venu parmi les siens et que les siens n'ont pas
connu » n'en demeurent peut-être que plus pénétrantes.

Plus près de nous, et plus sûre aussi comme localisation historique, Hattin nous rappelle un grand fait
d'armes, le combat fameux d'où devait dépendre le sort
de la Palestine.

Les Templiers et les Hospitaliers commandés par leur

grand Maître, plus de 2.000 chevaliers sont là mobilisés. Bohémond, prince de Tripoli et Renaud de Châtillon, prince d'Oultre Jourdain, sont à la tête des autres troupes..., en tout 60.000 hommes.

Et en face de ces braves, Saladin définitivement maître de la Syrie et de l'Egypte, a réuni toutes les forces sarrasines. On est au mois de juillet ; c'est en l'année 1187.

Saladin, par une habile tactique, attire les troupes franques dans une région sans eau et à travers des collines pierreuses, où la lourde chevalerie latine devait difficilement résister à la légère cavalerie arabe. Aux ardeurs du soleil s'ajoute le terrible Khamsin, le vent d'est, dont le souffle brûlant épuise chevaux et cavaliers.

C'est en vain que les Hospitaliers et les Templiers se battent comme des lions, « ne vidant les arçons, disent les chroniqueurs arabes, que lorsque leur cheval est tué à coups de flèches ou de lance ».

La vraie Croix, passée successivement par les mains de trois évêques blessés, est prise ; c'est le signal de la déroute. Le roi Guy de Lusignan, les barons et les chevaliers survivants se retirent sur le sommet de Hattin. On y dresse la tente royale qui domine, comme un « îlot indemne », le vaste champ de carnage.

L'élite des Sarrasins donne l'assaut et recule par trois fois devant la charge des Français ; mais bientôt le pavillon du roi tombe, et les survivants sont faits prisonniers.

On dresse aussitôt le pavillon de Saladin, qui fait comparaître ses nobles captifs : les grands Maîtres de l'Hôpital et du Temple, Renaud de Châtillon, l'ennemi personnel de Saladin, et une foule de chevaliers.

Quel spectacle !

Les Sarrasins ont une joie féroce à contempler les visages douloureux des moines soldats qui les avaient si souvent vaincus. Tous les Hospitaliers et les Templiers sont décapités. Guy de Lusignan seul est traité avec douceur par Saladin qui lui fait boire un sorbet à l'eau de rose. Et, comme le roi, après avoir bu, passait la coupe à Renaud de Châtillon, Saladin s'en aperçut, et protesta qu'il ne la lui avait pas offerte, parce qu'il avait juré de lui trancher la tête de sa main, et qu'il ne le pourrait après lui avoir donné les témoignages de l'hospitalité. Ce disant, il lui tranche la tête.

Les historiens arabes redisent à l'envi la grandeur de la défaite : 20.000 morts et plus de 30.000 prisonniers. C'en était fait du royaume latin de Jérusalem : tout l'effort des dernières croisades ne devait jamais réparer ce désastre. Le cœur s'oppresse à la pensée de tant de sang généreux versé là sans profit, et la fibre patriotique y reçoit un choc particulièrement douloureux. Nous sommes au quart d'heure déprimant : le soleil monte toujours, la chaleur devient torride ; les chevaux hésitent sous la pierre glissante et les descentes rapides.

Retrouvent-ils la plaine ? Alors c'est un renouveau d'ardeur pour arriver au but. Les plus vaillants donnent le branle ; les autres baissent la tête avec confusion. Quelle honte d'être sans cesse à l'arrière-garde ! Est-ce la faute du cheval ou du cavalier ?

— Voulez-vous que je fasse marcher votre cheval ?

— Comment donc ! certainement ; mais le secret ? Il résiste même à la cravache.

— Attendez, ou plutôt écoutez ! Et voilà que le cri des moukres, non plus guttural, mais partant des profondeurs du poumon, imprime à mon cheval un élan tel qu'il emballe son voisin, dépasse la colonne et met le désordre dans les rangs.

La caravane rit, mais le drogman se fâche : il avait

décrété une entrée solennelle à Tibériade, et voilà son beau plan compromis.

Quoi de plus contagieux que le mauvais exemple! Mon voisin veut se mettre à l'unisson.

— Comment faites-vous pour stimuler votre cheval?

— C'est le cri des moukres.

*Caravane devant Tibériade.*

Et il essaye sans succès un cri qui ressemble à tout excepté au cri des moukres ; aussi laisse-t-il son cheval parfaitement indifférent.

Mais la pente redevient rude ; adieu les galops ; c'est une vraie montagne de pierre qu'il faut descendre et toute l'attention se concentre sur l'effort à faire pour maintenir sa monture. Enfin, et c'est la grande séduction de la route, brusquement, et comme en un coup de baguette magique, une superbe échancrure se dessine à nos pieds, c'est la coupe d'azur de la mer de Galilée. Le soleil darde sur les coupoles blanches encerclées de murailles noires ; quelques gourbis se dessinent, et des masses de basalte sortent des côtes, dominées à l'est par les montagnes de la Gaulanitide et à l'ouest par les plateaux de Galilée. Est-ce la forme allongée du lac ou le murmure si doux de ses flots qui suggéraient aux Hébreux l'idée du Kinnor, sorte de lyre, dont ils lui avaient primitivement donné le nom, Kinnereth? Une lyre ! il l'est bien encore par tout ce qu'il murmure de doux à l'âme. N'est-ce pas sur ses rives que le Christ passa les heures de sa vie les plus douces à l'humanité? Après la captivité de Babylone, on l'appela mer de Génésar ou de Génésareth, de la plaine fleurie qui bordait ses côtes. Hélas ! la plaine ne fleurit plus que des ruines, et sur les bords enchanteurs, où s'élevaient les riants castels et les gracieuses villes, on ne voit plus que des herbes sauvages et brûlées, puis quelques pierres qui marquent l'emplacement des cités disparues.

Au temps d'Hérode Antipas, qui fonda Tibériade, en donnant à la ville le nom de son protecteur Tibère, le luxe était sur les côtes et l'abondance dans les eaux. Des bateaux de pêche amenaient au rivage des quantités de poissons dont les écailles avaient des reflets de nacre. Des barques de plaisance sillonnaient en tous sens les belles eaux bleues qui connaissaient la tempête, et se gonflaient parfois en vagues inquiétantes. Aujourd'hui, ce n'est plus que l'humble pêcheur qui, comme au temps de Pierre, rapporte ses cargaisons de poissons, deux fois appréciés du pèlerin. Les constructions humaines sont en bas, la malédiction s'est appesantie sur les bords : « Malheur à toi Bethsaïde, malheur à toi Coro-

zaïn ! car si les prodiges opérés sous vos yeux avaient
été accomplis dans Tyr et dans Sidon ces villes auraient
fait pénitence... » En revanche, rien n'a pu changer le
lac évangélique, la couleur de ses eaux, la forme de ses
contours et tout ce qu'il garde à la fois de suggestif et
d'apaisant. C'est une mer en miniature, la mer qui a

*Port de Tibériade*

porté Jésus, qui s'est calmée à sa parole, qui a vu ses
miracles ! Elle mesure dans sa forme ovale 21 kilomètres
de longueur sur une largeur extrême de 12 kilomètres,
et sa profondeur varie de 20 à 45 mètres, dans la direction du sud au nord. Elle a cependant des gouffres qui
descendent à 250 mètres.

Son origine volcanique est amplement démontrée
par sa configuration et par la présence d'eaux ther-
males et de roches basaltiques sur tout le rivage, que

des tremblements de terre secouent de temps à autre.

Admirablement belle sous le soleil qui moire son azur, elle est plus belle encore quand la tempête soulève ses vagues, et tourmente ses embarcations, comme pour appeler à nouveau le geste divin qui jadis apaisa ses fureurs. Mais c'est à l'heure du soir surtout qu'elle garde à ceux qui l'interrogent le langage des profondeurs.

La vie diminue et finit par s'éteindre, et toute la nature devient plus pénétrante : le soleil dans ses ardeurs mourantes, les vagues dont les paillettes s'irisent de feux apaisés, les eaux d'abord empourprées, et qui s'effacent dans une buée violette que perce à peine le doux reflet des étoiles.

C'est l'instant des évocations évangéliques. Là on ne lit plus l'Évangile, on le vit !

On voit le Christ sur sa barque sillonner le lac dans tous les sens, revenir au rivage pour y accomplir des miracles, semer les bienfaits et élire même domicile sur ses bords, à Capharnaüm, d'où il ne s'éloignera que pour les fêtes légales à Jérusalem.

C'est sur ces rives privilégiées qu'il choisira ses élus, ses continuateurs. Les premiers apôtres sont à leurs filets quand l'appel se fait entendre : « Suivez-moi, et je vous ferai pêcheurs d'hommes. » Et ces hommes grossiers ne connaissent pas l'hésitation. Ils laissent leur instrument de travail pour suivre l'Être mystérieux qu'ils ne comprendront pas, mais qui les fascinera jusqu'à la fin.

L'épreuve sera sans cesse à côté de leur vie nouvelle, et ils croiront quand même.

— « Jette tes filets », dit Jésus à Pierre.

— « Maître, nous avons travaillé toute la nuit, et nous n'avons rien pris. Là cependant, sur votre ordre, je jetterai les filets. » Et la foi de Pierre est récompensée :

le filet est près de se rompre, et deux barques sont rem-
plies du produit de la pêche.

C'est la tempête apaisée aussi. « Il monta dans la
barque et ses disciples le suivirent. Et voici qu'il s'éleva
sur la mer une si grande tempête que la barque était
couverte par les flots. Et lui dormait. Les disciples s'ap-
prochèrent, le réveillèrent et dirent : « Seigneur, sauvez-
nous, nous périssons. » Il leur dit : « Pourquoi avez-

*Sur la mer de Galilée* (CL. H.).

vous peur, gens de peu de foi ! » Alors se levant, il menaça les vents et la mer, et il y eut un grand calme. »
(*Math. VIII, 23-27*).

C'est encore la navigation laborieuse sous les ténèbres, près de Bethsaïde, au soir de la seconde multiplication des pains. La barque en pleine mer était battue
par les flots, car le vent était contraire. Et Jésus, congé-
diant les foules qu'il évangélisait, court à ceux qui sont
en péril. Il effleure de son pied l'écume des eaux, et les
témoins de cette apparition prennent peur, car c'est le

soir, et ils pensent à un fantôme ; mais le mot consolateur les rassure bientôt : « C'est moi, ne craignez point. » Et Pierre à son tour marche sur les eaux au-devant de son Maître.

C'est de nouveau Jésus assis sur la barque fragile pour dire aux foules des paroles de vie, en ajoutant : « Bienheureux vos yeux qui voient et vos oreilles qui entendent. Je vous le dis, bien des prophètes et des justes ont désiré voir les choses que vous voyez et ne les ont pas vues. »

C'est, pour tout dire, la vision successive de tant de bienfaits répandus, de tant de miracles accomplis, de tant de paroles gravées pour les siècles au fond de la conscience humaine.

L'Evangile ne dit pas que Jésus se soit arrêté à Tibériade, la molle capitale d'Hérode le Tétrarque, mais c'est au nord de cette ancienne cité, c'est-à-dire à la ville actuelle de Tabariéh, que la tradition place le souvenir de l'apparition de Jésus ressuscité et de la primauté de saint Pierre : l'église latine, où nous allons prier et le couvent franciscain, qui nous hébergera, sont dédiés à ce souvenir.

C'est là que nous devons retrouver les compagnons de route qui n'ont pas voulu de la Samarie. L'impression du revoir est toute de joie. On se congratule réciproquement : étonnés d'une part de se retrouver en vie, souriants et un peu ironiques de l'autre, car la plupart des dangers étaient imaginaires.

La température rappelle celle de Jéricho. Au déjeuner, la fourchette d'une main et le mouchoir de l'autre, on redit les incidents de la Samarie, en insistant sur les menus de Naplouse et de Djénin, au grand scandale du P. Bailly. Rien ne vaudra pourtant, dans les souvenirs du genre, le plaisir de manger les poissons du lac.

C'est à croire à une pêche miraculeuse, et bien que les poissons atteignent une dimension respectable, le partage est défendue ; la barbue déborde l'assiette, et l'on vante à l'envi ses qualités d'à-propos. C'en est fait pour l'instant de tout autre intérêt ; il n'y a plus place que pour le lac nourricier et fascinateur.

Ses poissons appartiennent aux genres chromis, parmi lesquels les barbues, dont nous avons pu apprécier la finesse, et les clarias qui atteignent souvent un mètre et plus de longueur. Ces derniers poussent, dit-on, quand on les sort de l'eau, des cris qui ressemblent aux miaulements des chats.

Recommandation nous est faite de nous méfier des roseaux qui bordent le rivage, car là vivent de gros crabes qui mordent avec une très grande vigueur. Verrons-nous sur le gravier des nuées de crevettes sauter à une grande hauteur et disparaître ensuite rapidement entre les cailloux, tandis que des milliers de grèbes huppés nagent à la surface du lac ? les descriptions sont séduisantes, mais il faudra en réduire, et ce ne sera pas précisément une déception ; de plus le temps est parcimonieusement compté.

Plusieurs buts d'excursions sont proposés, et nous optons en chœur pour Capharnaüm. La chaleur est accablante, bien que l'eau du lac n'atteigne pas encore 37°, ce qui se voit, nous dit-on, et on ajoute que le vent du sud l'amène jusqu'à 43°, 5. Ici la foi n'est pas requise.

Notre embarcation est des plus pittoresques : la barque primitive, et c'est le rêve ; mais solidement installée, et c'est utile. Chacun se presse, car les instants sont précieux ; et bientôt c'est une course effrenée presque un concours.

Les bateliers sont ruisselants ; leurs bras nerveux enfoncent la rame ou étendent la grande voile latine.

Ils chantent sans désemparer jusqu'à ce que, plongeant
dans le lac des récipients qu'ils nous offrent ensuite
remplis de l'eau chaude et limpide, ils nous fassent comprendre que leur refuser serait une injure. Il y a pourtant plus d'une minute d'hésitation, avant de porter les
lèvres à la coupe peu engageante ; mais il faut céder, et
quel large sourire pour nous remercier ! Il ne manque

*Embarcadère de Tibériade* (CL. L.)

plus, comme complément de couleur locale, qu'un simu-
lacre de tempête, avec le P. Bailly, justement dans notre
barque, pour l'apaiser. Nous l'appelons en vain, le vent
est pour l'instant favorable. Les rives se déroulent avec
leurs souvenirs.

A cinq kilomètres environ de Tibériade, c'est Medjel, le
vieux Migdel-El de Josué, et le bourg évangélique de
Magdala, patrie de Marie-Magdeleine ou de Magdala,
l'ancienne possédée, devenue la fervente disciple de Jé-

sus, et qu'il ne faut pas confondre avec Marie de Béthanie. Medjel n'offre plus aujourd'hui que quelques misérables masures ombragées d'un palmier.

Nous laissons à gauche la gorge béante du Ouadi-el-
Hammam (vallée des colombes), qui s'enfonce sous les
rochers d'Arbel, et nous longeons la plaine de Génésareth, la Kinnereth biblique, aujourd'hui El-Ghouëir (petite vallée), celle dont le Talmud avait pu dire : « S'il y
a un paradis sur la terre, c'est Génésareth. » Jésus traversa souvent la plaine gracieuse, coupée de ruisseaux
et d'une végétation alors si puissante. C'était après la
deuxième multiplication des pains, « après avoir traversé la mer, ils abordèrent au pays de Génésareth.
Quand ils furent sortis de la barque, les gens ayant re-
connu Jésus parcoururent tous les environs, et l'on se
mit à apporter les malades sur les lits aux lieux où il
était et où il devait passer... ; et tous ceux qui le tou-
chaient étaient guéris (1). »

C'est donc toujours la grande ombre du Christ qui
nous suit, effaçant la nature, dominant les ruines !

Après deux heures de navigation nous arrivons à
Tell-Houm, emplacement traditionnel de la grande ville
de Capharnaüm, aujourd'hui monceau de ruines, servant de retraite aux lézards et aux chacals.

On voudrait y retrouver les traces de Celui qui en fit
sa demeure, habitant la maison de Pierre ou d'un autre
ami, payant l'impôt et multipliant les bienfaits, mais le
cœur les cherche en vain. Où est la maison du riche, où
la masure de l'humble et la synagogue où Jésus fit tant
de miracles ? Cendre et poussière ! Nulle part l'anathème
ne semble avoir pesé plus lourdement qu'ici. Est-ce parce
que nulle part les miracles ne furent plus nombreux, les

_______

(1) Marc VI, 53.

discours plus fréquents, la bonté divine plus pénétrante ?
Après les journées de labeurs, c'était le repos du soir
devant la maison de Pierre, et les paroles tombaient des
lèvres du Maître comme des semences de vie nouvelle.

Il faudrait relire dans saint Mathieu, saint Marc et

*Arrivée à Capharnaüm.*

saint Luc tous les débuts du ministère de Jésus en Galilée, et le prélude de ses adieux quand il dévoila le
grand mystère de son amour : donner sa chair en nourriture et son sang en breuvage, « Je suis le pain de vie »,
et qu'il insistait malgré les murmures des Juifs : « Le
pain que je donnerai, c'est ma chair que je donnerai pour
la vie du monde (1). »

(1) Joan. VI.

Malgré, ou peut-être à cause de tant de faveurs qui dépassaient l'orgueilleuse raison humaine, les Juifs s'obstinaient à ne pas croire, et le Christ maudit leur ville ainsi que les deux cités voisines de Bethsaïde et de Corozaïn, dans lesquelles avaient eu lieu la plupart de ses miracles : « Malheur à toi Capharnaüm, qui as été élevée jusqu'au ciel ; tu seras abaissée jusqu'au séjour des morts. Car si les miracles qui ont été faits dans ton sein avaient été faits dans Sodome, elle subsisterait encore aujourd'hui. C'est pourquoi, je vous le déclare : au jour du jugement, le pays de Sodome sera traité moins rigoureusement que toi. » (*Saint Mathieu XI, 23*).

La destruction totale ne vint toutefois que plus tard.

Après la ruine de Jérusalem, les Juifs firent de Capharnaüm une de leurs places de sûreté, et le rabbi Tanchuna y professait des doctrines empreintes d'un sage libéralisme.

Le christianisme, de son côté, s'y établit de bonne heure : Antonin le martyr y visitait au VIe siècle une église qu'avait fait bâtir le comte Joseph de Tibériade, et qui n'existait plus cent ans après. Si les chrétiens disparurent, les Juifs leur survécurent et utilisèrent les matériaux de leurs monuments détruits.

On y a découvert les arasements d'une synagogue à sept nefs, et dont les chapiteaux corinthiens devaient appartenir à l'époque romano-byzantine. Des sculptures, débris de colonnes ou de chapiteaux, gisent dans les broussailles et les roseaux.

Il était interdit d'en prendre la photographie, mais l'appareil visait si juste que le déclic a marché de pair avec la défense. Les deux religieux franciscains qui vivent là solitaires pour accueillir les pèlerins de passage n'y auront rien vu.

La journée avance, il faut quitter Capharnaüm et
suivre de loin, sur l'autre rive, l'emplacement probable
de *Bethsaïde*, le village de pêche, la patrie des cinq
apôtres : Pierre, Jacques, Jean, André et Philippe et de
*Corozaïn* (Khirbel Kersa) maudite aussi par le Christ.

*Ruines de la Synagogue de Capharnaüm.*

Nous avancerons encore, et saint Luc nous fournira
le texte : « Au soir de la journée des paraboles, Jésus
dit : « Passons à l'autre bord. » Et ils partirent (de Capharnaüm). En route survint la tempête bientôt apaisée.
« Ils abordèrent au pays des Géraséniens, qui est vis-
à-vis de la Galilée. » Le démoniaque furieux qui vivait
là dans les tombeaux et brisait ses chaînes « s'approche
et dit à Jésus : « Qu'y a-t-il entre moi et toi, Jésus, Fils

du Très-Haut ? Je t'en conjure, ne me tourmente pas. »
Car Jésus lui disait : « Sors de cet homme, esprit im-
pur... » Il y avait là sur la montagne un grand troupeau
de pourceaux... Les démons lui dirent : « Envoie-nous
dans les pourceaux. » Il le leur permit ; et les esprits
impurs entrant dans les pourceaux, tout le troupeau se

*Tempête sur la mer de Galilée.*

précipita des pentes escarpées dans la mer... Il y en
avait environ 2000. » Les bergers s'enfuirent et portèrent
la nouvelle à la ville (*Saint Luc, VIII 22-39*).

Nous verrons à distance le pays des Géraséniens, et
le lac devenant houleux nous donnera l'illusion d'une
tempête. Le vent est contraire, les vagues s'enflent, et
le fils de notre batelier, pris du mal de mer, doit se coucher à fond de cale. Mieux que cela, l'exemple menace

d'être contagieux, et quand nous débarquons à Tibériade, c'est avec une vraie satisfaction de retrouver la terre ferme, preuve nouvelle que si le corps doit être un esclave, c'est un esclave qui gardera toujours ses droits !

Nous parcourons à nouveau les ruelles de Tibériade, retrouvant dans les gourbis la triste vie des populations de l'Islam, et coudoyant des Juifs qui sont aujourd'hui en majorité dans la ville, 2 500 sur 3.500 habitants. Après la ruine de Jérusalem, c'est là qu'ils étaient revenus plus nombreux. En vain Adrien y construit-il un temple aux idoles pour y implanter le paganisme, le monument reste inachevé, et la prépondérance juive s'affirme de plus en plus sous Antonin, Marc-Aurèle et Commode. A cette époque, le Sanhédrin se transporte de Sepphoris à Tibériade, ainsi que la célèbre école talmudique, établie à Jamnia, près de Gaza. De cette école sort la *Mischna*, œuvre de Rabbi-Juda surnommé *Hakadosch* « le Saint », et plus tard son commentaire la Guémara, œuvre de Johannan, chef de l'école palestinienne.

Ces deux compilations réunies forment le Talmud de Jérusalem, qui sera bientôt éclipsé par le Talmud de Babylone.

Nous savons que saint Jérôme apprit l'hébreu d'un rabbin de Tibériade. C'est seulement sous Constantin que le christianisme s'implante dans la ville ; Tibériade y devient alors siège épiscopal, suffragant de Scythopolis ; les chrétiens s'y multiplient jusqu'à l'invasion de Chosroès, dont les Juifs se font les guides complaisants et intéressés. Cependant le christianisme s'y maintient, même après l'invasion arabe, puisqu'un prêtre d'Occident, envoyé par Charlemagne, au IX<sup>e</sup> siècle, y trouve une communauté florissante.

En 1099, Godefroy de Bouillon donne à Tancrède la

ville qui, avec son territoire, constitue « la princée de
Tabarie » ; les églises y sont relevées, et l'évêché rétabli
devient suffragant de Nazareth ; mais, après le désastre
d'Hattin, Tibériade livrée à Saladin par Eschine, femme
de Raymond III, n'est rendue un moment aux chrétiens
que pour succomber bientôt devant l'émir Fakr-ed-Din
(1247).

*Une rue à Tibériade* (CL. L.).

L'Islam en reste désormais le maître, sans que les
Juifs en soient complètement bannis. Une petite colonie
y végétait et espérait voir sortir d'elle le Messie qui
irait établir son trône à Safed ; la colonie s'accrut, et
depuis le XIXe siècle les Juifs ont droit de cité à Tibériade.

Nous sommes donc là en pleine juiverie avec école, synagogue, taudis, constructions bizarres. Nous passons

devant une maison juive, portant encastrées à droite et
à gauche de l'entrée deux portes monolithes en basalte
qui proviennent d'anciens tombeaux. Ces curieux spécimens d'une architecture d'imitation, où sont figurés
les panneaux et les ferrures d'une porte en bois, avec
poignée, se retrouvent encore en place dans les nécropoles qui entourent le lac de Tibériade.

C'est un regret de ne pouvoir, dans ces traces du passé,
retrouver des souvenirs chrétiens ; mais pas un n'est
resté debout.

A côté des ruines accumulées par la main des hommes,
il y a le stigmate des secousses volcaniques et des tremblements de terre.

A l'angle nord-ouest, ce sont les débris du puissant
château dont la construction remonte aux Croisades.
Fortement éprouvées par le tremblement de terre de 1837,
ces ruines gardent un caractère imposant : les assises de
pierre noire basaltique qui contrastent avec le mortier
blanc en rendent l'effet saisissant. Ce sont les soldats
turcs qui en ont la garde ; ils habitent dans une petite
caserne toute proche des ruines.

La plupart des murs de Tibériade, restaurés dans le
cours du XVIII<sup>e</sup> siècle, ont été détruits sur plusieurs
points. Seule, la porte occidentale de la ville est restée
debout. Une des tours d'angle, qui avance majestueuse
au bord du lac, demeure visiblement inclinée : le petit
clocher et la croix qui le surmontent appartiennent, nous
dit-on, à l'église grecque. Quant à l'église latine, toute
modeste, elle voit chaque année affluer les pèlerins qui
y prient pour le Pape, dont la primauté fut ici affirmée
par le Christ : « Pais mes agneaux, pais mes brebis. »
Un tableau de saint Pierre tenant en main les clefs qui
lient et délient rappelle le fait évangélique, et une dé-
pêche envoyée à Rome par tous les pèlerinages de péni-

tence en perpétue le souvenir, attestant l'autorité du pasteur et la soumission du troupeau.

Enfin ceux que tenterait une cure d'eau très efficace pour les rhumatismes et les affections de la peau trouveraient à vingt minutes de la ville, au sud, des bains d'eaux chaudes à El-Hammam. Déjà célèbres au temps

*Mosquée de Tibériade.* (CL. L.)

de Josèphe et de Pline, ces sources sont au nombre de quatre ; la principale a une température de 60°. On constate que l'eau devient plus abondante et plus chaude à l'époque des tremblements de terre, comme en 1837.

L'établissement laisse à désirer, et cependant les eaux sont assez fréquentées. Les baigneurs logent sous la tente, et je les en félicite.

Il est évident qu'en nous installant au joli petit hôtel

Bellevue, on a cru nous mettre au summum du confortable. Tout y est relativement joli à l'œil, mais il ne faudrait pas se coucher. Le supplice des nuits de Naplouse et de Djénin se réédite, et l'eau de Cologne devenant inefficace, il faut avoir recours au citron et sans plus de succès !

Peut-être aussi la nuit de Tibériade fut-elle rendue plus pénible par la grave indisposition survenue à l'un des membres du trio féminin, inséparable là comme en Samarie. Deux avaient résisté sans défaillance, la troisième devint assez malade pour qu'on crût devoir la laisser à Tibériade. Elle paraissait d'ailleurs si résignée que les deux autres en frémissaient : « Il faut une victime, dit-elle, ce sera moi ! » Fort heureusement elle n'était pas prophète. Assez vaillante pour essayer de suivre la caravane, elle connut encore de vilains quarts d'heure, mais le moral aidant le physique, elle se remit si bien qu'en deux jours la guérison fut radicale.

# CHAPITRE VINGT-DEUXIÈME

E grand matin nous assistons à la messe dans la petite église Saint-Pierre ; nous revoyons le beau lac qui s'éveille aux premiers feux du jour, et puis les groupes se forment, les voitures nous attendent ; c'est le départ pour Nazareth, en passant par Cana. Nous retrouvons sans surprise les pentes de collines pierreuses, les débris de basalte, le sol convulsé, la nature détruite de la zône volcanique. Nous reconnaissons le Kouroun Hattin (les Cornes de Hattin).

Qu'il ait été oui ou non le Mont des Béatitudes, le Christ a dû connaître son sommet. Il aimait les hauteurs, pour mieux retremper son âme humaine, Celui qu'entouraient de leurs sollicitudes pressantes les foules plus avides de miracles que de vérité. Et ainsi il s'isolait volontiers de la terre qui se fermait à sa voix, pour mieux retrouver le ciel qu'il portait en lui.

La route carrossable se continue, laissant à gauche

Loubiéh, gros village musulman sans histoire et sans caractère. Une société israélite a acheté en 1902 toute cette région pour y établir une colonie agricole.

La pente se fait douce, et bientôt nous nous trouvons dans une vallée assez large, le Ouadi-Roumanéh. C'est dans ces champs, dit la tradition, que les disciples de Jésus passant au milieu des blés un jour du sabbat et ayant faim, se mirent à arracher des épis et à les manger, au grand scandale des Pharisiens. — Si ce n'est ce champ, c'est un semblable ; ce sont les mêmes épis, le même soleil qui les a mûris, la même lumière dans laquelle ils baignaient. La nature a peu changé dans ces pays ; les fleurs, il est vrai, sont plus rares, le sol moins fertile, le paysage plus désolé... un grand enveloppement de mort pèse sur toute cette contrée qui a entendu la malédiction du Christ ; mais tout cela est dans la note, et la mélancolie s'impose à l'âme qui médite tant de miracles incompris.

Le soleil brûle quand nous atteignons les premiers jardins de Cana. Des haies de cactus bordent le chemin... c'est comme le fort avancé de tous ces villages arabes. Celui-ci, pour nous, Cana de Galilée, pour les Arabes, Kefr-Kenna, n'a que 600 habitants, dont 100 catholiques, 200 schismatiques et une quinzaine de protestants.

Tout de suite assaillis par les naturels qui nous offrent des œufs ou des abricots, nous résistons aux séductions de leurs appels, et nous voici dans l'église paroissiale des Franciscains. C'est là qu'on vénère la salle du festin où Jésus changea l'eau en vin. La chapelle actuelle est de construction récente, mais des fouilles, pratiquées par les Pères, ont démontré qu'elle occupait l'emplacement d'un monument plus ancien.

Antonin le Martyr nous dit qu'il y avait déjà une église au lieu des noces, au VI⁰ siècle. Nous savons aussi qu'au XVIe et au XVIIe siècles une mosquée à deux nefs avait remplacé l'église, et qu'un souterrain à l'intérieur de la mosquée marquait le lieu du miracle. C'est une attention des Pères de vouloir perpétuer le souvenir du miracle, en offrant à leurs hôtes du vin exquis, le meilleur, sans contredit, que nous ayons bu en Galilée ou à Jérusalem.

*Eglise des Franciscains à Cana.*

L'Evangile ne dit pas quel était l'époux des noces de Cana. Peut-être était-ce Nathanaël (Barthélemy), sûrement originaire de Cana, et, en ce temps-là, nouveau disciple de Jésus.

A l'extrémité du village, au milieu du cimetière catholique, une petite chapelle, dédiée à saint Barthélemy, occuperait, dit-on, l'emplacement de la maison de Nathanaël. Mais l'endroit qui prime les autres comme intérêt local, c'est la fontaine où fut sans doute puisée l'eau

miraculeusement changée en vin. Dans cet immuable
Orient où l'eau est deux fois appréciée, une fontaine ne
se déplace pas plus qu'on ne songe à détourner une
source.

Or nous voici à la source, au bord du puits, et, tout
autour, c'est la vie du pays.

*Fontaine de Cana* (CL. L).

Un sarcophage antique sert d'abreuvoir pour les bestiaux, et les bestiaux y arrivent. Un peu plus loin, ce
sont les chèvres, les moutons, tout une caravane de
bêtes qui semblent attendre leur tour, étonnées d'être
surprises et troublées dans leurs habitudes quotidiennes.
Leurs yeux fixes semblent redire après le poète :

« Qui te rend si hardi de troubler mon breuvage ? »

Nous leur céderons bientôt la place, et nous voici en
route pour Nazareth. Nous traversons, au bord d'une
prairie, un petit ruisseau venant d'une source voisine,
c'est l'Aïn el Joséh, la fontaine dite du *Cresson* au temps
des Croisades. Le 1<sup>er</sup> mai 1187, eut lieu en cet endroit le
premier engagement entre les Francs, au nombre de 700,

*En revenant de la fontaine de Cana.*

dont 150 chevaliers seulement, et l'avant-garde de l'armée de Saladin, forte de 7.000 hommes. Tous les Latins
y périrent, sauf le grand maître du Temple et trois de
ses chevaliers.

La route monte toujours en pente raide, et, à droite,
sur la hauteur, nous saluons dans le petit village de El-
Mesched (ancienne Geth-Opher) la patrie du prophète
Jonas.

Auprès du village, un petit ouéli occuperait l'emplacement de son tombeau déjà mentionné par saint Epiphane,

au IV^e siècle. Les musulmans l'ont en grande vénération.

Les pensées se croisent, à la fois douces et troublantes en approchant de Nazareth. On désire et on redoute ! Retrouverons-nous, même imparfaite, une trace de cette vie résumée en un mot qui déconcerte la raison : « Il leur était soumis » ? Un humble atelier, une maison plus humble encore, les occupations de tout le monde, les délassements après le travail, la course à la fontaine, le costume alors comme aujourd'hui, c'est l'air ambiant de Celui qui devait sauver le monde.

Mais au moins a-t-il choisi sa patrie ? Nazareth, de l'hébreu nazer, fleur, « la cité blanche, la fleur de Galilée », nous dit saint Jérôme ; la « Victorieuse, » d'après l'étymologie arabe. Fleur, elle l'est et restera à jamais, selon le pieux jeu de mot de saint Bernard : « Nazareth s'appelle fleur, car la Fleur y est né d'une fleur, dans une fleur et au temps des fleurs. »

Victorieuse, elle l'est plus encore d'avoir abrité pendant trente ans Celui qui devait édifier, sur les ruines d'un monde corrompu de jouissances, les lois d'honneur dans le travail, de joie dans le sacrifice, de force dans la pauvreté, de résurrection dans la mort. Il faudrait s'isoler pour faire revivre cette douce figure, emprunter la foi austère des Jérôme, des Paule, des François d'Assise, l'enthousiasme des Croisés, la piété d'un saint Louis qui, du plus loin qu'il put voir Nazareth, « descendit de son cheval, s'agenouilla à terre dévotement et adora Notre-Seigneur. « L'émouvante chronique ajoute que le roi jeûna au pain et à l'eau, se revêtit de cilice et fit chanter une messe solennelle « et tout le service en « parties, à orgue, à grand orchestre, ceux-là peuvent « en témoigner qui y furent. Depuis que Fieux de Dieu « prist incarnation en la benoiste Vierge Marie, ne fut « jamais chanté service si solennel »

Il faut avouer que le mode des pèlerinages a quelque
peu changé. Si la piété en garde le fond, elle a des accom-
modements avec nos faiblesses modernes… et ce n'est
pas précisément en jeûnant et en portant le cilice que
nous arrivons à Nazareth.

A distance déjà et sur une colline assez élevée (le Neby
Saïd, 485 m. d'altitude), la petite ville blanche se dessine
en amphithéâtre avec ses maisons coupées de jardinets,
ses bouquets de cactus, ses rues en pente douce. Co·
quette dans son ensemble, la déception s'accentue dès
qu'on arrive aux détails. C'est, à côté de maisonnettes
carrées à terrasses sur lesquelles pousse *l'herbe des toits*,
« que les pluies d'hiver font naître et que dessèchent les
premières ardeurs du printemps » (*Is. XXXVII, 27*), un
étalage disparate de toits rouges, de clochers. de minarets, de grands bâtiments neufs qui appellent le touriste, mais choquent le pèlerin. On cherche en vain
l'humble sentier qui devait conduire à l'atelier de Joseph
à travers la haie de cactus ou le jardinet vert. Et l'im-
périeux besoin de regarder plus haut vous saisit. Peut ·
être les flancs gris de la colline avec leur traînée languis-
sante d'oliviers et leur maigre bouquet de cactus auront-
ils mieux gardé le souvenir ? L'œil s'y repose un instant,
mais pour retomber bientôt sur toute la réalité de l'histoire.

Au temps de Jésus, Nazareth était une bourgade insignifiante de la Galilée, d'où le proverbe juif : « Peut-il
sortir quelque chose de bon de Nazareth ? » (Joan. 1-40)
proverbe auquel les Galiléens ripostaient : « L'or aux
Juifs, l'honneur aux Galiléens. »

A l'appui du proverbe, disons que Judas était le seul
apôtre Juif, et que les autres étaient tous Galiléens.

Quant au titre de Nazaréen, donné à Jésus et aux
premiers chrétiens, il s'est conservé en Palestine, où les

chrétiens s'appellent eux-mêmes nasara. tout en restant souvent indignes de ce nom.

Il n'est pas de ville de Palestine où le changement de religion se fasse plus facilement, non par suite de controverses ou de disputes théologiques, mais par intrigues et jalousies mesquines. La population, comme au temps de Jésus, est turbulente et tracassière. Le jeune Maître l'avait dit : « Nul n'est prophète dans son pays. » Aussi sa doctrine de paix et d'amour resta lettre morte. Pendant trois siècles même, aucun chrétien ne put se fixer à Nazareth. Seuls l'autorité du comte Joseph de Tibériade, et les ordres de Constantin firent cesser, vers 335, ce farouche ostracisme.

Deux basiliques s'y élèvent alors, et l'invasion arabe (636) n'arrête pas l'élan des pèlerins, les nouveaux maîtres trouvant une source de revenus dans l'impôt d'entrée qu'ils demandent.

En 1099, les Croisés s'emparent de Nazareth, et y établissent la métropole de la province de Galilée, en y transportant l'archevêché de Scythopolis (Beïsen). Saladin s'en empare après la bataille de Hattin, en 1187 ; Frédéric II la rebâtit, en 1229 ; saint Louis y vient en 1252, et Joinville nous laisse de ce pieux pèlerinage un récit attendri dont nous avons dit un mot.

En 1263, le sultan Bibars en personne occupe Nazareth et détruit de fond en comble la basilique de l'Annonciation. Les Franciscains tentent de restaurer le sanctuaire ; ils sont chassés à plusieurs reprises, et c'est seulement en 1620 qu'ils peuvent, grâce à la bienveillance de l'émir Fakr-et-Dine et à la protection du consul français de Saïda, s'établir à Nazareth, et encore ont-ils beaucoup à souffrir.

Exposée aux incursions des Bédouins durant tout le XVIIe siècle, la petite ville reprend son importance au

XVIII⁰. En 1799, les armées françaises l'occupent un moment : Junot y établit son quartier général, et c'est de là qu'il part contre les Turcs, rassemblés à Loubiéb. pour remporter sur eux la victoire de Cana. Bonaparte y vient, et se fait montrer le sanctuaire de l'Annonciation. Et les chrétiens de Nazareth accueillent nos soldats avec une sympathie si évidente que l'intervention de l'amiral anglais Sidney Smith peut seule empêcher Djezzar, pacha d'Acre, de les massacrer.

Mais si Nazareth compte dans l'histoire c'est, avant tout, parce qu'elle est la ville que Jésus habita pendant trente ans, en compagnie de Marie et de Joseph. Une tradition suivie nous a conservé l'emplacement de la *maison-grotte* qui lui servit de demeure : *c'est le sanctuaire de l'Annonciation.*

Le monument, de construction récente, XVIII⁰ siècle, n'a rien de remarquable comme architecture ; tout son intérêt est dans la grotte qui marque l'emplacement de la maison de Marie. Dans la nef centrale, sous le massif élevé qui porte le maître-autel, une arcade assez large, décorée de marbre blanc, en forme l'entrée. On y descend par un large escalier de dix-sept marches. Au bas de l'escalier, le palier s'élargit de chaque côté et forme ce qu'on appelle la chapelle de l'Ange. Elle est artificielle, voûtée en maçonnerie et à deux autels : celui de gauche, dédié à saint Gabriel, celui de droite à saint Joachim et à sainte Anne. Une arcade ogivale, soutenue par deux colonnes torses en marbre blanc conduit, deux degrés plus bas, dans un réduit obscur, tout entier creusé dans le roc, c'est la *Grotte de l'Annonciation.* Un autel de marbre porte cette inscription : « Ici le Verbe s'est fait chair » ! Une tradition très populaire en Occident montre à Lorette. dans les marches d'Ancône, la maison dans laquelle se serait accompli le mystère de l'Incarnation.

Cette maison vénérée à Lorette serait la chambre bâtie
à l'entrée de l'excavation. Miraculeusement transportée
par les anges en Dalmatie d'abord, puis à Lorette, où elle
se serait fixée en 1294, sa place est marquée à Nazareth
dans le vestibule actuel de la grotte.

*Grotte de l'Annonciation.*

La question du miracle a soulevé ces derniers temps
une polémique ardente ; mais quoi qu'on puisse en con-
clure, *l'authenticité de la grotte de Nazareth*, établie sur les
documents les plus anciens, reste totalement hors de
cause.

D'ailleurs il faut l'avouer en toute simplicité : si vénérable que soit le témoignage de la tradition pour localiser le lieu du mystère, c'est moins le sanctuaire qui
vous abrite, la pierre qui vous porte, le silence parlant

qui vous enveloppe que toute la vie de Jésus qui s'impose ici à la foi, avec la pensée toujours plus impérieuse d'être vraiment à Nazareth,... à Nazareth, l'humble bourgade qui a vu un Dieu se faire l'un de nous, et le plus petit d'entre nous : la raison défaille et la nature en meurt, mais l'âme se relève dans des aspirations nouvelles. L'écorce des choses disparaît et le vrai resplendit, non plus dans l'éloquence du discours, mais dans la prédication de l'exemple. Arrière le faux éclat de l'or ! C'est le travail qui est une gloire, l'humilité une grandeur, le devoir une loi, la prière un repos, la paix de l'âme une volupté.

On voudrait sans nul doute retrouver les traces de ce Dieu enfant, adolescent, baiser les poussières sacrées, les reliques de ce qui lui a appartenu, mais tout a disparu, comme si l'Evangile, seul accessible à tous, devait suffire à la consécration de ces grands souvenirs. Nous retrouverons Son pays, les horizons dans lesquels Il se complaisait, les mêmes éblouissements de soleil, les mêmes apaisements des nuits étoilées, et tout cela, autrement qu'ailleurs, nous parlera, comme si un souffle de Lui était resté dans cette atmosphère. N'en cherchons pas davantage.

L'identification des lieux est plus difficile à Nazareth qu'à Bethléem et au Calvaire où, en voulant effacer les Lieux Saints, l'impiété païenne les a jamais consacrés.

A part la grotte de l'Annonciation, dont la localisation repose sur des données historiques à peu près certaines, il serait téméraire de rien préciser.

Nous visiterons pourtant tous les lieux que la piété des pèlerins a marqués d'un souvenir spécial.

A deux cents mètres, au nord de la basilique, c'est l'atelier de saint Joseph, où une tradition moderne veut que Jésus ait appris le métier de charpentier, et qu'il ait même exercé seul cette profession, après la mort de son père adoptif.

De l'atelier de saint Joseph, nous nous dirigeons, à travers le bazar assez pittoresque, à l'église des Grecs unis, bâtie sur l'emplacement de l'ancienne synagogue.

La vieille salle obscure et voûtée en ogive que l'on voit

*A travers les rues de Nazareth.*

à l'entrée de l'église moderne, marque le lieu d'assemblée, où Jésus allait en fidèle Israélite écouter la lecture des Livres Saints ou psalmodier le jour du Sabbat. On revoit le jeune Nazaréen entrer dans la synagogue, se lever pour lire, dérouler le parchemin où sont écrites les prophéties d'Isaïe, et commenter ce passage du Prophète : « L'esprit du Seigneur est sur moi, c'est pourquoi il m'a consacré par son onction, et m'a envoyé pour évangéliser les pauvres, guérir ceux qui ont le cœur brisé, annoncer aux captifs leur délivrance, aux aveugles le recouvrement de la vue, rendre la liberté à ceux qui sont dans les fers, publier l'année des miséricordes du Seigneur et le jour de la rétribution (1) ». On sait la suite : la fierté des Nazaréens en entendant leur compatriote déjà si puissant en paroles et en œuvres. Sans doute va-t-il faire dans son pays des miracles comme à Capharnaüm et aux alentours. Mais Jésus les désabuse bientôt par l'exemple d'Elie et de la veuve de Sarepta, d'Elisée et de Naaman le Syrien, et prononçant la fameuse parole que les siècles se chargeront de vérifier : « Nul n'est prophète dans son pays », il leur fait entendre que des étrangers et des païens leur seront préférés. Les juifs, remplis de fureur, l'entraînent hors de la ville pour le précipiter du haut d'un rocher qui porte aujourd'hui le nom de Djebel-Kafzel (le Précipice).

C'est le rocher à pic qui surplombe le ravin d'où Nazareth descend droit au sud vers la grande plaine d'Esdrélon. Comme précipice, le lieu était bien choisi ; mais Jésus passant au milieu des Juifs, dit la Tradition, s'en alla à travers l'abîme, sur le versant d'en face.

On peut voir à cet endroit une petite abside d'église creusée dans le roc et des ruines de citernes.

Le sanctuaire était un des plus visités à l'époque des Croisades ; les pèlerins l'appelait Saltus Domini ou le Sault du Seigneur... c'est encore le sens du nom arabe actuel.

Une autre tradition, qui n'a rien d'évangélique, montre, à quelques centaines de mètres de la synagogue, un bloc de calcaire tendre, de forme un peu ovale, large de trois mètres, haut de un mètre et qui porte le nom de *Mensa Christi*, table du Christ, sous prétexte que le Christ,

(1) Luc, IV, 16.

après sa résurrection aurait pris sur ce rocher un repas
avec ses apôtres. La Mensa Christi est dans une chapelle ronde bâtie par les Franciscains en 1861. On se
demande quelle est l'origine de cette tradition et quelle
parcelle de vérité, plus ou moins défigurée, elle pourrait
bien contenir.

*Fontaine de la Vierge* (CL. L.).

*La Fontaine de la Vierge* nous dit davantage, et déjà,
pour nous y rendre, nous pouvons suivre le défilé des
femmes qui se croisent en tout sens, la cruche couchée
sur la tête ou sur l'épaule quand cette cruche est vide,
mais droite, et remarquablement en équilibre, quand
elle est pleine. C'est un va-et-vient continuel à l'heure
du soir surtout... Comme ces Nazaréennes, Marie devait
aller à la fontaine, attendre son tour, y envoyer Jésus
enfant ; et, malgré soi, en voyant ces femmes d'allures

gracieuses, ces enfants souriants et ouverts, l'œil se prend à chercher les types d'idéale beauté que l'âme appelle et fait revivre. Mais c'est en vain ! Les siècles ne répéteront rien de semblable. J'avoue même avoir cherché cette beauté, « don de la Vierge Marie », qu'on dit toute particulière aux femmes de Nazareth ; Bethléem et la Samarie nous avaient donné plus de surprises sous ce rapport. En revanche toutes ont la même grâce d'allures, sinon le costume châtoyant qu'elles réservent sans doute pour les jours de fête. Les plis de leurs longs voiles peuvent recouvrir des haillons, ils ont encore l'élégance d'une jolie draperie. On ne se lasse pas de les regarder avec un sourire qu'elles comprennent et auquel elles répondent. Quant aux hommes ils n'ont guère changé depuis deux mille ans. Tracassiers et turbulents, comme au temps de Jésus, ils entendent mal l'Evangile ; mais ils doivent à leur amour du travail une aisance relative, et les pauvres y sont plus rares qu'ailleurs

Sur les 7000 habitants de Nazareth, 2000 à peine sont musulmans ; les autres se répartissent à peu près ainsi : 1300 Latins, 700 Grecs catholiques, 400 Maronites, 2000 Grecs orthodoxes et 200 protestants.

Les ordres religieux y sont nombreux et de plus en plus prospères : là sans doute, au pays du grand exemple, la pratique des conseils évangéliques est plus douce et plus facile.

Au premier rang les Franciscains, avec leur grande hôtellerie de *Casa-Nova* ; c'est là que nous trouverons abri et réconfort : après les douces pérégrinations du jour, le repos de la nuit. La maison est tout près de l'église de l'Annonciation, ce qui permet les visites à la grotte à son heure et à son gré.

En face des Franciscains, les Dames de Nazareth ont

un orphelinat d'une trentaine d'enfants, une école primaire très fréquentée, un ouvroir et un asile. Elles sont
là chez elles, tout enveloppées du doux mystère sous
lequel elles abritent leur dévouement.

Les Sœurs de Saint-Joseph de l'Apparition n'y pouvaient manquer davantage. Elles ont un double établis-

*Vue prise à Nazareth.* (CL. L.)

sement en ville, près du sanctuaire ; c'est l'école primaire, l'asile et le dispensaire gratuit, avec l'aide du Frère
docteur de Saint-Jean de Dieu ; et, sur la route de Tibériade, en construction, un vaste hôpital pour les femmes
indigènes.

Puis viennent les frères des Ecoles chrétiennes, qui
ont une grande école fréquentée par trois cents enfants ;
*les Clarisses* dont le couvent est situé un peu en dehors
de la ville, près du Tremor : *les Sœurs de Saint-Vincent-*

*de-Paul,* en face des Clarisses, avec un hôpital, un dispensaire, un asile et une crèche dans un petit local provisoire ; *les Frères de Saint-Jean-de Dieu,* hors de la ville, sur la route du Thabor. Leur grand hôpital pour les hommes est dirigé par un médecin religieux. Et enfin les *Pères Salésiens* ont sur les hauteurs qui dominent Nazareth un orphelinat ou un institut agricole qui compte une trentaine d'enfants.

A côté des catholiques, les dissidents rivalisent de zèle et même de prosélytisme. Il faut citer *l'établissement russe* qui comprend une hôtellerie, une école primaire, un pensionnat pour les jeunes filles et une école normale, formant les professeurs indigènes pour les écoles russes en Palestine.

Dans ces écoles on enseigne le russe, l'arabe et le français, rendu nécessaire par la diffusion de notre langue en Palestine. Enfin, dans le bas de Nazareth, un grand établissement protestant avec tout le cortège des œuvres évangéliques : dépôt de Bibles, école, bibliothèque; et, sur la hauteur, un orphelinat de jeune filles. Il serait intéressant de suivre le développement de la vie évangélique sous toutes ses formes, intéressant aussi de prendre l'habitant sur le vif, d'explorer les recoins qui rendraient le son fidèle du passé ; mais c'est déjà une joie d'en saisir une parcelle. Ce menuisier qui manie le rabot avec ses outils primitifs, n'est-ce pas toute une évocation ? Et l'art n'a rien à faire ici : plus c'est informe. local, inédit, plus c'est parlant.

Je ne revois jamais sans plaisir le pauvre couteau que j'ai rapporté de Nazareth, avec son manche rustique et sa forme très spéciale. C'est qu'il a reçu du pays cette âme des choses que l'autre âme fait vibrer, et qui ne se tait plus.

# CHAPITRE VINGT-TROISIÈME

L semble que le départ de Nazareth soit la fin du grand pèlerinage ; aussi il faut profiter des
derniers instants. Un lever très
matinal permet une dernière visite à la grotte et quelques acquisitions aux petites travailleuses
du pays... leurs dentelles sont si fines ; mais comment
les mains ne seraient-elles pas habiles au pays de la fa-
mille-type qui a voulu vivre du travail de ses mains ?
Il est huit heures ; les voitures nous attendent, c'est le
départ pour Caïffa, après avoir subi un nouvel assaut des
marchandes qui se blotissent jusqu'au milieu des chevaux,
et, sans un coup de fouet énergique du cocher, il de-
venait impossible de démarrer.

Bientôt, sur la gauche de la route, une source-oasis marque son passage dans la vallée par une longue ligne de verdure, c'est la *Fontaine de l'Emir* : l'oasis s'arrête où la terre a bu le dernier filet d'eau.

Un peu plus loin, et à une demi-lieue seulement de Nazareth, c'est Jaffa de Galilée, village qui ne compte au-

*En quittant Nazareth.* (CL. L.).

jourd'hui que cinq cents habitants, musulmans, grecs et latins, en nombre à peu près égal, sans compter une vingtaine de protestants. D'après l'historien Josèphe, c'était une ville importante, vers l'an 60 de notre ère. Elle subit alors un terrible assaut, et il fallut les efforts réunis de Trajan et de Titus pour la réduire. Aucun homme valide n'échappa ; beaucoup, en se voyant pris par les

Romains, s'égorgaient les uns les autres. Il y eut environ
1500 morts et 2000 prisonniers.

Il ne reste de la vieille ville que des ruines sans importance et quelques grottes sépulcrales semées çà et là.
Quelques pas plus loin et très bas sur la gauche, on distingue les terrasses d'un village arabe, Djounjar, qui

*Sephoris* (CL. L.).

s'étagent sur des monticules gris descendant en escaliers
vers la plaine.

La route atteint bientôt le plateau d'où l'on a vue sur
la plaine d'Esdrélon, et, au premier plan, par delà un
profond ravin, une montagne abrupte s'avance en épe-
ron sur la plaine : c'est le mont du *Précipice de Jésus*,
puis le village assez prospère d'El Moujeïdil, entouré
d'oliviers et de haies de cactus géants. A quelques kilomètres plus loin, au bord de la route et sur une colline
isolée, le Sémonniéh, l'ancienne Simonias, célèbre dans

la guerre de l'indépendance juive par sa résistance aux Romains, (165 après Jésus-Christ). Auprès de la petite source qui coule à cet endroit, on voit les traces d'une entreprise de colonisation prussienne ; les colons y mouraient tous des fièvres paludéennes.

La route continue accidentée, et, sur un relèvement

*Le labour en Palestine.*

de terrain, apparaît le village de Djéda, la Jedalah de Josué, attribuée à la tribu de Zabulon.

Une maison blanche avec toit rouge tranche sur le ton grisâtre des gourbis, c'est le logement du régisseur des propriétaires de la plaine, qui appartient presque en totalité aux grandes familles grecques de Beyrouth : MM. Soursouk et Touëni.

Au milieu des tas de fumier qui entourent le village gisent des débris de roues et de vieilles ferrailles : c'est ce qui reste des instruments perfectionnés qu'on a tenté d'introduire pour exploiter la propriété ; on a dû d'ailleurs les abandonner pour en revenir aux procédés primitifs.

« Rien de pittoresque et de pitoyable en même temps, comme ces attelages où les paysans mettent sous le même joug, pour tirer un araire qui gratte à peine le sol, un âne avec un bœuf ou même avec un chameau, quand ce n'est pas avec une femme (1). » Le chemin devient sinueux, la route se perd, et l'on avance un peu au gré des cochers à travers champs et broussailles jusqu'à ce qu'apparaisse à l'horizon le rideau vert des bois qui couronnent la colline d'El Hartiéh. C'est là que nous ferons halte, distinguant à peine le village sur un mamelon isolé, tant ses maisons ont l'air d'un amas de terre. Mais la forêt de chênes verts, propriété d'un riche grec de Beyrouth, est merveilleusement conservée, grâce aux gardiens, qui empêchent les rapaces fellahs d'exercer leur brigandage. C'est ici qu'on peut se faire une idée de ce que serait la Galilée, si un gouvernement intelligent savait en exploiter les ressources, tandis qu'il les tue par des impôts. Combien de fellahs arrachent jusqu'aux racines des arbres pour échapper à l'impôt sur les arbres, deux fois stupide dans un pays où la fraîcheur est de nécessité première.

La halte nous est, à l'heure actuelle, un double bienfait, et quand nous quittons la forêt des chênes-verts, c'est pour apercevoir bientôt le long massif du Carmel.

Les villages sans importance qu'on aperçoit dans la campagne ne nous distraient pas de la belle coupe rocheuse de 30 kilomètres de long sur 15 de large, qui s'étend entre la Méditerranée et la plaine d'Esdrélon. « D'un profil très-délié, d'un pelage vert gris fort doux, le colosse, de loin, semble palpiter et vivre. En revenant de

(1) *Guide de Palestine.*

Nazareth, l'œil le voit naître près de Sahel-Arrabeh, monter, se ramasser, s'étirer longuement vers le nord-ouest, puis brusquement tomber en arrêt, devant Saint-Jean d'Acre, dans la baie de Caïffa (1). »

Abritée derrière le cap du Carmel, Caïffa est située au sud du golfe de Saint-Jean d'Acre, et fait face à l'antique cité de ce nom : c'est le port de Nazareth et de toute la Galilée. Il s'avance en longue pointe dans la mer, offrant dans son ensemble l'aspect le plus varié. Des maisons s'entassent sur la colline autour de son château ruiné ; d'autres s'étendent jusqu'à la pointe du Carmel, séparées par de vertes plantations. Le quartier juif est bordé surtout de palmiers, tandis que la colonie allemande prolonge la ville du côté de l'ouest, avec ses maisons à toit rouge et ses verdoyants jardins. Un débarcadère spécialement construit par ordre d'Abdul Hamid, pour l'arrivée de Guillaume II en 1898, est déjà ensablé et complètement impraticable.

On voit peu d'Européens à Caïffa en dehors de la colonie allemande ; mais celle-ci y prospère et forme comme une cité isolée à côté de la ville arabe dont elle offre le parfait contraste : ses rues sont larges et ses habitations ressemblent à des villas. Tout y respire l'aisance et le travail.

Le commerce de Caïffa est pourtant restreint, le principal débouché de la plaine étant à Saint-Jean d'Acre. où sont centralisées les récoltes de toute la région, et où aboutissent les grandes caravanes de Galaad et du Hauran.

Des travaux plusieurs fois abandonnés pour mettre la ville en communication avec le chemin de fer qui, de Damas, descend vers le sud au-delà du Jourdain, ont

(1) J. Goudard, *Jérusalem*.

été repris en 1903, et la voie apparaît nettement tracée jusqu'à Beïsan. Ce sera évidemment une source d'extension pour le commerce du pays, ne consistant guère aujourd'hui que dans l'exportation du blé et du sésame On pêche aussi dans la baie les fines éponges de Syrie, et le procédé employé est des plus primitifs. Le pêcheur, chargé

*Les jardins de Caïffa. — Colonie allemande.*

d'une lourde pierre, plonge vers les bas-fonds après un grand signe de croix ou une pieuse invocation à la Vierge, puis il remonte avec sa précieuse trouvaille.

Les œuvres catholiques tiennent leur place à Caïffa, bien que la population de 15.000 habitants soit au tiers musulmane. La paroisse latine est desservie par les pères Carmes, qui ont une résidence près de l'église et gardent une grande influence dans le pays.

*Les Dames de Nazareth* comptent plus de 200 enfants

dans leur établissement, où un pensionnat est adjoint à l'école primaire pour les petites filles de la ville.

*Les Filles de la Charité* ont depuis 1899 un hôpital, un asile, et un ouvroir.

Les Sœurs Allemandes de Saint-Charles, établies surtout pour leurs compatriotes, font bénéficier les chrétiens indigènes de leur hôpital, dispensaire, asile et petite école pour les filles où elles enseignent conjointement l'allemand, le français et l'arabe.

Les Carmélites ont aussi en dehors de la ville. au pied du Carmel, un couvent de fondation française, et entouré d'un vaste enclos. Enfin les *Frères des Écoles Chrétiennes* élèvent dans une grande école primaire plus de 200 enfants de toute religion. C'est grâce à eux qu'en débarquant à Caïffa on a le plaisir d'être salué en français par de petits naturels. qui s'arrachent vos bagages et multiplient leurs offres de service.

La ville paraît en liesse quand nous la traversons : les femmes ont des costumes chatoyants, l'une d'elles est couronnée de roses. L'intérieur des maisons semble plus propre qu'à Jaffa, et la population plus avenante. Mais nous n'y séjournons pas ; c'est au Carmel que vont nos aspirations, et, après trois quarts d'heure de montée, nous serons sur la grande esplanade qui porte le couvent des Carmes.

Le point culminant, de la chaîne près du Sacrifice d'Elie, atteint 500 mètres. Autrefois très habité et bien cultivé, ce massif ne compte plus qu'une vingtaine de villages turcs ou grecs. Peuplé d'animaux sauvages, les renards, les chacals, les hyènes, les sangliers et les gazelles y prennent leurs ébats.

Le nom de Carmel revient souvent dans la Bible. Isaïe parle de la « beauté du Carmel » ; Jérémie console les

captifs de Babylone en leur donnant l'espoir de faire
paître un jour leurs troupeaux sur le Carmel ; Salomon
disait à l'Epouse des Cantiques : « Ta tête est comme
le Carmel ». Mais c'est surtout le séjour d'Elie qui a
rendu célèbre la sainte montagne. On se rappelle le défi
porté aux quatre cent cinquante prêtres de Baal : ils
devaient, en présence d'Achab et du peuple, tuer un tau-
reau, le couper en morceaux, le placer sur un bûcher.
Elie en ferait autant. Chacun invoquerait son Dieu, et
le bûcher sur lequel tomberait le feu du ciel indiquerait
le vrai Dieu, l'Eternel.

Les prêtres de Baal invoquèrent leur dieu qui resta
sourd ; Elie supplia le Dieu d'Abraham, d'Isaac, de Jacob, de prouver sa puissance, et, à l'instant même « le
« feu du Seigneur tomba et il consuma l'holocauste, le
« bois, les pierres, la terre, et il absorba l'eau qui était
« dans le fossé. » Quand le peuple vit cela, tous tombèrent sur leur visage et dirent : « C'est le Seigneur qui
est Dieu. C'est le Seigneur qui est Dieu ».

— « Saisissez les prophètes de Baal, leur dit Elie.
Qu'aucun d'eux n'échappe. Et ils les saisirent. Elie les
fit descendre au torrent de Cison où ils furent égorgés.
Le même jour Elie vit paraître dans la limpidité du ciel
une nuée bienfaisante annonçant la pluie après une sécheresse, image, disaient les Saints Pères, de la Vierge
Marie portant en elle, comme le nuage porte l'eau, l'a-
bondance de toutes les grâces et le principe de toute fécondité. »

Après Elie, c'est Elisée qui fait du Carmel son séjour
de prédilection ; la Sunamite vint l'y chercher pour son
fils mort d'un coup de soleil. Les païens eux-mêmes qui
venaient sur cette côte de la Phénicie considéraient le
Carmel comme une montagne sainte.

Pythagore la visita longuement, et on le voyait grave

et recueilli dans « le lieu de prière » du promontoire sacré. Tacite parle du culte d'un Dieu qui, sur cette montagne, ne voulait ni temple ni statues, et n'avait qu'un autel en plein air et des adorations.

Vespasien s'arrête au Carmel en allant assiéger Jérusalem, et offre un sacrifice au Dieu de l'endroit.

Pline l'Ancien s'étend avec complaisance sur les solitaires du Carmel et le désert de Juda. La sève chrétienne ne pouvait manquer de pénétrer là, et les premiers moines du Carmel furent sans doute des disciples de saint Jean-Baptiste. Le culte de Marie y est rapidement en honneur, et bientôt on y trouve des laures semblables à celles des gorges de la Judée. C'est dans un de ces monastères orientaux que prend naissance au XIIe siècle, l'ordre latin du Carmel, dû à l'inspiration d'un croisé franc, Berthold de Limoges, complétée de la sage législation de son successeur saint Brocard ; celui-ci reçoit, en 1212, de saint Albert, patriarche de Jérusalem, alors résidant à Acre, la règle que les Carmes pratiquent encore aujourd'hui. Désormais l'ordre va grandir et le monastère ne cessera d'être visité. Saint Simon Stock y vivra quelque temps en ermite, vers 1240, avant de retourner en Angleterre, sa patrie, où il recevra le scapulaire. La Vierge et la montagne seront désormais inséparables dans sa pensée, et quand il mourra centenaire, ce sera pour associer l'une à l'autre dans son dernier chant.

En 1250, quand saint Louis brusquement rappelé en France par la mort de sa mère, Blanche de Castille, se disposait à doubler le cap du Carmel, une violente tempête le jette sur les récifs et il n'échappe que par miracle à la mort. En signe de reconnaissance, il emmène avec lui six religieux carmes, pour établir l'Ordre dans son royaume.

Après le départ des croisés, le Carmel se dépeuple, et

les brigands ou les bêtes fauves prennent la place des moines.

Ce n'est qu'en 1630. après leur réforme en Occident, que les Carmes songent à revenir à leur berceau. L'un d'eux, Prosper-Marie de Navarre, obtient, grâce à la protection du consul français d'Alep, et moyennant une forte redevance annuelle, la permission de résider au Carmel. Mais, sans cesse tracassé par les Derviches indiens, il monte du bas de la montagne à mi-côte, où il bâtit un petit couvent. Là les moines vivent d'une façon précaire jusqu'en 1767, époque à laquelle ils obtiennent des firmans en règle du Sultan, les autorisant à bâtir un nouveau couvent près de la grotte d'Elie.

Les aumônes affluent au Carmel et, en 1799, les soldats de Bonaparte y trouvent un grand monastère. Hélas ! le monastère ne fut pas pour eux le refuge. On sait comment ils périrent massacrés par les Turcs, et comment après eux, l'édifice fut livré au pillage et entièrement détruits. Les ruines s'étalaient désertes sur la montagne, quand un religieux carme, le Frère Jean-Baptiste, de Frascati, après avoir intéressé toute l'Europe à son œuvre, obtient, par l'ambassadeur de France à Constantinople, un nouveau firman qui lui permet en 1827, de poser la première pierre du vaste édifice auprès duquel nous arrivons. presque sans nous en douter.

Nous voici sur l'esplanade d'où la vue embrasse un merveilleux horizon. A gauche, le couvent carme étale sa large masse rectangulaire (62 mètres sur 32) d'où émerge la gracieuse coupole de Notre-Dame du Mont-Carmel. Ses murs épais, sans ouvertures au rez de chaussée, ses fenêtres, barrées de fer au premier étage, ses portes basses dominées par des meurtrières et des mâchicoulis, donnent au premier aspect l'impression d'une forteresse qui pourrait soutenir un siège.

En y ajoutant la surveillance de chiens redoutables, nous serons suffisamment en garde, et il ne faudra rien moins que les trois couleurs se balançant en haut d'une longue hampe pour raffermir nos cœurs français. A droite, vers l'ouest. s'élève un bâtiment assez banal, le palazzo, bâti en 1821 avec les ruines de l'ancien couvent

*Caïffa du Mont-Carmel* (CL. L.).

par Abdallah, pacha de Saint-Jean d'Acre. Il sert de base au phare d'un feu blanc à éclat, de deux en deux minutes, visible à plus de cinquante kilomètres en mer. Devant le phare, une vierge sur colonne de bronze est un don du Chili.

Plus bas, la caserne des santons « terne, silencieuse, vaincue »; plus loin, vers le sud, la Fontaine d'Elie, la Vallée des Martyrs.

Notre première visite est naturellement pour le mo_

nastère, et tout de suite pour l'église qui se compose
principalement d'une rotonde avec coupole surbaissée.
Les quatre grands arcs qui supportent la coupole
ouvrent sur des chapelles qui donnent à l'ensemble du
monument la forme d'une croix.

Dans l'arcade du fond, un riche rétable d'autel, élevé
d'une dizaine de pieds au-dessus du sol de l'église, encadre une niche au fond de laquelle resplendit la statue
miraculeuse de Notre-Dame du Mont-Carmel.

Un double escalier de marbre blanc permet de monter
de l'église au sanctuaire, et, au milieu, entre les deux
rampes, une grotte de trois mètres de profondeur s'enfonce sous le chœur de l'église, c'est la *grotte d'Elie*, au fond
de laquelle est la statue du prophète et de son disciple Elisée. Une inscription latine nous apprend que cette grotte
a servi d'habitation au grand Thesbite pour lequel les
Fellahs de Galilée ont une dévotion, inspirée plutôt par
la crainte que par la confiance.

Elie est resté pour eux le prophète terrible qui a massacré les prêtres de Baal et aveuglé des armées entières,
et ils manqueraient à un serment fait au nom de Dieu,
mais non à celui qu'on a fait au nom du *Khadr*, du prophète *verdoyant*.

Ils ont même la fréquente coutume de consacrer leurs
enfants à saint Elie, et la cérémonie, qui a lieu dans la
grotte, s'accomplit au milieu de solennités bruyantes et
pompeuses.

Nous n'avons pas eu au Carmel la grand'messe du pèlerinage, puisque nous formions le groupe minime des
Samaritains ; mais le P. Carme qui nous a chaleureuse-
ment reçus n'en a peut-être que mieux souligné sa cordiale bienvenue.

Comment, en se rappelant ses paroles, ne pas sourire
encore de son apostrophe aimable : « Je suis heureux,

nous dit-il, de saluer ici les Samaritains, ce groupe de héros... et surtout d'héroïnes ! » Et, en souriant du même sourire que le Père, on remet les choses au point.

Qu'était-ce que l'effort du départ pour l'excursion réputée si fatigante, auprès des compensations promises, des joies rêvées, de la griserie des lieux et des souvenirs ; qu'était-ce que cet effort auprès de ces héroïsmes obscurs, les vrais ceux-là, ceux qu'on trouve à tous les détours de la vie, et que l'enthousiasme ne porte pas, ceux qui échappent aux yeux du public et à l'admiration des hommes, sans doute parce que l'œil de Dieu est seul capable de les bien voir pour en tenir compte ?

Après un déjeûner plein d'entrain au monastère, nous explorons la montagne un peu à notre gré.

A vingt minutes environ du Couvent, c'est l'*Ecole des Prophètes*, grotte qui s'ouvre au milieu de la cour d'une maison occupée par un santon ou saint musulman.

Transformée aujourd'hui en mosquée, cette grotte mesure 14 m. de long sur 7 de large. Ses parois régularisées sont couronnées d'une corniche dans le haut. C'est là qu'Elie aurait réuni ses premiers disciples, ceux qu'on retrouve dans l'histoire d'Elisée, vivant en communauté sous le nom de *fils des prophètes*. Une légende veut que la Sainte Famille, en revenant d'Egypte, ait séjourné une nuit dans cette grotte, avant de prendre la route de Nazareth. Cette légende, qu'aucun document historique n'appuie, pourrait être la plus vraisemblable des réalités, puisque c'était le chemin direct des augustes exilés.

Non loin de la grotte, des ruines imposantes se dessinent sans art sur la petite colline *Tell es Sémak* (colline du poisson). C'est là que saint Louis débarqua après son échouage sur les récifs du Carmel. Puis c'est la *fontaine d'Elie*, la source qui, avec l'Aïn Seiah, alimente la végétation du Carmel. C'est grâce à ces fontaines que les

bosquets de grenadiers, d'orangers et de figuiers
poussent au milieu des rochers.

Poursuivant sa promenade, on arrive aux quelques
ruines qui marquent l'emplacement du couvent de saint
Brocard, et une petite grotte creusée dans la roche tendre,
avec escaliers et fenêtres, conserve l'aspect qu'elle avait
au moyen-âge, au temps où les ermites vivaient en ce
lieu.

C'est à dix minutes environ, au-dessus du couvent de
Saint-Brocard, qu'on montre le champ dit des *Melons de
Saint-Elie* (1).

« Ces boules de pierre, formées de sécrétions calcaires,
sont des géodes assez curieux. Elles portent en géologie
le nom de tête de chat ou septarium. Elie, dit la légende,
passait devant un champ de melons. Il demanda au gardien un fruit pour étancher sa soif. Celui-ci lui répondit :
« Mais je n'ai pas de melons, ce que tu vois là ce sont
des pierres ! — Eh bien donc, repartit Elie, que ce soient
des pierres ! » Et depuis ce jour, les melons pétrifiés sont
encore dans le champ » (1).

Ces légendes, extraordinaires pour ceux qui n'ont pas
visité la Palestine, s'expliquent tout naturellement à
ceux qui l'ont parcourue en l'étudiant.

Le sol a des produits spéciaux, tant au point de vue
minéral que végétal, et les rapprochements se font d'eux-
mêmes à nos esprits plus positifs du nord : « Oh ! ces
pierres, on dirait des melons ! » Tout comme au Mont
de la Quarantaine nous avions dit : « Mais ces pierres,
ce sont de vrais petits pains d'une livre... on les voit
sortant du four. » Si nous enveloppons ces réalités sai-
sissantes de l'imagination orientale, voilà la légende,
et, touchant au monde surnaturel, les conceptions les

_____

(1) *Guide de Palestine*, Maison de la Bonne Presse.

plus gracieuses avec leurs déductions toutes logiques.

Mais nous revenons vers le monastère, et le monument, qui avait de prime abord attiré notre attention, la retient encore plus longtemps que les autres, c'est la pyramide qui marque la tombe de nos 2000 soldats, laissés par Bonaparte à la garde des moines du Carmel et

*Monument élevé en l'honneur des soldats français.* (CL. L.)

massacrés par les Turcs après le départ du général (20 mai 1799).

Le petit monument qui rappelle leur souvenir est surmonté d'une croix en fer forgé ; il a été construit par les officiers d'un navire de guerre, le Château-Renaud, en 1875. Les ossements des victimes, épars dans les ruines, ont été réunis là par les soins des Pères Carmes et chaque année, à cet endroit même, le pèlerinage de pénitence fait célébrer une messe de *Requiem* pour le repos de leurs âmes. C'est donc à la fin comme au commencement, à Jaffa comme à Nazareth, à Jérusalem comme au Carmel, les souvenirs de la France à côté de ceux du Christ, le drapeau de la fille aînée à côté de l'étendard de la grande Victime.

La descente sur Caïffa est merveilleuse, et, si ce n'était la mélancolie de ce qui finit, nous retrouverions nos plus beaux enthousiasmes en longeant presque à pic la mer d'un bleu intense.

L'*Etoile* est en vue du port ; nous allons la retrouver, avec ses souvenirs déjà et ses promesses nouvelles.

# CHAPITRE VINGT-QUATRIÈME

ous voici dans le canot d'embarquement, secoués comme jadis ; puis c'est la montée sur le bateau, la vision fugitive du mal de mer, le salut du Saint Sacrement auquel assistent le Consul général de France et sa femme. On chante le *Te Deum*, et c'est vraiment le chant de l'action de grâces. Un père Carme, revenu avec nous du Carmel, nous fait un discours vibrant, et bientôt un petit canot, avec le pavillon aux trois couleurs, s'avance tout près, trop près, puisqu'il va emporter notre Consul, le Supérieur de Notre-Dame de France et le jeune Père qui nous avait accompagnés en Samarie. Eux s'en retournent à Jérusalem, et nous, nous allons retrouver notre patrie, « la plus belle après celle du ciel, » et on ne le sent jamais mieux qu'à l'étranger. Les cœurs sont un peu serrés de part et d'autre. Ce sont des cris répétés

de *Vive la France* ; puis le canot s'éloigne. Aussi longtemps qu'on peut voir le drapeau balancé par les vagues,
on le regarde avec mille réflexions émues. Ce morceau
d'étoffe, bafoué par tant de renégats dans la mère-patrie,
signifie là-bas aide et protection. Puisse-t-il le signifier
longtemps !

Pour nous qui venons de revivre quelques pages du
glorieux passé de la nation fière de son vieil adage :
*Gesta Dei per Francos*, nous sentons qu'à nouveau quelque
chose nous échappe, et tout l'enveloppement des tristesses présentes nous ressaisit.

Bientôt Caïffa disparaît, la vie du bateau recommence,
les souvenirs ont remplacé le rêve, et le rêve s'estompe
dans des malaises connus et incorrigés.

Le 3 juin, c'est la messe de *Requiem* pour M^lle Pougiat avec l'absoute de la mer, toujours imposante ; puis
une conférence du P. Bailly sur l'île de Rhodes.

« Nous avons laissé des pèlerins à presque toutes
les stations, nous dit-il en terminant ; Rhodes est une
des rares qui ne nous aient encore rien pris. » Avis !

L'allusion fait sourire, et l'entrain ne se laisse pas en-
tamer.

Le temps est merveilleux ; l'île de Rhodes apparaît, et
pendant plusieurs heures nous longerons ses gracieux
contours, admirant d'autant mieux sa végétation que
nos yeux sont à peine déshabitués des paysages arides
de la Palestine.

Consacrée par les anciens au dieu de la lumière Apol-
lon, elle justifie la signification de son nom (rose ou
fleur de grenadier) par l'abondance des arbustes qui
constituent une des richesses de son sol.

« On ne peut voir Rhodes sans admiration ni la quitter sans regret », s'écriait un voyageur.

« Je ne connais au monde, disait Lamartine, ni une

plus belle position militaire maritime, ni un plus beau
ciel, ni une terre plus riante et plus féconde. »

Véritable perle à l'entrée de la mer Egée, aussi célèbre
par ses richesses, l'opulence de ses palais et ses statues
innombrables que par la douceur de son climat, la beauté
de son ciel et la fécondité de son sol, est-il étonnant

*Rhodes vue du bord.*

qu'elle ait été convoitée par tous les grands conquérants ? Est-il plus étonnant que les chevaliers de l'Ordre
de Saint-Jean, chassés de Jérusalem après la prise de
Saint-Jean d'Acre (1291) et fatigués ensuite de l'hospitalité soupçonneuse du roi de Chypre, aient songé à la
conquérir sur les Musulmans ?

Nous allons étudier sur les ruines quelques pages de
cette émouvante histoire, et plus nous approchons du
théâtre des événements, plus le passé se fait attra-

yant, plus l'intérêt grandit, plus les héros revivent !

C'était le 15 août 1309. Les chevaliers venaient de conquérir l'île, et de prendre le titre de chevaliers de Rhodes.

L'héritage qui leur échut alors de la plus grande partie du bien des Templiers, supprimés à cette époque, vint accroître leur puissance, et leur permit d'entreprendre les gigantesques travaux dont nous allons voir tout à l'heure les imposants débris. C'est vers cette époque (1342) qu'eut lieu le fameux combat d'un chevalier, Dieudonné de Gozon, contre le dragon monstre qui jeta si longtemps l'effroi dans la ville et les environs « infectant l'air de sa puanteur, et tuant les hommes et les bêtes qu'il pouvait rencontrer. » Une fresque, visible encore dans une maison de la rue des Chevaliers, nous apprend que ce monstre n'était qu'un crocodile à deux crêtes. Mais le dragon n'était pas l'ennemi le plus redoutable des chevaliers, et l'ombre du Croissant projetait déjà ses lueurs sinistres sur l'île.

Mahomet II venait de conquérir Constantinople.

Cent navires turcs, commandés par un renégat, débarquent devant Rhodes d'énormes canons et cinquante à soixante mille hommes. C'était le 23 mai 1480.

L'artillerie turque bat en brèche les murailles de la ville, et en particulier la tour de Saint Nicolas, qui en garde l'entrée et reçoit à elle seule plus de 3.500 boulets.

Malgré brèches et assauts, les chevaliers, Pierre d'Aubusson en tête, se battent comme des lions pendant douze heures de suite, et les Turcs sont repoussés.

Furieux de leur échec, ceux-ci, en un assaut général et formidable, se ruent sur les brèches ; déjà l'étendard de l'Islam flotte sur les créneaux ébranlés, quand d'Aubusson accourt et se précipite dans le combat. Douze janissaires fondent sur le chevalier qui reçoit cinq blessures, et, inondé de sang, continue la lutte. L'héroïsme du

grand-maître arrête l'ennemi. Les Sarrazins fuient, malgré le pacha qui, la rage au cœur, veut les ramener au
combat à coups de cimeterre ; mais c'est en vain ! Rhodes
est sauvé, après un siège de trois mois, et qui avait
coûté à l'ennemi neuf mille morts et quinze cents blessés.

Mahomet II ne se consola jamais de cet échec, et il

*En vue de Rhodes.*

avait rassemblé trois cent mille hommes pour essayer
de le venger, quand il mourut.

Mais avec lui tout l'ennemi n'était pas mort. Quarante-
deux ans plus tard, en juin 1522, c'est le tour de Soliman,
qui envoie sur Rhodes trois cents vaisseaux et dix mille
soldats de marine, pendant que, à la tête de cent mille
hommes, il arrive lui-même, à travers l'Asie-Mineure,

à la presqu'île de Cnide, distante de Rhodes de seulement quelques kilomètres.

Le grand-maître Villiers de l'Ile-Adam avait vainement imploré le secours de François Ier et de Charles-Quint, trop occupés de leurs querelles particulières pour s'intéresser aux chevaliers de Rhodes. L'héroïque grand-maître résista six mois, repoussant les assauts les plus furieux ; mais, avec quatre mille soldats et six cents chevaliers, il ne pouvait triompher de cent dix mille Turcs. Après des efforts désespérés, et pour éviter les horreurs d'une prise d'assaut, de l'Ile-Adam accepte les honorables propositions de Soliman : les églises seraient respectées, le culte chrétien demeurerait libre, les habitants exempts d'impôts pendant cinq ans ; ceux qui voulaient quitter l'île le pourraient ; les chevaliers se retireraient avec leurs meubles, armes, reliques et vases sacrés. (1er janvier 1523).

Si acceptables que fussent les propositions de Soliman, le départ des chevaliers n'en était pas moins pour eux le plus cruel des déchirements.

Quitter l'île possédée depuis deux siècles et si vaillamment défendue, c'était la fin d'une gloire, la mort de toute espérance.

Cinquante bâtiments emportèrent vers l'Europe Villiers de l'Ile Adam, avec les débris de son ordre et quatre mille habitants de l'île.

De quel long regard douloureux ils durent envelopper ces rives aimées qu'ils ne devaient plus revoir ! Ballotés par des vents contraires, décimés par les maladies, ils mirent six mois pour aborder au port de Civita-Vecchia, après avoir fait relâche en Crète et à Messine. En 1530, Charles-Quint leur donna l'île de Malte, d'où ils recommencèrent la lutte contre l'Islamisme ; ils prirent alors le nom de chevaliers de Malte.

Ce n'est qu'en 1798 que Bonaparte, se rendant en Egypte, s'empara de l'île et mit fin à l'Ordre..., maigre titre de gloire pour le grand capitaine.

Tout en devisant du passé, nous approchons de la pointe nord-est de l'île où est située la ville. L'*Etoile* jette l'ancre à un kilomètre environ, et les formalités

*En vue de Rhodes* (CL. L.).

d'usage nous donnent le temps d'examiner Rhodes dans son ensemble.

Coquettement assise sur un coteau qui descend en amphithéâtre jusqu'à la mer, la cité présente tout de suite à nos regards curieusement ouverts ses vieux remparts élevés et crénelés, avec de hautes tours, sur lesquelles se retrouvent les ogives et les armoiries des chevaliers Ce sont ces fortifications et ces murailles que les

chevaliers ont héroïquement défendues, car Soliman fit
réparer les nombreuses brèches causées par le canon et
les mines, en sorte qu'on ne retrouve en aucun pays du
monde une ville du XV$^e$ siècle aussi bien conservée.

Au nord de la ville apparaît un fossé, et, tout autour,
émergent de la verdure des maisons aux toits rouges,

*En approchant de Rhodes.*

des églises aux clochers pointus, des mosquées avec
leurs minarets.

A droite, des collines entières garnies de moulins à
vent, dont les uns broient le grain et les autres font
monter l'eau, donnant au paysage une animation pittoresque. C'est l'heure du débarquement.

Nous voici au port dans le fond duquel on nous montre
tout de suite deux tours carrées, distantes l'une de
l'autre de onze à douze mètres.

C'est là qu'était le fameux colosse de Rhodes, l'une

des sept merveilles du monde. Les deux tours que nous
voyons sont bâties sur les bases qui portaient ses pieds,
et sous ses jambes passaient les vaisseaux qu'on voulait
amarrer dans un bassin comblé par d'Aubusson, en 1478.
Cette statue gigantesque, érigée vers l'an 338 avant Jésus-Christ, fut renversée cinquante-six ans après par un
tremblement de terre. « Tout abattue qu'elle était, dit
Pline, elle excitait l'admiration : peu d'hommes peuvent
enlacer le seul pouce de leurs bras ; les doigts sont plus
gros que la plupart des statues. Le vide de ses membres
rompus ressemble à de vastes cavernes. » Les débris de
ce colosse, restés sur le sol jusqu'en 656 après Jésus-
Christ, furent vendus par les Arabes (alors maîtres de
Rhodes) à un marchand juif, qui y trouva la charge de
neuf cents chameaux.

Rhodes, dit-on, avait encore cent autres colosses plus
petits, et ce serait toute une étude de rappeler ce qu'é-
tait cette ville dans l'antiquité, tant au point de vue des
arts que des écoles et de la littérature.

Les rues que nous traversons d'abord sont étroites,
et bordées de maisons en pierre avec de petites croisées
carrées et des portes basses cintrées ; leurs trottoirs
laissent peu d'espace à la chaussée. La rue des Chevaliers est plus grandiose ; elle formait autrefois ce qu'on
appelait l'*auberge* (ou quartier) de France. (La ville se
divisait en sept *auberges* ; chaque nation avait la sienne
et son bastion à défendre en cas d'attaque). Notre impression est grande en traversant cette rue des Chevaliers, qui aboutit d'un côté à la mosquée, près de la porte
du port ; de l'autre à l'ancienne église Saint-Jean. Son
grand silence, l'herbe qui pousse entre ses pavés, ses
hôtels, les mêmes qu'il y a cinq cents ans, sauf quelques
balcons grillés ajoutés aux fenêtres pour les femmes
musulmanes, cette profusion d'armoiries en pierre ou en

marbre blanc qu'on aperçoit jusque sous les toits des
maisons où se trouvent parfois sept écussons réunis
avec des devises et des inscriptions gothiques, cette
croix de l'Ordre partout, mais jamais seule, (la croix an-
crée des d'Aubusson y étant accolée sur toutes les portes
et les endroits apparents), ces créneaux, ces petites

*Rue des Chevaliers* (CL. L.).

tourelles, ces gouttières en pierre, s'avançant en saillie
sur les façades, ces longs câbles sculptés marquant la
séparation des étages, tout cela est parlant, et on se
prend à s'arrêter près d'une porte, comme si un chevalier
allait apparaître en cotte d'armes, éperonné, casque en
tête, épée au poing et la croix blanche de l'Ordre sur la
poitrine.

En haut de la rue, ce sont les ruines du palais des
grands maîtres, aujourd'hui la prison. On y voit encore
les trois rangées de fossés et des canons, puis le souter-

rain qui, du palais du grand-maître, conduisait au fort
Saint-Nicolas.

La porte d'Amboise (ou de Saint-Michel), toujours
dans la ville haute, nous laisse voir des spécimens
d'armes et des boulets monstrueux en pierre, remontant
aux chevaliers ; l effet de ce musée d'artillerie à ciel ouvert est étrangement saisissant.

*Porte d'Amboise à Rhodes* (CL. L.).

Un instant distraits du passé en traversant la jolie
place ombragée dite du Beïram, parce que là les musulmans célèbrent les fêtes de ce nom, nous nous retrouvons bientôt devant le tribunal des Chevaliers qui nous
parle un langage tout français.

Une de ses fenêtres dessinée en croix, par le câble qui
le coupe en quatre parties, porte des fleurs de lis très
apparentes. A côté de la fenêtre, dans le haut, un
grand écusson se détache du mur, et le monogramme du

Christ y apparaît entrelacé de fleurs de lis... toujours !

C'est donc la foi, l'art, la poésie, la chevalerie, toute
l'âme de la France que crient ces ruines. Sans souci de
la fatigue et de la chaleur, notre guide continue sa
marche ; quelques-uns restent en route, mais le plus
grand nombre suit.

Voici successivement : l'ancien palais de l'évêque, les

*Ruines de la poudrière et de l'église Saint-Jean* (CL. L.).

ruines des vieilles églises, toutes converties en mosquées,
la porte de Saint-Georges (dite aussi de Sainte-Cathe-
rine) du côté du port ; celle de Saint-Paul, la porte Saint-
Jean, dans la ville basse au quartier juif. C'est là que
Soliman avait son camp, et aurait pleuré.

On dit que, lorsque le grand maître Villiers de l'Ile
Adam vint voir une dernière fois son vainqueur, il lui
offrit quatre vases d'or. Soliman tout ému dit à son fa-
vori : « Ce n'est pas sans être peiné moi même que je

force ce chrétien à abandonner dans sa vieillesse sa
maison et ses biens. »

Puisque nous avons la bonne fortune d'être dans le
quartier juif un jour de sabbat, nous allons voir les boutiques fermées, la population en habits de fête, et les
intérieurs en grande toilette. Quelques fenêtres du rez-

*Une rue à Rhodes* (CL. L.).

de-chaussée ouvertes nous permettent de plonger du
regard dans des pièces rigoureusement propres, et où la
plupart des juifs et juives font la sieste, étendus sur des
divans.

Nous avançons toujours dans la ville, saisissant
bientôt l habitant sur le vif. Voici un berceau suspendu
à la fenêtre, et qu'une jeune mère balance à l'aide d'une
corde qui part du fond de la pièce.

Quelques chambres accusent un vrai luxe, avec une

profusion d'étoffes orientales et de bibelots locaux, doublement intéressants pour l'étranger.

Et l'habitant accepte que l'étranger regarde ; à l'occasion même, il vous invite à entrer chez lui.

Nous ne résistons pas au sourire engageant d'une naturelle supra-élégante et qui nous fait les honneurs de son home. Depuis les salons où trônaient les divans jusqu'à la chambre de travail, où le pétrin occupait la place d'honneur, nous sommes plus éblouis encore de la propreté que du luxe.

Décidément l'Orient ne sera bientôt plus qu'un souvenir. Quelques pas encore, et nous voici hors de la ville, au bel établissement que possèdent les Frères, à quelques centaines de mètres de la mer.

La satisfaction de s'y reposer un peu ne sera pas de longue durée, et la vue de l'*Etoile* commence à devenir gênante.

Déjà la sirène a crié plusieurs fois le rappel ; mais les rafraîchissements étaient de rigueur, une fois, deux fois, et nous retrouvons le bateau. Quelle bonne journée entre les bonnes que celle de Rhodes, nous le redisons en chœur ! Un long regard encore sur l'île que nous ne reverrons sans doute jamais, un salut, par la voix du canon, au drapeau français qui flotte sur l'établissement des Frères, et nous voici repartis.

# CHAPITRE VINGT-CINQUIÈME

En mer. — Pathmos. — Arrêt aux Dardanelles. — Arrivée à Constantinople. — Coucher du soleil sur le Bosphore. — Trois jours à Constantinople. — Sainte-Sophie. — Le Musée. — Les Bazars. — Messe selon
le rite grec à Koum-Kapou. — A l'Hippodrome. — Mosquée de Kahrié
— Eglise de l'Exarchat. — Le Phanar et Joachim III au trône de
saint Jean Chrysostome.

E lendemain 4, c'est
la mer avec ses inépuisables séductions, Pathmos et ses
grands mystères, la grotte de l'Apocalypse avec son
clocher à mi-côte très visible, puis Chio, Samos, Lesbos,
Ménélos, qu'on nomme à distance.

Le soir arrive, et l'on se retrouve sur le pont pour
suivre le soleil dans sa dernière course : le globe de feu
s'abaisse insensiblement et on ne le quitte guère avant
que les flots n'aient décomposé dans un merveilleux
travail les lueurs de son dernier rayon, le fameux
rayon vert, dernier espoir du jour ! Puis l'*Etoile* cingle
droit sur Constantinople. La nuit nous voilera les Iles
Fortunées où abordèrent Ulysse et Achille pendant
la guerre de Troie ; mais à quatre heures du matin, les
vaillants salueront Ténédos « île bien connue, riche

en ressources », et dont la vue provoque chez les Lati-
nistes une réminiscence d'enthousiasme pour le second
livre de l'Enéide. Bien que le temps soit merveilleux, le
bateau danse en entrant dans les Dardanelles ; le détroit
qui relie la Méditerranée à la mer de Marmara apparaît
là comme un fleuve majestueux roulant ses flots bleus

*Ile de Pathmos, église saint Jean* (C. L.).

dans un courant rapide ; sa longueur, est d'environ 70
kilomètres et sa largeur varie de 1200 à 3000 mètres

A notre gauche, la rive d'Europe ne présente guère que
des plaines basses et arides, par contraste avec celle d'A-
sie, dont les collines vertes et fertiles montent jusqu'à
des cimes de 1800 mètres. Il est 6 heures quand nous arrivons aux châteaux des Dardanelles, espèces de forte-
resses distantes l'une de l'autre de 12 à 1500 mètres, et
situées à l'endroit le plus resserré du détroit.

La ville sur la côte d'Asie porte le nom de Tchanak-Kalessi ou Château d'Asie ; celle de la côte d'Europe Kilid-Bar ou château d'Europe. C'est là que, entrant à proprement parler dans les eaux turques, tout navire doit s'arrêter pour justifier qu'il est en règle, et payer le droit de navigation prélevé au nom du Sultan ; nous le

*Reddition du canon aux Dardanelles.*

savions, mais ce dont nous nous doutions moins, c'est que nous avions été signalés comme suspects et que, nouveaux Argonautes, nous méditions de changer la face du monde.

De l'escadre formidable qui stationne cent mètres plus loin se détache une chaloupe à vapeur ; elle s'avance vers l'*Etoile* suivi d'autres canots. Nous croyons qu'il s'agit de la santé, de nos passe-port, peut-être ; mais bientôt un dialogue s'engage entre l'officier turc et le Docteur du bord. On parlemente, la discussion s'anime, le bateau s'agite, et il faut livrer notre canon.

Qu'on juge de la stupéfaction du Docteur à l'interpellation de l'officier turc :

— Vous avez des canons à bord.

— Des canons ? mais c'est une plaisanterie...

— Il est inutile de feindre, on nous a télégraphié de Rhodes. Nous avons ordre formel de prendre votre canon, ou vous n'entrerez pas dans les Dardanelles.

Alors tout s'explique. En quittant Rhodes, nous avions salué par la voix du canon le drapeau français flottant sur l'hôpital des Frères... et c'est ainsi que nous compromettions la sécurité du Sultan.

Peut-être voulions-nous nous reconquérir l'île. De quoi des Français ne sont-ils pas capables entre la Croix de Jérusalem et le pavillon aux trois couleurs ? »

Bref, il n'y a pas d'hésitation possible ; il faut sacrifier notre porte-voix, heureux encore de pouvoir le reprendre au retour de Constantinople. En attendant il ira grossir la formidable artillerie destinée à protéger les jours du Sultan, pourvu toutefois qu'elle reste fidèle à sa mission.

On raconte qu'en 1877, lors de la guerre entre la Russie et la Turquie, ordre fut donné par le sultan de mobiliser la flotte, mais pas un navire ne put prendre la mer, tous les cuivres, robinets et tuyaux des machines ayant été vendus par les officiers et les matelots pour se dédommager de la solde qu'on oubliait de leur payer.

Sortons des Dardanelles, et voici Gallipoli qui a donné son nom à toute la presqu'île que nous allons longer *dans un parcours de cinquante lieues* jusqu'à Constantinople.

La population de Gallipoli s'élevant environ à 30.000 âmes est assez mêlée : Turcs, Juifs, Arméniens, Grecs et Latins. Ces derniers, en la personne des Pères Assomptionnistes, nous envoient du haut de la terrasse de leur couvent des saluts répétés auxquels nous répondons avec entrain ; puis ce sont les mosquées et les églises qui dominent les autres constructions, un cimetière très en vue avec le monument élevé en l'honneur des soldats français morts pendant la guerre de Crimée. Il est entendu

*Gallipoli* (CL. L.)

que l'*Etoile* ne passe jamais à Gallipoli sans envoyer à ces victimes du devoir l'aumône d'un *De Profundis*.

Depuis Gallipoli, nous sommes dans la mer de Marmara, et nous passons au nord de l'archipel composé de quatorze petites îles, si riches en marbres qu'elles en ont donné le nom à l'archipel et à la mer (*marmor*, marbre).

Au dîner, on nous signale la prochaine arrivée à Constantinople, et déjà les rives changent d'aspect : verdoyantes et bien cultivées du côté de l'Europe, elles s'élèvent en amphithéâtre, toutes percées de gorges et de vallées profondes, du côté de l'Asie.

Une vie nouvelle s'accuse dans l'élément liquide. De gros poissons, longs de un mètre à un mètre cinquante sautent à des distances qui nous permettent de les examiner sous toutes leurs faces : noirs en dessus, gris rose

*En approchant de Constantinople* (CL. L.).

en dessous ; ce sont les marsouins ou dauphins qui suivent habituellement les navires pour y recueillir les détritus qu'on jette à la mer. Ils apparaissent isolés d'abord ; c'est un, deux, puis une bande de huit ou dix qui nagent de front, bondissant d'une vague à l'autre, comme pour nous donner le coup d'œil d'une course aux obstacles. C'était vraiment à les applaudir.

Mais un autre intérêt nous prend, qui grandit peu à peu. Les côtes se rapprochent, les détails se précisent et nous avançons tout émus de savoir si nous dirons après Chateaubriand : « C'est le plus beau spectacle du monde. »

Voici le défilé devant Kadi-Keuï (village des Juges), l'ancienne Chalcédoine, jadis la rivale de Byzance, puis Scutari, la ville d'Or, avec ses multiples surprises : de

*Scutari* (CL. L.)

nombreuses maisons perdues dans d'immenses jardins, et d'où émergent, comme au hasard, les blancs minarets et les majestueuses coupoles ; des pics s'avançant dans la mer en caps verdoyants, ou rentrant dans les terres pour se découper en petites baies, chargées d'ombre et de fleurs.

L'*Etoile* va trop vite à notre gré.

Sur l'autre rive, c'est la pointe du sérail qui nous

masque une partie de Constantinople, mais que nous
allons bientôt doubler. De sa riche végétation, qui fait
ombre sur les flots bleus, sortent, tout enveloppés de
mystères, des toits de kiosques, de petits pavillons cou-
ronnés de galeries, des coupoles argentées, c'est-à-dire
une ville entière laissant deviner un labyrinthe de jar-

*Mosquée de Soliman* (CL. L.)

dins, théâtre de tant de gloire, de plaisirs, d'amours, de
conspirations et de sang, depuis quatre siècles.

Nous avançons toujours, et subitement, c'est la grande
féerie, Constantinople, le Bosphore, la Corne d'Or ! A
droite Scutari et Kadi Keuï sur le Bosphore ; à gauche,
Stamboul dans la Corne d'Or, et faisant face à Stamboul : Galata, Péra. La Corne d'Or ! jamais appellation
ne fut mieux justifiée pour décrire ces douze kilomètres
de côtes qui enserrent dans leurs courbes gracieuses les

richesses du monde entier. Des chaînes de hauteurs sur lesquelles s'allongent des chaînes de villes, des collines qui ondulent en abritant des vallées, des engouffrements de mer qui dessinent des golfes, des avancées de terre qui sèment de fleurs les dentelures de la rive, des amphithéâtres de monuments et de jardins que percent,

*Mosquée de la Sultane Validé* (CL. L.)

comme de gitantesques cierges blancs, les hauts minarets des mosquées, des lignes sombres de cyprès qui se détachent des hauteurs, pour serpenter entre les habitations, de petits canots qui jouent sur les rives, des bateaux qui arrivent ou partent, que de surprises ! A notre droite, *Galata* se devine derrière une forêt de mâts et de vergues, laissant voir, bien détachée, sa tour qui apparaît comme un merveilleux belvédère, et au-dessus de Galata, Péra, avec la ligne puissante de ses palais européens.

A gauche, *Stamboul*, mollement étendu sur ses sept collines, dominées chacune par leur imposante mosquée, et entre Stamboul et Galata, le pont qui unit les deux rives, et sur lequel circulent, en sens opposés, des foules aux costumes les plus étranges.

Tout près de nous, sainte Sophie enveloppée de soleil, la mosquée d'Achmed, flanquée de six minarets, plus loin

*Derrière vue de bord à Constantinople.*

celle de Soliman, couronnée de dix coupoles, et, près de la Corne d'Or, celle de la Sultane Validé.

Enfin tout là-haut la tour blanche de Séraskérat, dont nous ferons bientôt l'ascension. pour dominer sans obstacle les rivages des deux continents, des Dardanelles à la Mer Noire.

Déjà l'*Etoile* manœuvre pour aborder au quai de Galata, et la foule bigarrée s'avance. Des groupes s'en détachent et saluent de la plus cordiale bienvenue les pèlerins de Terre Sainte : pères de l'Assomption, petites sœurs, religieuses de Sion. Il n'y a pas d'indifférents ; on croit s'être toujours connus. Des bateaux nous acclament ; en voici un avec les enfants des frères aux larges sourires. C'était à se croire en pleine patrie si,

*Quais de Constantinople.*

brochant en fausse note sur cette arrivée, la voix du muezzin n'avait lancé du haut de son minaret, ses notes monotones et profondément mélancoliques.

« La Ilah il Allah vé Mohammed resoul Allah ! » Il n'y a d'autre dieu que Dieu et Mahomet est le prophète de Dieu. Ne nous révoltons pas ; c'est, pour les Musulmans, l'invite à la prière.

Nous aurons la nôtre dans un salut solennel du Saint-Sacrement, et la meilleure des récréations dans un coucher de soleil incomparable.

C'est, comme en un clin d'œil, l'embrasement littéral du Bosphore ; le soleil en frappant les vitrages des palais, multiplie les effets d'incendie ; les coupoles bien détachées et les minarets très en valeur percent cette atmosphère d'or, apparaissant eux-mêmes d'or renforcé. Les jeux de lumière de ce merveilleux spectacle font penser à un colossal feu d'artifice qui embraserait à la fois le ciel, la terre et la mer.

Mais la nuit arrive, et la nuit à bord. Que la cabine va être une douce cellule, immobile au quai !

Hélas ! on avait compté sans les chiens ; ce ne sont pas des aboiements, mais de vrais hurlements, exaspérés encore par les agitations du populo qui va et vient dès l'aurore.

Nous passerons trois jours à Constantinople ; ce sera peu, mais l'emploi des journées sera bien compris.

C'est toujours la même direction : un père de l'Assomption par groupe, et, avec lui, les portes facilement ouvertes. A tout seigneur, tout honneur, nous commencerons, par Sainte-Sophie, la visite de la ville. Pour nous y rendre, c'est déjà un large coup d'œil sur Constantinople, et, tout de suite, la traversée du pont de Galata qui, bien que sur la Corne d'Or et en pays européen, sépare réellement deux mondes : Stamboul ou l'Orient, Galata ou l'Europe. Le pont de Galata, d'une longueur d'environ 400 mètres, ne ressemble en rien à ceux de nos grandes villes. Il est tout en bois et repose sur d'énormes radeaux ou pontons flottants. Inutile d'insister sur le plaisir qu'il ménage aux passagers,

quand le vent s'engouffre dans la Corne d'Or, ou que
la foule le parcourt en tous sens et avec un entrain dont
rien ne peut donner l'idée : ce sont des portefaix avec
leurs paniers de fraises ou leur limonade à côté de
marchands de chiffons dont les détritus font horreur ;
de grandes dames turques soigneusement voilées à côté
de mendiantes à peine en guenilles ; des prêtres catho-

*Rue des Tourneurs* (CL. L.).

liques côtoyant des derviches, des moines grecs et des
juifs. Tous les costumes aussi : des turbans verts et
blancs, des fez rouges, des chapeaux de toutes formes,
les babouches jaunes des Turcs, rouges des Arméniens,
bleues des Grecs, noires des Juifs ; des sandales, de
grandes bottes, des pantoufles brodées d'or, des chaussures de ficelle ou de bois.

A peine a-t-on fait quelques pas sur le pont qu'un
employé vous tend la main pour recevoir le droit de

péage, un métallik (5 centimes). Moyennant cette redevance, vous pouvez circuler à votre gré.

On parle du sélamlik, la grande fête religieuse qui a
lieu chaque vendredi dans la résidence du sultan à Ildis-
Kiosk sur le Bosphore. Moyennant lettre de recommandation, on peut être autorisé à se trouver sur le passage
du sultan, quand celui-ci débouche de ses jardins pour
se rendre à sa mosquée. Suivent la description de la cérémonie et les offres de service du guide improvisé. La
musique militaire emplit tout le quartier, et les soldats,
au nombre de dix mille, forment la haie depuis le palais
jusqu'à la mosquée : ceux-ci présentent les armes au
passage du sultan qui apparaît dans sa voiture à deux
chevaux, vêtu en simple bourgeois, tandis que les géné-
raux en brillants uniformes et les petits princes en chatoyants costumes verts et roses l'escortent sur des chevaux, magnifiquement harnachés. L'interlocuteur bien
avisé insiste sur l'intérêt local de la cérémonie, et la
possibilité de nous y faire assister en nombre ; il n'y
aura qu'un obstacle, c'est que nous serons partis depuis
la veille.

Le pont de Galata traversé, nous sommes tout de
suite dans Stamboul, et bientôt près de la mosquée
de la Sultane Validé que nous apercevions déjà du bateau. Nous regardons avec curiosité la grande fontaine
qui sert aux ablutions et les turbés ou tombeaux attenant à la Mosquée de la Sultane Mère. Nous savons
maintenant distinguer les tombeaux ; ceux des sultans
qui ont des turbans, ceux des femmes qui n'en ont pas,
et ceux des petits princes qui sont tout à côté. Nous
marchons, tour à tour surpris, intéressés ou écœurés.
Les fontaines publiques sont de vrais monuments, tout
de marbre et d'éblouissante dorure. On sent que l'eau
vaut de l'or dans ce pays ; mais si elle en a la valeur, elle

en a aussi la rareté, du moins quant à la façon dont on en use, car la malpropreté vous suit comme l'ombre.

Ce n'est pas que, après la Palestine, rien puisse encore nous étonner dans ce genre, non moins que dans l'imprévu des rencontres. Voici des buffles superbes. traînant des chariots. Garons-nous pour leur laisser passage, tout en évitant d'écraser quelque chien qui ne manquera pas

*Les chiens à Péra* (CL. L.)

de se trouver sous nos pieds, bien étendu au soleil.

Il est donc utile de regarder en bas, tout en examinant les curiosités du parcours que notre guide ne manque pas de nous signaler : ce sont les murs d'enceinte avec le pavillon où se mettait le sultan pour recevoir les armées victorieuses, l'entrée de la Sublime Porte, les Jardins du Vieux Sérail, 1 Ecole des Beaux-Arts et enfin le fameux platane des Janissaires, théâtre dramatique de Constantinople aux heures de révolutions !

Nous voici devant Sainte-Sophie dont l'aspect extérieur nous semble lourd ; mais, dès les premiers pas dans
la mosquée, nous subissons *en chœur* la fascination de la
lumière qui tombe de la grande coupole et semble nous
suivre pas à pas. Quelque chose pourtant détruit un instant l'harmonie du premier coup d'œil, le mirhab n'apparaît pas à sa place : c'est que Sainte-Sophie était primi-

*Platane des Janissaires.*

tivement une église catholique dont les Turcs ont dû modifier l'orientation, toutes les mosquées devant être
tournées du côté de la Mecque ; mais cette légère déception s'efface bientôt devant la richesse des détails et l'é-
légance grandiose des proportions.

Dès les premiers pas nous nous heurtons à des turbés
ou tombeaux d'une grande richesse, ceux des Mourad et
des Sélim. Paix à leurs cendres, et ne remuons pas les
histoires sanglantes que leur souvenir évoque ! Regardons plutôt la colonne qui sue, le morceau de marbre

rouge creusé en forme de berceau, et qui aurait été celui de Jésus, les urnes d'albâtre de l'île de Marmara, les colonnes de porphyre du temple d'Ephèse, les moelleux tapis, et surtout cette merveilleuse coupole qui semble ne reposer sur rien, tant les colonnes qui la soutiennent sont légères.

Nous regardons éblouis de tant de richesses, et on nous dit que Sainte-Sophie a cinq cent mille francs de revenus. Dès lors, plus de surprises. Pour mieux juger de l'ensemble, nous monterons aux galeries supérieures, et, par une pente si douce qu'on pourrait, dit-on, la gravir à cheval ; plus nous montons, plus la coupole semble s'élever en difffusant sa lumière. L'œil, sollicité de toutes parts, se perd dans une forêt de pilastres, de balustres d'arceaux, de voûtes et de colonnes soutenant les galeries, les tribunes et les sept petites coupoles si légères qu'elles apparaissent comme des ballons captifs retenus en l'air par des fils d'or.

Puis, c'est ce que nous avions déjà vu à Jérusalem : des quantités de cordons de soie soutenant d'énormes œufs d'autruche, des lampes de bronze, des lustres de cristal, de grands disques verts portant en lettres d'or des inscriptions du Coran, le tapis de Mahomet qui pend à la droite du mirab, la chaire où l'iman (prêtre musulman) vient lire le Coran, l'épée à la main ; la tribune, entourée d'un grillage d'or et qui est celle du sultan ; les grandes tables de porphyre où on lit les noms d'Allah, de Mahomet et des califes, fondateurs de la religion musulmane ; tout cela apparaît grand, insolent, quand il s'agit du triomphe de l'erreur. On revoit la grande victoire de 1453, la population entassée derrière les portes qui cèdent sous les coups de hache, et Mahomet entrant à cheval dans le temple d'où le prêtre doit fuir au milieu de sa messe... et ce passé devient troublant dans la basilique élevée par Justinien au Dieu unique.

Puis on conclut là comme ailleurs : pendant que l'erreur triomphe, la vérité vit surtout des sacrifices de ses adeptes et du sang de ses martyrs !

Tout près de Sainte-Sophie, c'est l'église Sainte-Irène (paix de Dieu), bâtie sous Justinien en même temps que Sainte-Sophie, et relevée au VIII<sup>e</sup> siècle par Léon l'Isaurien ; c'est la seule église qui n'ait pas été convertie en mosquée, mais nous n'en pouvons voir que l'extérieur, parce qu'elle est aujourd'hui transformée en musée d'artillerie, fermé au public ; c'était autrefois l'église particulière des patriarches saint Grégoire et saint Chrysostome.

L'après-midi nous visitons le musée, et je me borne à citer très succinctement ce qui m'a le plus frappée : les *lions* qui faisaient partie du mausolée d'Artémise, le plus riche du monde ; les *Pleureuses*, splendide sarcophage représentant des pleureuses toutes dans des attitudes différentes et vibrantes d'expression ; des fragments de porphyre faisant partie du monument de Constantin et de sainte Hélène ; le Tombeau d'Alexandre, merveilleuse sculpture représentant les batailles du grand conquérant et trouvé à Saïda, il y a seulement une quinzaine d'années : c'est un vrai chef-d'œuvre ; une quantité de bijoux, provenant des ruines de Troie ; des encensoirs primitifs, et enfin la fameuse *pierre* avec l'inscription d'Ezéchias, rappelant le percement du canal de Siloé (VIII<sup>e</sup> siècle avant Jésus-Christ).

La pierre est fendue, mais l'inscription est très lisible, et, si l'on est quelque peu remué, simple profane, revenant de Jérusalem, à la vue d'un document de cette nature, on comprend la joie qu'en ont dû éprouver les archéologues, et surtout ceux qui s'occupent d'études bibliques.

Autre impression à la tour de Séraskérat. L'ascension en est un peu pénible, puisque l'on n'arrive à son sommet qu'à l'aide d'une échelle assez raide, mais on a vite oublié la souffrance de l'effort en présence du panorama merveilleux qui se déroule là sous vos regards : les palais, les jardins, les cimetières, les coupoles, les minarets, les clochers, la Corne d'Or, le Bosphore, le ciel, la

*Constantinople de la Tour de Séraskérat* (CL. C.).

mer, les côtes d'Europe et d'Asie, c'est-à-dire le tout d'une vue sans rivale ! Après être monté si haut, il n'y a plus qu'à redescendre, et nous descendrons en effet pour la visite de la mosquée Suleymanié, avec la toilette préalable des babouches par-dessus les bottines. Mais contre-temps très dur pour les rétardataires, il n'y a plus de babouches. Il faut donc attendre que les premiers visiteurs sortent pour vous donner les leurs, ou se déchausser.

Que ferons-nous ? La porte de la mosquée entr'ouverte laisse voir les Musulmans en prière avec prosternations répétées ; ce doit être un office intéressant. Prenons en notre parti, secouons la poussière de la route,
et entrons bravement, nos chaussures à la main. Plus
d'une centaine de fidèles croyants sont là réunis, et tous,
comme un seul homme. se prosternent à la voix du
chef, sans que notre présence soit capable de les distraire... leçon à saisir au vol pour tant de catholiques.

Non loin de la mosquée, nous admirons le tombeau
de Soliman le Magnifique, entouré d'une grille fermée
qui nous en interdit l'accès ; mais nous pouvons de l'extérieur voir la coupole du monument, avec ses riches ca-
bochons en cristal de roche, les tombeaux de Soliman I
(1691) et d'Achmet (1696), puis les turbans distinctifs
autour du tombeau de ces sultans, et c'est tout.

Ce ne fut pas assez pour une brave Portugaise, dont
les yeux s'emplissaient de larmes en montrant la grille
qui l'empêchait d'approcher du tombeau de Soliman le
Magnifique. On eut beau lui faire comprendre qu'il ne
s'agissait pas d'un saint sépulcre, son besoin de vénérer
des reliques n'en resta pas moins intense, et sa mine
piteusement résignée ne cessa d'accuser des regrets,
qu'elle dut certainement emporter dans son pays.

La journée se terminera par la visite des bazars fort
curieux. Nous en traverserons la principale artère, nous
égarant de temps à autre dans des allées latérales, et
regrettant de ne pouvoir les mieux étudier.

Chaque marchandise a sa rue ou ses allées, mais c'est
surtout l'article oriental qui y brille et retient l'étranger.

Nous nous bornons à quelques acquisitions de broderies et, pour se débarrasser des offres incessantes de
tous les marchands qui sortent de leurs magasins et
vous poursuivent avec force protestations de moins en

moins rassurantes : « Oh ! ici, Madame, on ne trompe pas ! » il faut user d'adresse et se féliciter surtout d'être escortée.

Enfin nous retournons à bord, mais en traversant encore une partie de la ville dont l'aspect est suffisamment écœurant. Si nous ne retrouvons plus, comme le

*Le Bosphore. — Château de Rouméli-Hissar* (CL. L.)

matin, le chiffonnier ramassant avec des crochets tout ce qu'il trouve dans la rue pour le jeter sur ses épaules avec une désinvolture sans pareille, nous rencontrons encore les inévitables chiens qu'on manque d'écraser à chaque pas, des surprises où la poésie n'a rien à voir, des morts dans leur cercueil, recouverts de vieilles draperies et balancés en cadence sur des épaules qui ont l'air de se soucier fort peu de leur fardeau, en un mot un coin ou l'autre de l'Orient avec son insouciance des choses graves et sa repoussante malpropreté.

Quand nous rentrons à bord, il y a un grand mouvement autour de l'*Etoile* ; le quai est encombré de marchands à travers lesquels il faut se frayer passage, mais que le petit refuge du bateau semble bon !

*Départ pour Koum-Kapou.*

C'est le dîner sans mal de mer, un salut du Saint-Sacrement, puis la nuit meilleure. Peut-être n'entend-on déjà plus le cri plaintif des chiens, et c'est tant mieux, car le lever est porté pour le lendemain à quatre heures et demie.

Le sept, c'est de grand matin le départ en bateau pour la gare de Sirkédji, où nous devons prendre le train de 7 h. 50, direction de *Koum-Kapou*. Là nous assistons à

une messe selon le rite grec dans l'église de l'Anastasie,
chez les Pères de l'Assomption. L'office est d'une solennité imposante, bien qu'on s'habitue difficilement à la
longue chevelure des prêtres, tantôt étalée sur leurs ornements, tantôt relevée en petits chignons sous leur
bonnet noir. — Quoi qu'il en soit, et en avouant sincère-
ment que la curiosité a sa large part dans le recueillement des assistants, la cérémonie ne laisse pas que
d'être profondément pieuse.

Après la messe, un déjeuner champêtre, agrémenté de
la poésie fine et délicate d'un jeune Père, réunit tous les
pèlerins, qui se dispersent bientôt pour voir le plus possible, et essayer d'emmagasiner trop rapidement leurs
souvenirs.

Nous revoici à Constantinople, visitant la petite
Sainte-Sophie, dont le mirab, comme et plus encore que
celui de sa grande sœur, est dévié ; c'est aussi une ancienne église dédiée autrefois à saints Serge et Bacchus.

Le soleil nous tient fidèle compagnie, et quand nous
arrivons à l'hippodrome, il darde ses plus chauds rayons
sur les débris des monuments qui peuplaient cette place
célèbre.

C'est en vain qu'on voudrait revoir dans ce vaste hé-
micycle les gradins où venaient s'entasser des milliers de
spectateurs ; ils ont disparu aussi bien que les loges, les
vestibules, les écuries et jusqu'au fossé rempli d'eau
(l'Euripe) qui servait de barrière entre les animaux féro-
ces et le public. Disparus aussi les chevaux de bronze, pla-
cés jadis au-dessus de la loge impériale, et que Napoléon
reprit à Venise, où ils sont retournés aujourd'hui, après
avoir figuré un instant sur l'arc de triomphe du Carrousel.

Il reste pourtant quelques débris de ce passé brillant :
la *Pyramide,* construite par Constantin Porphyrogénète,
et autrefois recouverte d'un bronze que les croisés ont

enlevé : elle a été en partie détruite par un tremblement
de terre. Tout à côté la *Colonne Serpentine* formée des
boucliers pris à Marathon, et dressée jadis devant le
temple de Delphes ; il n'en reste guère que le tronc. Primitivement, elle se composait de trois serpents entrelacés et portant sur leur triple tête le trépied célèbre, avec
les noms des villages engagés dans la lutte victorieuse.

*Mosquée du sultan Achmed* (CL. L.).

Théodose avait enlevé la colonne à la Grèce pour la
planter sur l'Hippodrome. On peut voir actuellement,
au musée, sa partie supérieure : la gueule aplatie du serpent, ses dents aiguës ses yeux pleins de colère, ne
laissent pas de doute sur l'authenticité du précieux débri.
Enfin l'*obélisque de Théodose* est un monolithe de granit
rose, dont le piédestal présente des bas-reliefs bien conservés ; les quatre côtés sont intacts : le premier porte une
inscription indiquant que la colonne fut érigée en trente-
cinq jours ; le second représente les jeux olympiques ; le

troisième Théodose recevant l'hommage des tribunaux ;
le quatrième Théodose assistant à l'érection de la colonne. Au sortir de l'Hippodrome nous visitons la mosquée du sultan Achmed, la seule avec celle de la Mecque
qui ait six minarets. Quelle audace de la part du calife
d'avoir voulu rivaliser avec la Kaaba de la Mecque ! Le
privilège des six minarets semblait détenu par les imans
de la Métropole, et voilà Constantinople qui osait lutter
de pair. Le calife menacé dans sa tranquillité ne savait
trop comment calmer les agitations de la Mecque, quand
il prit une résolution géniale : il garda ses six minarets et
en fit construire un septième à la Kaaba. Tout particulièrement satisfaits de la paix conclue entre les deux
églises, nous revenons déjeuner à bord avec un programme chargé pour l'après-midi. Nous irons d'abord visiter la mosquée de Kahrié, l'ancien monastère de Chora ;
saluant sur la route de parcours, la *porte* d'Andrinople
et les remparts du temps de Théodose. C'est vraiment la
pierre qui parle cette muraille du temps de Théodose, et
que ne dit-elle pas dans son long passé d'histoire ? Elle a
vu défiler les insolents cortèges des empereurs de Byzance, la folie des princes, le triomphe des favoris ; elle
a vu surtout la victoire de l'Islam et l'abaissement de la
Croix, pour n'abriter plus guère aujourd'hui, dans les recoins de ses décombres mal gardés, qu'une population en
guenilles, et dominer surtout des cimetières.

Nous voici à la mosquée de Kahrié qui a malheureusement gardé le stigmate du tremblement de terre de
1894 ; mais les mosaïques byzantines qu'elle a conservées intactes font doublement regretter la perte des
autres.

Une de ses coupoles bien conservée présente des
figures d'une délicatesse extrême, et l'on peut encore admirer, au-dessus des grandes figures, toute une rangée

de petits médaillons, vrais bijoux d'art et de finesse.

Autre impression à l'église de l'Exarchat, tout en fer, et qui crie la force et la richesse. Son iconostase seule a coûté plus de deux millions ; c'est une église bulgare, et on y officie en langue slave.

De là nous irons au *Phanar*, église grecque schismatique, et qui renferme la chaire et le trône de saint Jean Chrysostome. Nous aurons même la bonne fortune d'assister aux premières vêpres de l'Ascension. Le patriarche, c'est-à-dire le chef de la grande Eglise, le pape grec, Joachim III est au trône, au trône même de saint Jean Chrysostome, et, si les souvenirs parlent, la personnalité contemporaine aussi attire.

Le patriarche est un beau vieillard à barbe grise, d'une attitude très digne et dont tous les mouvements semblent rythmés. Ses ornements sont d'une grande richesse : la chape d'une soie molle et brillante, la crosse droite, mi-partie olivier et nacre, la mitre basse, tout fait revivre, jusqu'à l'illusion, les statues de nos anciens évêques.

Il a le geste sobre, étudié, l'air grave, et rien ne paraît le distraire de son objet, pas même l'invasion dans son église de cette nuée de profanes que nous sommes.

L'office est long ; nous n'en attendrons pas la fin. Le soir menace ; il nous faut rentrer au port, faire la promenade tant vantée de la Corne d'Or, saluer des bateaux amis, des cuirassés étrangers, mais surtout la fameuse trirème de la bataille de Lépante.

Quel choc à l'âme en voyant le vénérable bateau, lourd à l'œil, avec ses trois rangées d'ouvertures superposées, et son vieux bois noirci par les siècles !

C'est une belle page d'histoire à revivre. Le Turc, après avoir conquis Byzance, étendait chaque jour son empire, et le temps des héroïques résistances n'était plus pour les chrétiens mous et dégénérés ; le scepticisme avait remplacé la foi ; Mahomet ne craignait plus, comme ses prédécesseurs, la douce Panagia des Grecs, la Vierge des chrétiens. Un jour vint pourtant où, sous la bannière de Don Juan d'Autriche, la chrétienté se leva comme un seul homme, et ce jour-là, le triomphe de l'armée catholique fut aussi le triomphe de Marie.

*Le Bosphore. — Thérapia* (CL. L.).

Le grand Pape Pie V qui avait su, dans une vision, les étapes du combat, fut prévenu mieux encore de sa glorieuse issue, et, en reconnaissance de la mémorable *victoire de Lépante*, il ajouta aux Litanies de la sainte Vierge cette appellation si douce à la confiance des fidèles envers Marie : *Auxilium christianorum, ora pro nobis !*

Les siècles ont marché ; et, depuis, le Turc opprime toujours, mais les catholiques ne se battent plus.

Le huit juin, c'est encore le lever à l'aurore, puisque le
départ est à 6 h. 30 pour Kadi-Keuy (Chalcédoine). C'est
en bateau que nous y arriverons, et les sensitives re-
trouveront un soupçon de mal de mer dans leur course
nautique.

*Une rue à Chalcédoine* (CL. L.).

La messe est à sept heures en l'église Sainte-Euphé-
mie, au lieu même du martyre de la sainte : c'est là que
les Pères de l'Assomption ont leur couvent. Une instruction toute d'à-propos redit les souvenirs du lieu,
parmi lesquels personne n'oublie le concile de Chalcédoine.

Après la nourriture de l'âme, celle du corps dans

une réfection confortable chez les Pères, avec cantate des jeunes poètes pour redire les joies multiples du pèlerinage, puis une visite chez les Frères des écoles chrétiennes, où l'on voit successivement le musée les classes, le réfectoire. Au réfectoire, halte de rigueur pour goûter d'un cidre qui peut régaler les naturels, mais semble un peu rude à nos estomacs moins blasés.

Au départ, la musique des Frères nous fait entendre plusieurs morceaux, et nous salue du chant de la *Marseillaise* ; le général qui faisait partie de notre groupe se découvre, et tous les Français ont un petit choc à ce chant de la patrie. Notre-Dame de Sion est encore dans le programme, mais il faut se hâter pour la visite du pensionnat ; on nous rappelle que le déjeuner à bord est à onze heures et demie, et la visite au Trésor du Sultan aussitôt après. Il n'est pas une heure, et nous sommes déjà repartis.

Voici le vestibule des Janissaires, et les salles qui se succèdent, mélange de richesses et de choses assez misérables : trône du sultan, divan qui a l'honneur de voir Sa Majesté une fois par an quand il vient, à la mi-carême, pour vénérer les reliques de Mahomet ; et, tout à côté d'infimes petites pincettes. Pourquoi ?

Rien de remarquable dans les salles qu'il faut traverser, avant d'arriver au kiosque d'Abdul-Mejid, père du sultan actuel, si ce ne sont peut-être les jolies portes inscrustées de nacre et d'écaille. Au kiosque on nous offre le café turc avec la confiture de roses, qu'il faut savoir goûter, et on ne le sait qu'après leçon aussi consciencieusement prise qu'elle sera vite oubliée. Moins vite oubliée la merveilleuse vue qu'on a de là sur le Bosphore : c'est toujours le même spectacle, et ce n'est jamais la même chose : un coin mis en valeur, un effet de lumière, l'animation pittoresque du quartier, le recueillement profond du paysage, le ciel plus bleu, la mer plus mouvementée, que sais-je? Si ce n'est pas toujours la surprise, c'est une prodigieuse variété de sensations.

Du kiosque nous allons à la salle du Trône, où ont lieu les audiences du sultan, puis à la bibliothèque, autrefois très riche, mais à laquelle on a volé près de trois mille manuscrits, du temps de Mathias Corvin. A la bibliothèque nous ne pouvons, et pour cause, accorder qu'un regard superficiel, et nous voici tout de suite au Trésor du Sultan, gardé par les Janissaires. Si l'on écoutait les guides, nulle part ailleurs ne se verraient semblables merveilles.

Relevons un peu au hasard : la cotte de mailles énorme et enrichie de pierres précieuses portée par Mourad IV en 1639, à la prise de Bagdad ; un cimeterre imposant, orné de diamants et de rubis, des sandales en nacre, émail et écaille, la couverture du Sultan aux riches broderies, un bureau en ambre indien donné par la reine Victoria, un trône orné d'émeraudes, de rubis, de turquoises vertes, d'or et de perles fines, la plus grosse émeraude connue, (elle pèse, dit-on, deux kilos) un manche d'épée en émeraude d'un joli effet, divers costumes de sultans, entre autres celui de Mahomet II ; la poignée d'émeraude de son épée est remarquable. Au costume de Soliman le Magnifique je remarque la superbe aigrette de sa coiffure ornée de rubis, d'émeraudes et de diamants. Un peu plus loin, dans une vitrine, un petit bonhomme, aussi disgracieux qu'éblouissant, se tient debout : chaque partie de son corps est une pierre précieuse différente, et ses jambes sont en perles fines, « les plus grosses connues », ne manquent pas de nous dire les guides.

Cet éblouissement sera le dernier au Trésor. On nous presse de regagner le bateau, car nous devons démarrer à quatre heures, après des adieux à ceux qui nous ont cordialement reçus.

Les quais sont encore bondés ; le patriarche qui nous avait fait l'honneur de déjeuner avec nous à bord donne une dernière bénédiction à tout l'équipage, passagers et

*Départ de M*gr *Tacci.*

matelots ; les mouchoirs s'agitent à nouveau, et nous voici repartis.

C'est pendant deux heures le parcours des rives enchanteresses du Bosphore. Nous verrons à vol d'oiseau ce que le temps ne nous a pas permis de voir en détail.

Au sortir de la Corne d'Or nous longeons la pointe du sérail, et nous voici dans le grand fleuve qui sépare l'Europe de l'Asie : à notre droite Stamboul et Scutari, à gauche la tour de Galata qui, avec celle de Séraskérat,

signale les incendies ; puis c'est la longue file des am-
bassades et surtout Thérapia, l'ambassade française ; un
peu plus loin Dolma Bagtché, palais d'une ornementation exubérante avec ses amas de colonnes, de grilles
dorées, de marbres étincelants et, à côté, la verdure et

*Rouméli-Hissar* (CL. L.)

les fleurs, des villas qui se perdent dans les vallées ou
s'accrochent à la colline, l'eau de plus en plus bleue, le
ciel de plus en plus pur... Puis, à travers les admira-
tions du moment, des pages d'histoire qui se faufilent
avec la magie des souvenirs. C'est une vision du navire
Argo glissant sur ces eaux limpides, le port où abordèrent Jason et Médée, les héros de la guerre de Troie,
et surtout ce fameux pont de bateaux construit par
Xerxès pour unir les deux rives... le voilà entre ces deux

formidables restes de constructions élevées par les sultans : Rouméli Hissar (château d'Europe) et Anatoli
Hissar (château d'Asie). Passage des dix mille, des Croisés et des Turcs, que de grands gestes inscrits sur ces
rives !

C'était une insolence inqualifiable de Mahomet II d'a-
voir osé. dès 1452, élever la formidable redoute qui com-

*Anasoli-Hissar* (CL. L.).

mande le détroit. Tout d'ailleurs, dans ces massives
constructions, donne une idée du génie brutal du Turc ;
les grandes murailles à pic, les bastions, les poternes,
c'est la force matérielle broyant tout le reste. Colonnes,
chapiteaux, matériaux précieux provenant de temples
célèbres, tout est là pêle-mêle, sans art et sans autre
souci que de rappeler le vainqueur écrasant le vaincu.
En face de Rouméli Hissar, c'est Anatoli Hissar, c'est-
à-dire la côte d'Asie, avec la promenade des Eaux douces,
si appréciée de ceux qui, tout en restant à Constanti-

nople, veulent mettre le pied sur le continent asiatique.
On aperçoit du Bosphore la riche prairie émaillée de
fleurs et ombragée de la verdure des chênes, des platanes,
des acacias et des sycomores ; puis, perdus dans cette
fraîche nature, des kiosques, des villas et des fontaines
dessinant des broderies d'arabesques, avec des dômes
qui s'étalent et de petits croissants qui brillent comme
des étoiles. Sur les rives ce sont de petits canots bondés
de promeneurs, des artistes qui croquent le paysage, des
photographes en grandes manœuvres, des pêcheurs qui
attendent sans impatience la proie qui se dérobe, des
pachas qui fument le chibouque ; c'est, en un mot, tout ce
que l'on ne peut voir que très imparfaitement, même
avec une longue vue. D'ailleurs le soir arrive et l'horizon s'éteint ; c'est le repos de la nuit en attendant
d'autres surprises.

# CHAPITRE VINGT-SIXIÈME

E neuf juin nous sommes réveil-
lés par l'arrêt du bateau pour
reprendre notre canon aux Dardanelles, puis c'est tout
de suite une nouvelle évocation de la guerre de Troie. Les
monticules qu'on aperçoit à distance sont réputés les
tombeaux d'Achille et de Patrocle. Quand Caracalla visita ces tumulus, il fit empoisonner Festus et lui éleva
un mausolée pour imiter Achille pleurant Patrocle.
Que d'histoire, d'art et de poésie sur ces rives !

Après les héros de la guerre de Troie, c'est saint Paul
venant de la Galatie et de la Troade pour arriver en
Grèce, hésitant s'il irait à Rome et rencontrant là son
disciple Luc ; c'est Constantin voulant y établir la nouvelle Rome, c'est tout un long passé attachant, mais

qui va bientôt s'effacer devant les séductions du présent.

Le commandant, dont on ne compte plus les gra-cieusetés, nous a ménagé la surprise des côtes de l'A-thos, et je crois qu'il a dû trouver sa meilleure récompense dans les jets d'enthousiasme de tous les passagers.

Entre les îles d'Imbros et de Lemnos, un long pro-montoire se dégage de la péninsule chalcidique pour s'élever en pyramide dans l'Archipel, c'est le Mont Athos. Haut de 2000 mètres, il s'étend dans la mer sur une longueur de 60 kilomètres. Nous nous en approchons de plus en plus, et voici que des habitations perdues dans la roche ou avançant dans la mer se dessinent toutes mystérieuses ; un aqueduc les relie à la montagne, et ce n'est que le commencement des surprises. Habi-tations isolées, petits groupements de maisons, dômes étincelants, tout cela appartient à des moines grecs. Ils sont là au nombre de six à huit mille, possédant vingt monastères, et vivant dans une quiétude béate, aussi peu soucieux d'explorer les richesses qu'ils ont sous la main. dans des manuscrits de grande valeur, que de faire un pas en avant dans la voie du progrès.

Le soleil, comme un pinceau magique, détache de la verdure les blanches maisons, et bientôt il darde le cou-vent russe de Saint-Pantalémon avec ses murailles grises, ses toits rouges, ses volets verts, et couronnant le tout, des coupoles dorées qui étincellent entre les bleus intenses du ciel et de la mer.

Les moines sont à leur balcon ; ils agitent leurs mou-choirs, et la sirène du bateau répond jusqu'à trois fois à leurs saluts multipliés.

L'animation est grande à bord. Quel regret de ne pou-voir descendre ! Toutefois les dames s'en consolent, puisque sous aucun prétexte, elles ne pourraient mettre le pied sur l'Athos ; même en cas de naufrage, elles se-

raient impitoyablement rejetées de la côte et rembar-
quées pour l'île la plus proche, à Thiasos ou à Lemnos.
Une barque spéciale reste affectée à ce service profane :
elle est séparée des autres, et doit certainement subir au
retour de sa dangereuse mission une désinfection qui ne
peut manquer d'être prévue dans le Rituel de l'Athos.

*Couvent de Saint-Pantalémon* (CL. L.).

Tout le sexe féminin est tenu là en sainte horreur,
nous avait dit le P. Bailly, depuis la femme jusqu'à la
poule. Excommuniées aussi les vaches, les chèvres,
les oies.

Mais alors les moines ne mangent jamais d'œufs, de
lait, de beurre ? Les œufs arrivent en bourriches des pays
voisins ; on a le temps d'oublier la poule qui les a pondus.
Le lait s'expédie sous forme de fromage venant de Sa-
lonique et de Gallipoli, mais il n'apparaît jamais à l'état

liquide, même pour être mélangé avec le café ; le beurre
aussi ne se fait pardonner sa provenance féminine qu'à
la condition d'arriver de l'extérieur, et ceux qui ont pris
des repas à l'Athos disent que, dans ces pérégrinations,
les produits ne gagnent pas en fraîcheur. On croit rêver
en pénétrant dans cette vie des hommes d'un autre âge,
et il faudrait relire ici toute l'intéressante étude de M. de

*Couvent d'Aghios Dyonisios* (CL. L.).

Vogüé sur les moines de l'Athos. C'est à Constantin qu'il
convient de faire remonter leur origine. Isolés d'abord,
les moines vécurent primitivement dans des grottes, à
la façon des solitaires de Palestine ; puis des monastères
se formèrent, comblés des largesses de Byzance.
auxquelles les princes slaves ajoutèrent bientôt les leurs,
l'un de ces derniers mêmes, *Saba*, y prit l'habit, et devint igoumène de Vatopédi. Du XIIIe au XVe siècle,

'est la pleine floraison monastique, et les dons des sou-
erains aident à la fondation des couvents de *Simonopétra*,
*Aghios Dyonisios* et de *Castomoniti*.

L'influence des moines était grande alors à la cour.

Mais un jour vint, dit M. de Vogüé, où, de la tour
vancée de Larva, on signala, non plus la trirème à la
roue dorée chargée de présents royaux, mais une
urde tartane portant le croissant à son enseigne : c'é-
it un amiral de Mahomet, venant imposer la loi du
ainqueur de Byzance ». Les moines lui firent bon ac-
ieil, se ménageant en même temps les princes serbes
valaques et, de plus en plus, les tsars de Moscou.

Ils se maintiennent ainsi jusqu'au XIXe siècle. Puis
est la décadence ; l'Occident a soufflé sur le bel édifice :
e-dix mille les moines se réduisent à huit mille puis à
x mille dont trois ou quatre mille Russes.

Soumis à la règle de saint Basile, les moines de
Athos doivent s'abstenir de l'usage de la viande, du
bac et de bains. Ils portent la longue robe noire, toute
ur barbe, les cheveux tressés en nattes et ramenés
ous un bonnet carré en forme de haut cylindre.

Vingt monastères-chefs se partagent le territoire de la
resqu'île, les skytes ou petits couvents suffragants et
s nombreux ermitages qui le peuplent. Chacun de ces
ingt monastères envoie un député à l'assemblée géné-
le qui siège dans la petite ville de *Karyés*, chef-lieu de
province.

L'assemblée choisit parmi ses membres les cinq délé-
ués qui doivent composer *l'épistatie* ou conseil exécutif,
hargé d'administrer les affaires communes. Elle élit
ur à tour, dans chaque couvent, le *protathos*, magistrat
uprême chargé de promulguer et d'appliquer les déci-
ions de l'assemblée et du conseil.

Une taxe payée par les moines, à raison d'une livre

turque (23 francs) par tête, constitue ce qu'on pourrai
appeler le budget fédéral, mis à la disposition de ce gou
vernement. Quant au tribut annuel prélevé par la Porte
il ne se monte qu'à 600 livres turques (13.800 fr.). L
*caïmakan*, chargé de le prélever, réside à Karyès avec les
quelques gendarmes albanais chrétiens dont il dispose
ce sont les seuls laïques de l'Athos, soumis comme les
moines « aux prohibitions édictées contre le sexe qui
fait trembler l'Athos depuis la femme jusqu'à la
poule ».

Nous avions lu M. de Vogüé, et cela doublait nos regrets de ne pouvoir atterrir pour visiter après lui ce qu'il
a si bien décrit. Nous le relisons au retour, et cela nous
console de voir par ses yeux tant de choses qui auraient
échappé aux nôtres.

Après avoir fait la description du mont, qui présente
à certains endroits un fourré de lauriers, de chênes
nains et d'arbousiers auquel succèdent les érables, les
châtaigniers et les pins, il ajoute : « Heureux celui qui
peut, en s'abritant sous leur ombre, entendre la chanson
des torrents, entrevoir des triangles de mer endiaman-
tés, jouir de ce luxe alpestre, baigné de mer et dominé
par le beau ciel bleu.

« Quel contraste entre cette terre palpitante de vie et
le cadre social qui y a élu son tombeau ! »

Un peu plus loin M. de Vogüé nous raconte sa visite à
Karyès, vrai bourg du Tyrol, mais où n'apparaissent
que des bonnets noirs recouvrant des figures émaciées.

Après avoir dépassé la vieille église métropolitaine,
on introduit le visiteur dans le konak ou hôtel du gouvernement ; le caïmakan l'y reçoit, entouré d'une demi-
douzaine d'Albanais. Quand on a épuisé les sujets de
conversations officielles en Turquie sur la bonté de l'eau,
la douceur du climat, la beauté des forêts et la qualité

du tabac, la porte s'ouvre, et on est introduit dans le vénérable chapitre.

Les épistates sont assis le long du mur ; en tête, sous l'imáge de la Panagia, le protathos : à côté de lui, un greffier.

« Tout est noir sur les mornes personnages, sauf les barbes blanches qui ondoient uniformément sur la poi-

*Simono Pétra* (CL. L.)

trine et les faces de cire qu'aucune inquiétude de pensée n'a jamais plissées ».

Même conversation qu'avec le caïmakan. « Jamais, s'écrie M. de Vogüé, nous n'avons éprouvé à un degré aussi absolu la sensation de la chute dans le passé, même en descendant de ces hypogées de Saqquarat et de Thèbes, où les momies vous reçoivent dans l'intimité de leurs habitudes quotidiennes d'il y a six mille ans.

. . . . . . . . . . . . . . . . .

« En cherchant à analyser le profond respect qui se dégage de cette majesté extérieure, matérielle, si l'on peut dire, nous n'y trouvons toujours qu'une même cause : ces vieillards ont huit cents ans. le double peut-être.

« Ne sommes-nous pas à Chalcédoine, à Ephèse, dans un des comités de l'assemblée conciliaire ? Eutychès et Eusèbe, Photius et Léon peuvent entrer développer leurs subtiles rêveries ; leurs costumes, leur langue ne différeront presque en rien de ce que nous voyons ; ils parleront à leurs auditeurs sans qu'une dissonance de pensée trahisse ce travail du temps qui a mis un abîme entre eux et nous ; ils seront chez eux plus que nous dans ce milieu contemporain, où rien ne saurait nous étonner, hormis de nous y voir. »

On ne peut mieux rendre la sensation de profond dépaysement qu'on éprouve à cet effrayant recul dans le passé, sensation qui compte dans les plus salutaires du voyage d'Orient ; mais si on y oublie volontiers les tristesses présentes, on bénit plus encore le ciel de vous avoir fait faire quelques pas en avant.

Avec une indulgence qui s'impose, on pardonne aux siècles d'avoir cherché à tâtons une lumière qu'ils ne pouvaient trouver dans une vie d'étouffement sans grandeur et sans but ; et alors, en regardant tout en haut, une lueur nous apparaît comme aux Mages, nous guidant au berceau de Celui qui, dominant l'erreur, au-dessus de toutes les philosophies et par delà tous les systèmes, a donné à l'humanité la grande loi pour tous les siècles, loi un peu austère, mais très humaine dans la meilleure acception du mot, avec le travail à la base, les jouissances dans le devoir, l'honneur comme compagnon de route, des joies par accident, et la récompense.... plus tard, dans un au-delà qui doit être fatalement le terme, puisque la vie est si petite et le cœur humain si grand.

. Le dîner à bord est des plus joyeux, la mer est clémente, les passagers ravis de leur journée, et, en chœur, on vote une acclamation au Commandant et au Père Bailly, car le Mont Athos n'était pas dans le programme de la traversée.

*<br>* *

Le samedi, dix juin, nous voguons vers Athènes. Une conférence documentée du D' Bouchez nous donne comme un avant-goût des émotions qui nous attendent sur la *terre sacrée*. La pensée, l'art, la poésie, la gloire, l'apostolat, tout ce qui fait vibrer l'être humain a trouvé là le théâtre de ses rêves ou son champ d'action : aussi il y a un mouvement sur le bateau quand, dans le lointain, un sommet lumineux apparaît, l'Acropole, puis le Mont Hymette, Phalère... et enfin les petites barques qui nous attendent pour nous descendre au Pirée, d'où nous irons en chemin de fer à Athènes.

Nous sommes empilés un peu au hasard ; notre trajet maritime manque de charme, et la voie ferrée ne nous offrira guère de compensations. La chaleur est suffocante, et toutes les ouvertures doivent rester fermées, à cause d'une dame enrhumée et surtout très nerveuse que le moindre filet d'air exaspère. Nous la retrouverons à Athènes dans notre landau qui, pour la même raison, restera hermétiquement clos, heureux serons-nous d'en sortir sans congestion.

Un guide nous attend à la porte du *temple de Thésée*. Non content de nous décrire le monument, il nous sert des pages d'histoire, avec de légères confusions dans les personnages et des amplifications particulièrement comiques dans l'histoire du minotaure. Nous l'écoutons avec une impatience mal dissimulée, car nous avons hâte d'arriver à l'Acropole.

Ce ne sera toutefois qu'après avoir gravi le rocher de l'Aréopage qui lui fait face. Quelques doutes sont émis sur l'authenticité du souvenir; mais les fervents en tiennent pour le vrai, et la grande ombre de saint Paul

*L'Aréopage.*

leur fait oublier pour un instant les ardeurs d'un implacable soleil. Croyants ou sceptiques, il en est peu qui n'essayent l'escalade, en dépit des efforts qu'elle représente, et bientôt on ne connaît plus que des jeux d'appareils photographiques, des jets d'enthousiasme et, pour une fatigue avouée, des épanouissements sans trêve.

Il faut avouer que de là la vue est merveilleuse. C'est toute l'Acropole qui apparaît. Nous la voyons déjà dans son ensemble imposant : mais nous allons bientôt l'étudier en détails, et, sans les incidents joyeux de la descente, nous serions déjà dans la religieuse atmosphère de ses grands souvenirs.

C'est toute une évocation du passé de la Grèce : Socrate enseignant la sagesse, Périclès rayonnant sur tout son siècle. Miltiade, Alcibiade, revenant couverts de lauriers, et, pour immortaliser tant de triomphes et de

*Entrée de l'Acropole* (CL. L.).

gloire, le ciseau de Phidias. Tous ces morceaux de marbre sur lesquels nous marchons, c'est un débris de l'histoire d'un grand peuple ; ce sont des pages sanglantes aussi. Tour à tour occupée par les Pélasges, couverte de monuments par Pisistrate, saccagée par les Perses, pour se relever sous la main de Périclès, l'Acropole apparaît comme un livre détruit, dont les feuillets épars contiennent encore de merveilleux textes.

Pour les savants, un fragment de marbre ou de bronze

c'est un chapitre d'art, c'est une page d'histoire aussi.

Le livre en main, ils reconstituent le monument ; ce sont les portiques, le vestibule, la cella et, en particulier, *l'Epistodomos*, où était déposé l'argent et où se faisaient les opérations de banque ; car, après Périclès, l'esprit religieux s'étant affaibli, les Grecs se servaient des dieux

*Les Propylées* (CL. L.).

pour exploiter les peuples beaucoup plus qu'ils ne les servaient. Le temple avait son trésor, prêtant à des taux usuraires, connaissant les hypothèques, les conversions et toutes les rubriques de la finance moderne.

Voici les *Propylées* grandioses qui servaient d'entrée à l'Acropole. On dit qu'elles ne furent jamais achevées, parce que les propriétaires de l'Erechtheion ne voulaient pas concéder le terrain.

Puis le *Parthénon*. On le reconnaît pour l'avoir vu tant
de fois reproduit ; mais une image, ce n'est pas cet éblouissement de marbre dans un bain d'azur ; car ici, il faut
l'avouer, même après la Palestine et Constantinople, je
ne me souviens pas d'un plus bel effet de lumière. Il
semble que des morceaux de ciel se détachent, ou que le
ciel tout entier s'abaisse pour envelopper ce chef-

*Le Parthénon.*

d'œuvre de simplicité, d'élégance et d'harmonie. C'était
vraiment un écrin merveilleux pour ce bijou de Phidias
qu'était la statue de Minerve !

Pourquoi faut-il que l'Anglais ait passé par là ? De la
procession des Panathénées, des statues qui ornaient
les frontons, des métopes qui racontaient l'histoire des
dieux, il ne reste à peu près rien.

Notre guide lui-même n'en peut contenir son indignation : « Ce que la main des Barbares avait épargné, nous

dit-il avec une solennité qui tourne au comique, ce que la main des Barbares avait épargné, il appartenait à une nation civilisée de le piller. » On sait, en effet, que la plus grande partie des bas-reliefs du Parthénon a été embarquée pour Londres par lord Eldgin, qui la vendit au musée britannique pour la somme dérisoire de 900.000 francs.

N'est-ce pas le cas de dire en se servant de la parole d'un auteur appliqué à un tout autre objet, que le génie d'un peuple n'est pas « article d'exportation »? Au chef-d'œuvre de son art, il faut son ciel, son soleil, cet air ambiant qui est sa flamme de vie, et hors duquel il ne parle plus son vrai langage.

Nous avançons toujours. les uns méditatifs, les autres souriant des enthousiasmes rétrospectifs.

— Vous allez encore vous extasier devant ces ruines. Mais qu'est-ce que cela? des pierres, et voilà tout, disait un Américain.

— Oui, mais des pierres qui parlent, répondait une Française.

— Oh! il faut beaucoup d'imagination pour les faire parler.

Et l'ironie s'accentuait, piquant au vif la Française qui conclut, un peu hautaine :

— Après tout je m explique que nous ne sentions pas de la même façon, vous ne comprenez pas le langage du passé. Vous êtes un jeune peuple, vous n'avez pas de traditions.

Le mot porta, peut-être plus qu'on n'aurait voulu, mais les évocations du passé n'en continuèrent pas moins puissantes.

Ce sont le défilé des éphèbes à cheval, la procession des Panathénées, les combats, les triomphes, toute la vie de la Grèce.

Les Cariatides surtout sont parlantes au portique du monument curieux qu'on appelle l'Erechtheion. On croit les voir s'avancer vers nous avec le temple qu'elles soutiennent comme un reliquaire..., c'est encore la garde d'honneur de Minerve ; mais nous avancerons nous-mêmes et nous voici dans le vestibule du temple, puis dans la *cella*, pleine de mystères.

*Temple de la Victoire Aptère.*

Nos regards tombent tout de suite sur le pâle rejeton de l'olivier sacré, sorti de terre à la voix de Minerve, et de l'arbuste desséché à la déesse absente, l'esprit suit la marche des siècles en s'arrêtant au Dieu inconnu alors que saint Paul venait prêcher à cette foule religieuse à l'excès, mais réfractaire à la vraie doctrine. Quand, chassé de Thessalonique, le grand apôtre arrive à Athènes, il ne peut taire son écœurement à la vue de tant d'autels voués à l'idolâtrie. Il se rend d'abord à la synagogue, mais sans grand succès apparemment, puisqu'il se tourne aussitôt vers les vrais Athéniens, et transporte sur la place publique, l'Agora, le siège de sa prédication. On lui dit : « Viens à l'Aréopage, » il y va... et ces degrés de l'Aréopage, que nous venons de gravir, ils sont là maintenant sous nos yeux, deux fois parlants pour des catholiques français, puisqu'ils rappellent à côté du sou-

L'Erechtheion

venir de saint Paul celui de son grand converti Denys l'Aréopagite, ce premier évêque de Paris, qui devait féconder la terre de France du double apostolat de sa parole et de son sang.

Elargissant le coup d'œil nous embrassons tout l'horizon ; c'est un magnifique panorama qui se déroule devant nous : à l'est, le *Mont Hymette*, où les abeilles continuent leur travail, sans souci des générations qui passent ; au nord, le *Pentélique* qui fournit le marbre si

our des temples merveilleux dont nous venons d'admirer les ruines ; à l'ouest, le Mont Icare, dominé par la
cime du Cithéron ; au sud : le Pirée, les côtes d'Epidame,
et, plus près de nous, les rochers du *Pnyx*, simple plate-
forme où l'on monte par quatre ou cinq degrés taillés
dans le roc vif, mais dans quel cadre imposant ! D'un
reste l'orateur pouvait montrer le Parthénon, et invo-

*Théâtre de Dionysios*

quer les dieux ; enfin l'Aréopage comme vision toute
proche. Ce sont donc à la fois les souvenirs religieux et
profanes.

Mais nous n'avons pas fini ; car à peine descendus de
l'Acropole, nous trouvons, adossé à ses flancs et dominé
par le Parthénon et les Propylées, le théâtre de Dionysios, vulgairement dit théâtre de Bacchus.

C'est là que, sans beaucoup d'effort, on peut reconstituer l'état primitif des lieux ; l'aire, en forme de cercle, est parfaitement reconnaissable, et la scène écroulée se dessine encore sur le sol dans son plan d'autrefois.

Nous montons l'escalier de pierre, et, nous enfilant dans le corridor latéral qui coupait en travers le vaste amphithéâtre, nous voici dans les stalles des archontes et des statèges, assis sur ces fauteuils de pierre qui portent encore des noms, des numéros ; et là, nous attendons, comme si le spectacle allait commencer... et c'est vraiment quelque chose de cela que cette histoire refaite sur place.

Ce théâtre n'était d'abord qu'une aire sans scène et sans gradins, c'est-à-dire une place publique où se jouait une pièce, et autour de laquelle les spectateurs se pressaient au hasard. Les représentations avaient lieu le matin, pour éviter le double inconvénient de la chaleur en plein jour, et de la nuit difficile à éclairer dans ces temps d'enfance de la lumière artificielle.

Les transformations du théâtre suivirent celles de la littérature, depuis le jour où elle n'était qu'un chœur en l'honneur de Bacchus jusqu'à celui où elle devint la tragédie avec Euripide.

Trente mille spectateurs pouvaient, dit-on, tenir dans cette enceinte, et, si l'on se souvient que cette institution publique était aussi une école de haute moralité et de patriotisme, non moins soucieuse d'exalter les vertus privées, comme Ajax et Antigone, que les gloires nationales, telle la victoire de Salamine, on a conscience d'avoir revécu là des heures uniques dans l'histoire de l'éloquence humaine. Mais ces heures fugitives comme une vision marquent implacablement au programme du jour.

Nous voici repartis pour l'Athènes moderne, saluant au passage le *Temple de Jupiter Olympien*, de proportions

lus vastes, mais moins harmonieuses que celles des
uines de l'Acropole ; le *stade*, où avaient lieu les jeux
lympiques, enceinte très vaste, composée d'environ
oixante gradins qu'on a le mauvais goût de recouvrir
n marbre blanc, ce qui leur donne un aspect de cons-
ruction neuve.

Puis c'est l'Athènes moderne, avec ses rues propres et
pacieuses, bordées de blanches maisons, de jolis jardins

*Temple de Jupiter Olympien* (CL. L.).

ù nous remarquons d'énormes poivriers et des quan-
tés de lauriers-roses, (moins gros pourtant qu'à Jéri-
ho), de coquettes villas, garnies de clématites et de
oses, de palais de marbre qui se découpent sous le ciel
leu, en un mot tout ce qui repose l'œil et vous rappelle
gréablement au présent.

Une halte indiquée à l'église cathédrale de Saint-Denys
Aréopagite, dont les vitraux d'un grand prix ont été
onnés par le roi de Bavière, et une réfection chez les

Sœurs de Saint-Joseph de l'Apparition, où de peti
pains, oubliés depuis longtemps, nous comblent d'ais
avec des oranges, des cerises. de la limonade, tous le
rafraîchissants deux fois bien accueillis à travers tai
de poussières...., et nous voici au *Musée,* que nous pa
courons rapidement. La sculpture y garde la pla
d'honneur, bien que peu de statues apparaissent i

*Panorama d'Athènes (Mont Lycabèle).*

tactes ; mais leurs tares, mal dissimulées, n'en laisse pa
moins voir leurs lignes admirables et l'incomparab
élégance de leurs draperies.

Trois périodes y apparaissent distinctes : c'est d'abor
la première, celle du début où trônent surtout les sta
tues égyptiennes, d'une grande raideur ; puis la second
celle du grand art, triomphe de Phidias, de Praxytè
et de leurs élèves : les genres les plus divers s'y rei

ontrent, depuis les restes de la frise du Parthénon et la
tatue de l'Athénée jusqu'à une Tête de Christ (II<sup>e</sup> siècle),
aite par un disciple de saint Paul. Enfin la troisième
ьériode, celle qui vient de l'époque romaine et accuse la
lécadence de l'art grec.

D'un intérêt au moins égal à la sculpture sont les bi-
oux anciens, don d'un Allemand Schliemann, qui,
lanté de retrouver Troie, fit des explorations qui lui
nangèrent sa fortune, mais enrichirent le musée d'A-
hènes. Après avoir retrouvé le tombeau d'Agamemnon
t les ossements d'Egiste (la foi est un si puissant le
vier!) il fut arrêté dans ses fouilles par le manque de
essources. Il se fit alors garçon boulanger, puis épicier;
t, à force d'énergie, il monta une maison de commerce
qui lui assura les fonds nécessaires pour recommencer
es fouilles.

Muni d'un firman du sultan, il se remit à l'œuvre, et
lécouvrit Troie, les sept villes superposées, c'est-à-dire
outes les époques : les premières d'abord, puis la ville
ьrûlée, avec des quantités d'objets, poteries, bronzes et
nême le corps d'un Troyen, se sauvant avec sa cassette,
nfin tous les bijoux dont il enrichit le musée d'Athènes.
Nous en verrons quelques échantillons.

Voici les feuilles d'or fin qui recouvraient dans un cercueil, le visage d'un héros, en moulant la figure, comme
c'était l'usage pour les personnages d'importance chez
es anciens (800 ans avant Jésus-Christ); et, à côté des
ьpis d'or, des vases d'or et surtout une merveilleuse pe-
ite coupe représentant un combat d'hommes contre les
aureaux; c'est d'une finesse d'art qui n'a guère été dé-
ьassée. La plupart de ces bijoux forment, avec une col-
ection d'armes anciennes et de poteries curieuses, un
résor de souvenirs que le musée doit à la persévérante
énergie de Schliemann.

La journée est finie. Nous regagnons le Pirée, retrouvant au passage Phalère, le Dieppe de la Grèce, de tristes oliviers et des plaines arides.

La soirée sera faite des souvenirs du jour, avec quelques surprises musicales et littéraires.

*
* *

Le onze, grand'messe solennelle, en présence de tout l'équipage, commandant en tête. C'est déjà une réminiscence et aussi un commencement d'adieu aux grandes cérémonies du bord.

La voix du canon se fait entendre à l'élévation, et l'assistance nombreuse témoigne des bonnes dispositions de la mer ; mais nous entrons dans l'Adriatique, et quelques mines s'allongent. Pendant la conférence du commandant sur la marine, la houle se fera sentir, sans trop distraire l'attention d'un intérêt tout d'actualité. J'en retrouve quelques notes très incomplètes que je transcris ici.

Je n'en exclus même pas la préface, dialogue fort courtois d'ailleurs entre le commandant et le Père Bailly.

— *Le commandant :* Savez-vous pourquoi le P. Bailly arrive à faire de si grandes choses ? C'est qu'il ne doute de rien. Il vient de me demander de vous faire une conférence sur la marine, sans me laisser le temps de la préparer.

— *Le P. Bailly :* Commandant, voilà qui ne fait pas partie de la marine... entrez tout de suite dans le sujet.

Et le commandant s'exécute avec beaucoup de bonne grâce.

Ce fut Osoüs à Tyr qui inventa la navigation. Se trouvant dans une forêt incendiée, il en détacha un bois pour se sauver, et traversa ainsi la rivière toute proche : la navigation était inventée.

Dès le début, on ne connaissait que le radeau avec des palettes pour avancer ; puis vint l'idée des voiles, idée qui alla se perfectionnant jusqu'au XVII<sup>e</sup> siècle.

Les navires à voiles se classent d'après leurs gréments : un, deux, trois, quatre, cinq, six et sept mâts.

En 1893, une loi donna un grand essor à la navigation à voiles : Nantes fit beaucoup de ces navires, qui étaient aussi très en vogue en Amérique et en Norwège.

C'est la France qui a lancé le premier navire à cinq mâts.

Pour ce qui regarde la navigation mécanique, il y eut primitivement les bateaux à rames, puis les bateaux à roues à l'arrière, qui donnaient la propulsion pour les eaux peu profondes surtout.

L'hélice fut employée par les Anglais d'abord, et c'est Sauvage qui l'avait inventée ; mais celui-ci, malheureux et emprisonné pour dettes, ne put exécuter son idée ; il en mourut de chagrin.

Les vapeurs sont classés suivant leur usage : paquebots pour les voyageurs ; cargo-boats pour les marchandises.

Les paquebots pour la ligne du Nord ont un grand confortable ; ils sont ainsi classés comme records : pour la vitesse, les Allemands ; pour le luxe et le goût, les Français : pour la dimension, les Anglais.

On fait aujourd'hui des machines qui ont la force de quarante mille chevaux. L'*Etoile* atteint à peine la force de deux mille chevaux ; c'est un bateau modeste. Dans certains grands paquebots, on paye jusqu'à mille francs par jour, mais c'est un extrême luxe. Chaque passager a sa chambre à coucher, avec cabinet de toilette, une salle de bain et un salon.

Quant aux cargo-boats, ils varient de dimensions e
de compositions ; les plus intéressants sont les pétro
liers. Le pétrole se verse à même dans le bateau, mai:
on le décharge par des pompes. Les machines, qui son
d'un type spécial, sont à l'arrière du bateau. Il est impor
tant de ne pas pénétrer sur ces bateaux avec des ciga
rettes, les vapeurs étant très dangereuses, surtout aprè:
le déchargement. Restent les moteurs à pétrole pour le:
vaisseaux ; ils n'ont pas encore été mis au point, puisqu:
la course entre Alger et Toulon a été un four complet

Au milieu de ces notes rapides, et après la descriptior
de l'*Etoile* dans toutes ses parties, je relève une mentior
honorable pour les bateaux qui portent secours aux pê
cheurs et aux passagers en détresse : le *Saint-Pierre*, le
*Saint-François d'Assise* et le *Tagaro* du Mont Athos, et
enfin un hommage reconnaissant à M. Turc, lieutenan
de vaisseau, qui travaille à avoir un bateau *sans langag:
ni roulis*...

Le douze, le réveil est pénible, et le mal de mer comptera
plus d'une victime dans la matinée. Beaucoup cependant
sont indemnes, puisque les apprêts du reposoir mari
time se font activement. Des fleurs rapportées d'A
thènes ornent avec discrétion les motifs principaux du
reposoir, entièrement composé par le Commandant. La
croix de Jérusalem et une étoile dominent cet appareil
maritime si parlant, tandis que le gouvernail forme l'au
réole du Saint-Sacrement, posé lui-même sur la bous
sole.... pensée pleine d'à-propos, et qui nous reporte à la
parole que le P. Bailly prononçait, en plein congrès eu
charistique de Reims, il y a quelques années seulement :
« On nous a interdit les processions dans la rue, disait
il, nous sommes arrivés à les faire en pleine mer ». Et
la parole avait saisi l'auditoire, électrisé à l'évocation
seule de ce spectacle. Tout à l'heure ce ne sera plus un

pieux tableau pour l'imagination, ce sera une réalité, et déjà notre bateau est transformé. La modeste *Étoile* doit éblouir à distance. Entièrement pavoisée, elle verra la longue file des prêtres en chasuble et des fidèles en habits des grands jours suivre le Saint-Sacrement. triomphalement porté, à travers les oriflammes et les guir-

*Reposoir maritime.*

landes de fleurs. Et ainsi nous marchions sur les flots. calmés comme autrefois à la parole du Maître, le ciel au-dessus de nous, et, tout à côté, celui qui commande aux éléments et bénit avec tendresse ceux qui savent l'invoquer. Le canon tonne, c'est pour annoncer la bénédiction : une première fois au reposoir, une seconde fois à la chapelle. Puis tout rentre dans le calme ; l'*Étoile* continue sa marche. l'horizon semble fuir, et c'est nous

qui avançons. Voici le pied de la botte, et bientôt le cap
Spartivento ; à gauche, l'Etna et ses neiges, recouvert
d'un chapeau de nuages qu'on voudrait prendre pour de
la fumée ; Aspromonte, village dans les rochers de la
Calabre : nous sommes en Italie, tout près de chez nous.

Le treize, après la messe à bord, on se repose dans la

*Le Vésuve vu du bord.*

merveilleuse contemplation de la baie de Naples : Capri,
Sorrente d'un côté, le Vésuve de l'autre ; c'est du déjà
vu pour beaucoup, mais du toujours revu avec plaisir.

Le temps est libre, et chacun peut à son gré visiter
Naples.

Désireuse de revoir la Chartreuse Saint-Martin, d'où
l'on jouit d'un coup d'œil complet sur la baie tout entière, je dois avouer ma profonde déception d'y trouver

en arrivant un ciel gris et un paysage décoloré. Chose
étrange ! trois fois j'ai fait la même promenade, et chaque
fois j'en ai réduit.

A ma première visite, c'était en février, et le trajet
idéal : toutes les collines garnies d'amandiers en fleurs,
quelques petits bois d'orangers en fruits, le soleil ardent,
le ciel sans nuage, la baie merveilleuse.

Deux ans après, c'était en avril, et la promenade
moins attrayante ; plus de fleurs sur les collines : les
fruits étaient noués ; plus d'oranges aux arbres: la cueil-
lette était faite... arrivée déjà maussade à San Martino ;
mais le ciel était encore d'azur et le paysage bien détaché.

Aujourd'hui, c'était en juin et par le mauvais temps ;
le voile en haut et le gris en bas, c'est-à-dire la mélancolie totale ! A Naples il faut donc son ciel et son soleil,
ou ce n'est plus Naples. La visite du Musée ne pouvait
nous donner même déception, puisque son intérêt tient
entre ses quatre murs : depuis les polychromes égyptiens
(époque de la décadence) jusqu'aux statues trouvées
dans les Thermes de Caracalla et aux mille objets rap-
portés d'Herculanum et de Pompéi. C'est à cette dernière section qu'on s'arrête le plus volontiers, retrouvant des pages de vie dans les objets les plus usuels et
jusqu'à la forme du pain et de la viande qu'on y vendait.
Les sonnettes du temps, les instruments mêmes de chirurgie, des coupes de bronze et des sonnettes pour le sacrifice (sistrones), des balances avec des têtes d'empereur, des lampes exquises, des bijoux de toutes sortes,
des coupes à boire, des dieux lares, des armes de parade,
la fronde, les casques avec trident, la cuirasse et jusqu'à
des tablettes de cire molle d'un banquier de Pompéi,
sans parler de tant de choses retrouvées dans les tombeaux, tout est matière à étude, et c'est avec étonne-

ment qu'on entend la parole réglementaire annoncer la fermeture du Musée.

Les dernières heures du jour seront consacrées au Pausilippe, pour y revoir le tombeau de Virgile, et nous prolongerons jusqu'à Cappo Setto, en vue de Castellamare. Au retour nous trouverons Naples en grande

*Naples de la Chartreuse Saint-Martin* (CL. L.).

animation : des équipages de luxe croisent des voitures enguirlandées ; les cochers fouettent les chevaux qui s'abattent et se relèvent en deux temps, trois mouvements ; la population est en habit de fête ; ce sont des cris et une animation à donner le vertige. Qu'y a-t-il ? — C'est la fête de saint Antoine, nous dit-on.

Il paraît que cette population exubérante a besoin d'extérioriser ses dévotions, comme ses joies profanes :

qu'il s'agisse d'un saint du ciel ou d'un démon de la terre, c'est toujours le même bruit.

Le quatorze, nous aurons la messe à Saint-Janvier, la grande église de Naples, où nous retrouverons la chapelle de Saint-Antoine débordante de fleurs ; puis, en petit groupe, nous avons décidé la visite du Mont Cassin.

*Cloître de la Chartreuse Saint-Martin*   (CL. L.).

C'était un désir irréalisé de mes premiers voyages en Italie. Chaque fois je l'avais demandé, et chaque fois on m'avait répondu : c'est impossible ! Le Mont Cassin, comme l'Athos, est donc formellement interdit aux femmes.

Cela était, jusqu'à ce que Léon XIII, trop souvent sollicité de lever la dispense pour des têtes couronnées, jugea plus opportun de la lever en masse pour toutes les femmes, à condition toutefois qu'elles fussent recommandées, et c'était notre cas.

En route donc pour Cassino, station du chemin de fer, où nous devons prendre la voiture qui nous conduira au Couvent. La pluie nous guette et va bientôt nous suivre dans le trajet ; nous la retrouverons à Cassino où il y a pénurie de voitures. Les cochers en profitent, et c'est

*La route du Mont Cassin.*

avec peine que nous restons maîtres de la situation. L'ascension commence médiocre, mais peu à peu l'horizon se dégage, les pentes s'accentuent, on s'élève et on domine. Les photographes obtiennent sans trop de peine quelques minutes de halte pour prendre un peu de panorama ; le soleil éclaire trop discrètement le paysage, mais en ménageant pourtant quelques surprises, et les yeux fouillent l'horizon avec une curiosité toute joyeuse.

Après deux heures de montée, nous voici à la porté du monastère,

Un Bénédictin, fort aimable et parlant très bien le français, va nous faire les honneurs de son Couvent.

Il nous conduit tout de suite à la chapelle, où je retrouve les richesses éblouissantes des églises d'Italie : des co-

*Ascension du Mont Cassin — La Rocca Janula.*

lonnes de marbre à cinq ou six pilastres, et quelle variété de coloris ! des bandes entières d'améthystes, des blocs de lapis-lazuli, des mosaques à profusion. Cette chapelle est en même temps la paroisse des Abruzzes ; les gens du pays viennent y faire leurs pâques, et sans doute en raison de la distance, on leur concède jusqu'à la Trinité pour accomplir le devoir pascal.

Nous dînerons au monastère, sans pouvoir oubli
que nous sommes chez des moines, et nous irons ensui
sur la terrasse assister au coucher du soleil, attractic
toujours nouvelle sur les hauteurs !

La pluie a si bien lavé l'horizon que nous n'en verro
pas les poussières. Des nuages aurores se détachen
comme de petits dômes au-dessus des points plus ma
quants, tandis qu'une sorte de vapeur rose s'enfon
dans les creux de la montagne.

A nos pieds la vie agricole s'accuse dans une cultu
soignée, et tout autour c'est le chant des oiseaux, hôt
habituels de ces lieux, où ils se sentent tranquilles
aimés. On dirait que ce soir ils veulent nous souhaiter
bienvenue, et leurs chants nous berceront encore
nuit. Car la nuit arrive, et c'est l'heure du « *Vade r*
*tro* » pour les femmes. Heureusement qu'une hôtelleri
toute proche et presque confortable leur ouvre ses porte
Quelle surprise d'y trouver un bon fauteuil et ur
énorme psyché. Est-ce pour nous rappeler que sair
Benoît avait une sœur?

Le sommeil vient lentement, et le lever de cinq heur
est un peu dur.

Quinze juin. La messe est à l'autel de la crypte o
se trouve le tombeau de sainte Scholastique.

On ne pouvait moins qu'une visite d'adieux aux tom
beaux de saint Benoît et de sainte Scholastique.

Les travaux de la crypte sont loin d'être terminé
mais le décor s'en révèle d'un goût très pur.

Une longue procession de vierges en travertin, saint
Scholastique en tête, semblent nous guider vers le ton
beau de saint Benoît, que nous retrouvons dans la cha
pelle même. Des femmes en costume napolitain, pieu
sement agenouillées, y prient avec ferveur, et c'est au
dessus de ce tombeau, à l'autel même de la chapelle, qu

nous admirons, mieux encore que dans la pénombre du soir, les bandes d'améthystes et les semis de lapis. En pleine lumière aussi les fresques Renaissance, l'orgue monumental, et les stalles de bois sculpté, merveilles d'art et de finesse.

Notre pieux cicerone nous emmène ensuite dans l'an-

*Cloître du Mont Cassin.*

cien monastère, où sont concentrés les grands intérêts du lieu. Il nous apprend ou nous rappelle que le monastère du Mont Cassin fut fondé, il y a 1400 ans, par saint Benoît, et que lui et sainte Scholastique y sont enterrés. Le Mont Cassin avait été donné en dot à saint Placide, qui le donna lui-même à saint Benoît ; celui-ci prit pour patrons saint Jean-Baptiste et saint Martin, dont nous allons voir les chapelles.

Cet ancien monastère n'est plus aujourd'hui qu'une suite de cryptes fort intéressantes à visiter.

Elles sont couvertes de fresques, œuvres des moines d'un goût sûr et profondément religieux ; les sujets en sont variés : patriarches de l'Ancien Testament, saints du Nouveau, miracles de saint Benoît, saint Benoît mourant, mort de sainte Scholastique, pour n'en citer que quelques-unes. Remarquons surtout dans la chapelle de Notre-Dame des Sept-Douleurs une Vierge dont l'expression frappe : sa douleur apparaît « immense comme la mer », et dans celle de Saint-Martin, un saint Martin glorifié par les Anges, radieux d'attitude et de physionomie.

Mais la salle la plus en vénération de la crypte est la cellule même de saint Benoît, avec ses vrais pans de murs ; douze lampes y brûlent perpétuellement.

C'est dans cette chambre qu'on montre la fenêtre d'où saint Benoît vit l'âme de sa sœur monter au ciel.

Après le passé, le présent.

Puisque l'interdit est levé, nous allons visiter le monastère, sauf les cellules. Encore notre guide, plein de condescendance pour la curiosité féminine, ouvrira-t-il tout grand le corridor de cent quatre-vingts mètres marqué à distances égales de petites portes semblables dont une s'ouvrira même pour nous : les yeux plongent jusqu'au fond et les têtes se penchent... c'est l'extrême limite du permis. Le guide ajoute comme fiche de consolation : « elles se ressemblent toutes. »

De fait nous n'en demandions pas plus, étonnées encore de nous trouver dans la clôture.

Voici la salle du chapitre, avec ses peintures napolitaines et sa bibliothèque de 20.000 volumes, qui est aujourd'hui un monument national. On en laisse la garde aux Bénédictins, pensant sans doute qu'elle ne pourra être mieux gardée ; ce qui n'empêche pas les moines d'avoir à eux une bibliothèque qui dépasse en richesse celle du gouvernement. Nous la verrons tout-à-l'heure, avec ses 50.000 volumes et ses trésors de souvenirs, dans lesquels nous relevons un peu au hasard : le diplôme qu'ils ont obtenu à l'Exposition pour leurs différentes publications, un manuscrit de saint Thomas d'Aquin, à faire envie aux Dominicains, le manuscrit le plus ancien du temps de saint Benoît, un parchemin monumental du XVII<sup>e</sup> siècle, différentes chartes concernant le monastère, un riche antiphonaire, un dictionnaire en quatre-vingt-dix-neuf volumes syrio-chaldéo-hébraïque (quel trésor !), et brochant sur ce vieux passé, comme une fleur de vie sur des ruines, une gracieuse enluminure de Carmen Sylva avec son portrait et celui de son fils. Ces portraits, œuvres de la reine de Roumanie elle-même, attestent qu'elle est aussi habile artiste que charmant écrivain. Ils encadrent le manuscrit qu'elle envoya au monastère, en reconnaissance de ceux que les moines lui avaient prêtés pour la publication d'une de ses nouvelles.

Nous devrions clore nos souvenirs du Mont-Cassin sur les trésors de la bibliothèque, ce grand élément de la vie des Bénédictins, et voici que nous avons omis les réfectoires, et la note explicative qu'il y a actuellement au Mont-Cassin un collège fréquenté par une élite. — On comprend la sécurité des parents qui confient leurs enfants à ces maîtres distingués, si bien secondés par l'hygiène : corps et âme trouvent là leur équilibre. Les élèves doivent faire une heure un quart de promenade dans la montagne : air, horizon, calme de la solitude, que d'éléments propices au travail de l'esprit et à la santé du corps !

L'ancien réfectoire de la communauté est devenu celui

du collège. Nous y remarquons le tableau plein d'à-propos de la multiplication des pains de Bassano, et un
portrait de saint Ignace, le plus authentique, dit-on. Que
doivent en penser les Jésuites ? Là aussi se trouvent
les cartons de la grande mosaïque de Saint-Pierre : *Tu
es Petrus.*

Et, pour que rien ne soit oublié, un grand lavabo de
marbre blanc précède le réfectoire.

Dans celui de la communauté, nous voyons les armes
des différentes congrégations bénédictines. Encore
quelques pas dans l'atelier où on travaille le travertin
pour examiner les curieuses sculptures destinées aux
fresques de la crypte, et nous avons fini.

La matinée a passé rapidement ; on presse le départ.
Il faut encore déjeuner et redescendre la montagne pour
gagner la station de chemin de fer.

Les cochers vont à fond de train ; c'est un regret, car
le paysage est merveilleusement ensoleillé.

On consulte un peu fiévreusement les montres, et les
plus optimistes déclarent qu'on n'arrivera pas à temps.
Ils avaient raison : le train vient de partir. Mais qu'importe, on attendra l'autre.

Les pèlerins de Jérusalem sont déjà à Rome. Ils ont
gagné péniblement peut-être Civita Vecchia. Comment
douter que le mal de mer en ait éprouvé plusieurs,
tandis que nous respirions si librement l'air pur et dila-
tant du Mont Cassin ?

Du séjour à Rome, dont il faudrait tant dire, je ne
veux rappeler que l'audience du Saint-Père, consécration choisie du grand pèlerinage. Elle fut tout intime :
encouragements paternels du chef de la grande famille,
émotions de tendre et profond respect des enfants ; con-
solations des uns et des autres au milieu des tristesses de
l'heure présente, c'était comme un renouveau de foi et

spoir en l'avenir ; mais la pensée de l'avenir ne va pas
ns tristesse, quand les joies présentes ont déjà leurs
ines dans le passé. Tous nos pas seront désormais,
surtout, un acheminement vers la fin.

Le vingt, c'était le retour à Marseille, et, pour beaucoup,
séparation définitive. On avait vécu dans une intimité
armante, un peu isolés de la vie, oubliant presque ses
issements, et la goutte amère qu'y ajoute la faible

*Arrivée à Civita Vecchia* (CL. H.).

imanité et voilà que le beau rêve est fini.

Est-ce tout à fait cela, ou n'est-il pas plus vrai de dire
ie le souvenir grandira encore certaines émotions !

« Si je t'oublie, ô Jérusalem ! que ma droite se des-
che ! Que ma langue s'attache à mon palais, si je ne
e souviens plus de toi ! si je ne place pas Jérusalem
ı-dessus de toutes mes joies ! »

Ce chant des Juifs captifs à Babylone, nous l'avons
dit et répété à bord, au bercement des flots ; et,

plus nous nous éloignions de la Terre-Sainte, plus le[
souvenirs de Sion se nuançant d'une douce tristesse
quelque chose de la souffrance du peuple de Dieu passai[
comme un frisson sur notre âme. Tout le cantique nous
revenait en mémoire avec des allusions douloureuse[
non plus à la terre d'exil, mais à la patrie.

*Saint-Pierre de Rome et le Vatican* (CL. L.)

« Sur les bords du fleuve de Babylone, nous étions
assis et nous pleurions au souvenir de Sion.

« Nous avions suspendu nos harpes aux saules des
rivages. Nos oppresseurs nous demandaient des chants
Nos ennemis voulaient des cris joyeux. « Chantez, nous
disaient-ils, quelque cantique de Sion. »

« Mais comment ferions-nous entendre la louange de
Jéhovah sur la terre étrangère ? »

Hélas ! nous l'avions su déjà, et il nous semblait l'ap-

endre à nouveau. Ce n'est plus à l'étranger, mais sur
sol aimé du pays qu'il faut suspendre les harpes et les
ants de joie. L'exil pour l'élite du troupeau, la persé-
tion pour tous les amis du Christ : c'est l'ordre du
ır. Mais qui, mieux que les pèlerins de Jérusalem,
ivent revenir armés pour la lutte, sans maudire l'en-
mi ? « Mon Père, pardonnez-leur, car ils ne savent ce
'ils font. »

Aujourd'hui le triomphe, demain l'écrasement de ceux
i osent toucher à l'œuvre de Dieu.

Quant aux nobles victimes, elles savent, par l'expé-
:nce du passé, par la voix intime du présent et par
utes les meilleurès espérances d'avenir, que l'Evangile
 ment pas. Et l'Evangile a dit : « Bienheureux ceux
i pleurent, parce qu'ils seront consolés. »

# TABLE DES GRAVURES

# TABLE DES MATIÈRES

## CHAPITRE VINGT-DEUXIÈME



## CHAPITRE VINGT-TROISIÈME



## CHAPITRE VINGT-QUATRIÈME



## CHAPITRE VINGT-CINQUIÈME

## CHAPITRE VINGT-SIXIÈME